职业教育**数字媒体应用**
人才培养系列教材

AutoCAD

中文版
室内设计

实例教程

AutoCAD 2020
·微课版·第2版·

李寒生 许颖◎主编　崔洪瑞 谭营军 王小刚◎副主编

U0216415

人民邮电出版社
北京

图书在版编目（CIP）数据

AutoCAD中文版室内设计实例教程 ：AutoCAD 2020 ：微课版 / 李寒生，许颖主编. -- 2版. -- 北京 ：人民邮电出版社，2023.9
职业教育数字媒体应用人才培养系列教材
ISBN 978-7-115-62243-3

Ⅰ. ①A… Ⅱ. ①李… ②许… Ⅲ. ①室内装饰设计—计算机辅助设计—AutoCAD软件—职业教育—教材 Ⅳ. ①TU238.2-39

中国国家版本馆CIP数据核字(2023)第121657号

内 容 提 要

本书共 11 章，系统地介绍了 AutoCAD 2020 中文版的功能和操作技巧，具体内容包括初识 AutoCAD 2020 中文版、绘图设置、绘制基本建筑图形、绘制复杂建筑图形、编辑建筑图形、输入文字与应用表格、尺寸标注、图块与外部参照、创建和编辑三维模型、信息查询与图形的打印和输出、综合设计实训等。

本书既注重基础知识的讲解，又强调学以致用。第 1、2 章为 AutoCAD 基础知识；第 3～10 章均以课堂案例为主线，每个案例都有详细的操作步骤，可以帮助学生熟悉软件功能和室内设计流程，课堂练习和课后习题可以帮助学生举一反三，提高绘图水平；第 11 章为综合设计实训，可以强化学生的实际应用能力。

本书可作为高等职业院校 AutoCAD 室内设计课程的教材，也可作为 AutoCAD 初学者的参考书。

◆ 主　　编　李寒生　许　颖
　副 主 编　崔洪瑞　谭营军　王小刚
　责任编辑　王亚娜
　责任印制　王　郁　焦志炜
◆ 人民邮电出版社出版发行　　北京市丰台区成寿寺路 11 号
　邮编　100164　电子邮件　315@ptpress.com.cn
　网址　https://www.ptpress.com.cn
　三河市祥达印刷包装有限公司印刷
◆ 开本：787×1092　1/16
　印张：16.25　　　　　　　　　2023 年 9 月第 2 版
　字数：407 千字　　　　　　　2025 年 1 月河北第 3 次印刷

定价：59.80 元

读者服务热线：(010)81055256　印装质量热线：(010)81055316
反盗版热线：(010)81055315
广告经营许可证：京东市监广登字 20170147 号

前　言　　　　　　　　　PREFACE

　　AutoCAD 是由 Autodesk 公司开发的计算机辅助设计软件。它功能强大、易学易用，深受室内设计人员的喜爱。目前，我国很多高等职业院校的数字媒体专业都将 AutoCAD 作为一门重要的专业课程。为了帮助教师全面、系统地讲授这门课程，使学生能够熟练地使用 AutoCAD 进行室内设计绘图，我们组织了长期从事 AutoCAD 教学的教师编写了本书。

　　本书贯彻党的二十大精神，注重运用新时代的案例、素材优化教学内容，改进教学模式，引导大学生做爱国、励志、求真、力行的时代新人。本书案例丰富，主要内容按照"课堂案例 → 软件功能解析 → 课堂练习 → 课后习题"的思路进行编排，并在最后一章安排了取自真实商业项目的实训，帮助学生了解商业设计需求，为其适应岗位需求打下基础。

　　为方便教师教学，本书配备了微课视频、PPT 课件、教学大纲、教案等丰富的教学资源，任课教师可到人邮教育社区（www.ryjiaoyu.com）免费下载。本书的参考学时为 50 学时，其中讲授环节为 33 学时，实训环节为 17 学时，各章的学时分配可参考下表。

章	课 程 内 容	学 时 分 配	
		讲　授	实　训
第 1 章	初识 AutoCAD 2020 中文版	2	—
第 2 章	绘图设置	2	—
第 3 章	绘制基本建筑图形	4	2
第 4 章	绘制复杂建筑图形	4	3
第 5 章	编辑建筑图形	4	2
第 6 章	输入文字与应用表格	2	2
第 7 章	尺寸标注	3	2
第 8 章	图块与外部参照	3	2
第 9 章	创建和编辑三维模型	4	2
第 10 章	信息查询与图形的打印和输出	2	—
第 11 章	综合设计实训	3	2
学 时 总 计		33	17

　　由于编者水平有限，书中难免存在不足之处，敬请广大读者批评指正。

编者

2023 年 5 月

教学辅助资源

素材类型	数量	素材类型	数量
教学大纲	1 份	课堂案例	23 个
电子教案	1 套	课堂练习	9 个
PPT 课件	11 章	微课视频	51 个

微课视频

第 3 章 绘制基本 建筑图形	绘制窗户图形	第 7 章 尺寸标注	标注高脚椅尺寸
	绘制茶桌图形		标注清洗池平面图
	绘制圆茶几图形		标注写字台大样图中的材料名称
	绘制坐便器图形		标注天花板大样图中的材料名称
	绘制床头柜图形		标注洗漱台平面图
	绘制浴缸图形	第 8 章 图块与外部参照	绘制电脑桌布置图
	绘制清洗池图形		绘制门动态块
第 4 章 绘制复杂 建筑图形	绘制洗手池图形		绘制客房立面布置图
	绘制餐具柜图形		绘制办公室平面布置图
	绘制会议室用椅图形	第 9 章 创建和编辑 三维模型	观察客房模型
	绘制前台桌子图形		绘制花瓶实体模型
	绘制墙体图形		绘制铅笔图形
	绘制钢琴平面图形		观察双人床图形
第 5 章 编辑建筑图形	绘制复印机图形	第 11 章 综合设计实训	绘制台灯图形
	绘制会议桌布置图形		绘制吧台图形
	绘制双人沙发图形		绘制花岗岩拼花图形
	绘制电脑桌图形		绘制组合沙发图形
	绘制衣柜图形		绘制餐厅包间平面布置图
	绘制浴巾架图形		绘制咖啡厅平面布置图
第 6 章 输入文字与 应用表格	输入文字说明		绘制宴会厅墙体图形
	制作灯具明细表		标注行李柜立面图
	制作结构设计总说明		—
	制作天花图例表		—

目 录

C O N T E N T S

目 录

CONTENTS

目 录

CONTENTS

目 录

CONTENTS

01

第 1 章
初识 AutoCAD 2020 中文版

本章介绍

　　本章主要介绍 AutoCAD 在建筑制图中的应用，详细讲解 AutoCAD 2020 中文版的基本操作方法。通过本章的学习，读者可以了解 AutoCAD 2020 中文版的特点与功能。

学习目标

- ✔ 熟悉 AutoCAD 2020 中文版的工作界面。
- ✔ 熟悉绘图窗口中的视图显示。

技能目标

- ✔ 掌握新建、打开、保存和关闭图形文件的方法。
- ✔ 掌握命令的使用方法。
- ✔ 掌握缩放视图、平移视图、命名视图的方法。

素养目标

- ✔ 提高学生的自学能力。
- ✔ 培养学生对制图的兴趣。

1.1　AutoCAD 在建筑制图中的应用

　　AutoCAD 主要应用于建筑、机械等行业。该软件凭借强大的平面绘图功能、直观的工作界面和简捷的操作赢得了众多工程师的青睐。在建筑制图方面，建筑工程师利用 AutoCAD 可以进行相关的二维绘图和三维绘图，可以方便地绘制建筑施工图、结构施工图、设备施工图和三维图形，可以快速标注图形尺寸、打印图形，还可以进行三维图形的渲染，制作出逼真的效果图。

1.2　启动 AutoCAD 2020 中文版

　　启动 AutoCAD 2020 中文版的方式有以下 3 种。

1．双击桌面上的快捷图标

　　安装 AutoCAD 2020 中文版后，默认在 Windows 7/8/10 等操作系统的桌面上生成快捷图标，如图 1-1 所示，双击该快捷图标，即可启动 AutoCAD 2020 中文版。

2．选择命令

　　选择"开始"菜单中的"AutoCAD 2020-简体中文(Simplified Chinese) > AutoCAD 2020-简体中文(Simplified Chinese)"命令，如图 1-2 所示，启动 AutoCAD 2020 中文版。

图 1-1　　　　　　　　　　　　　图 1-2

3．双击图形文件

　　若计算机硬盘内已存在使用 AutoCAD 制作的图形文件（文件扩展名为.dwg），双击相应的图形文件，即可启动 AutoCAD 2020 中文版，并在绘图窗口中打开对应的图形文件。

1.3　AutoCAD 2020 中文版的工作界面

　　AutoCAD 2020 中文版的工作界面主要由标题栏、绘图窗口、菜单栏、功能选项卡、命令提示窗口、滚动条和状态栏等部分组成，如图 1-3 所示。AutoCAD 2020 中文版提供了比较完善的操作环境，下面分别介绍各主要部分的功能。

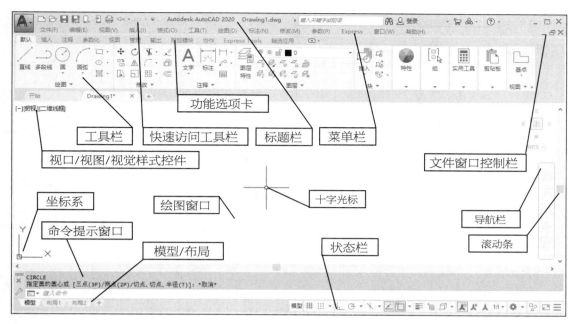

图 1-3

1. 标题栏

标题栏显示软件的名称、版本，以及当前绘制的图形文件的名称。运行 AutoCAD 2020 中文版时，在没有打开任何图形文件的情况下，标题栏显示的是 "Autodesk AutoCAD 2020 Drawing1.dwg"，其中 "Drawing1" 是系统默认的文件名，".dwg" 是 AutoCAD 图形文件的扩展名。

2. 绘图窗口

绘图窗口是用户绘图时的工作区域，相当于工程制图中绘图板上的绘图纸，用户绘制的图形显示在该窗口中。绘图窗口的左下方显示了坐标系，用于指示绘图时的正负方向，其中的 "X" 和 "Y" 分别表示 x 轴和 y 轴。

AutoCAD 2020 中文版包含两种绘图环境，分别为模型空间和图纸空间。绘图窗口的左下角有 3 个选项卡，用于切换绘图环境，如图 1-4 所示。默认的绘图环境为模型空间，单击 "布局 1" 或 "布局 2" 选项卡，可从模型空间切换至图纸空间。

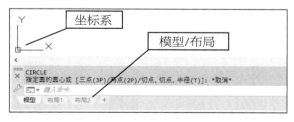

图 1-4

3. 菜单栏

菜单栏集合了 AutoCAD 2020 中文版中的绘图命令，如图 1-5 所示。这些命令被分类放置在不同的菜单中，供用户选择。

图 1-5

4．功能选项卡

功能选项卡根据功能的不同将 AutoCAD 2020 中文版中的多个面板分类集合。"插入"选项卡如图 1-6 所示。

图 1-6

5．工具栏

工具栏是由形象化的按钮组成的，选择"工具 > 工具栏 > AutoCAD"菜单命令，在弹出的子菜单中选择命令，如图 1-7 所示，即可打开相应的工具栏。在工具栏中单击按钮，即可执行相应的命令。

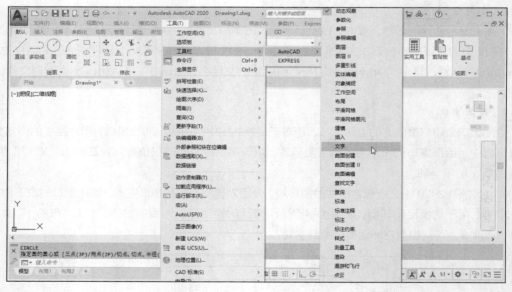

图 1-7

将鼠标指针移动到某个按钮上，并稍做停留，系统将显示该按钮的名称，同时显示该按钮的功能与相应命令的名称。

6．命令提示窗口

命令提示窗口是用户与 AutoCAD 2020 中文版进行交互式对话的区域，显示系统的提示信息与用户的输入信息。命令提示窗口位于绘图窗口的下方，是一个在水平方向上较长的小窗口，如图 1-8 所示。

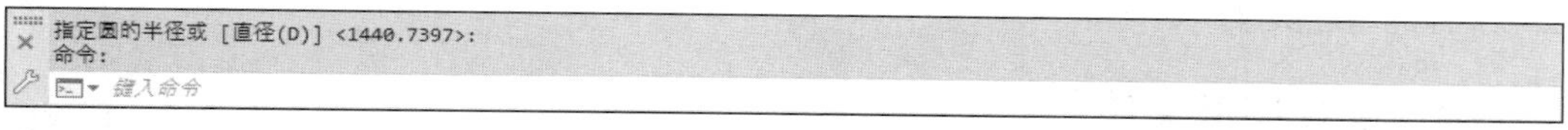

图 1-8

7. 滚动条

绘图窗口的右侧与下方各有一个滚动条，拖曳这两个滚动条可以上下、左右移动视图，以便观察图形。

8. 状态栏

状态栏位于命令提示窗口的下方，显示当前的工作状态与相关的信息，如图 1-9 所示。状态栏左边的坐标显示区域显示当前十字光标所在位置的坐标。

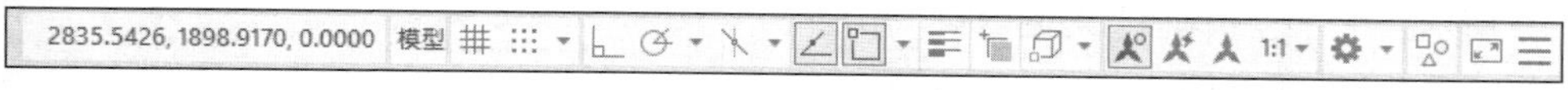

图 1-9

状态栏中的按钮用于控制工具的工作状态。当某个按钮高亮显示时，表示该工具处于启用状态。

例如，单击"正交限制光标"按钮，使其高亮显示，即可打开正交模式；再次单击"正交限制光标"按钮，即可关闭正交模式。

状态栏中的按钮及功能说明如下。

##：控制是否显示图形栅格。

：控制是否启用捕捉功能。

：控制是否启用推断约束功能。

：控制是否以正交模式绘图。

：控制是否启用极轴追踪功能。

：控制是否启用对象捕捉功能。

：控制是否启用三维对象捕捉功能。

：控制是否启用对象捕捉追踪功能。

：控制是否使用动态 UCS。

：控制是否采用动态输入。

：控制是否显示线条的宽度。

：控制是否显示透明度。

：控制是否启用快捷特性面板。

：控制是否启用选择循环功能。

＋：控制是否打开注释监视器。

1.4 图形文件的基础操作

图形文件的基础操作一般包括新建图形文件、打开图形文件、保存图形文件和关闭图形文件等。在开始绘图之前，用户必须掌握图形文件的基础操作。因此，本节将详细介绍 AutoCAD 2020 中文版图形文件的基础操作。

1.4.1 新建图形文件

AutoCAD 2020 中文版提供了"新建"命令，用于新建图形文件。

通过工具栏启用命令：单击快速访问工具栏中的"新建"按钮 □ 或"标准"工具栏中的"新建"按钮 □。

通过快捷键启用命令：按 Ctrl+N 组合键。

通过菜单启用命令：单击 **A** 按钮，选择"新建 > 图形"菜单命令，弹出"选择样板"对话框，如图 1-10 所示。在"选择样板"对话框中，用户可以选择系统提供的样板文件，也可以选择不同的单位，从空白文件开始创建图形。

图 1-10

1. 利用样板文件创建图形

"选择样板"对话框的列表框中提供了许多标准的样板文件。选择合适的样板文件后，单击"打开"按钮，即可将选中的样板文件打开，此时可在对应的样板文件上创建图形。也可直接双击列表框中的样板文件将其打开。

AutoCAD 2020 中文版根据绘图标准设置了相应的样板文件，其目的是使图纸中的字体、标注样式、图层样式等保持一致。

2. 在空白样板文件中创建图形

"选择样板"对话框中还提供了两个空白样板文件，分别为 acad.dwt 和 acadiso.dwt。当需要从空白文件开始创建图形时，可以选择这两个样板文件中的一个。

 acad.dwt 为英制样板文件，其绘图界限为 12 英寸×9 英寸；acadiso.dwt 为公制样板文件，其绘图界限为 420mm×297mm。

单击"选择样板"对话框中"打开"按钮右侧的 ▼ 按钮，弹出下拉列表，如图 1-11 所示。当选择"无样板打开 — 英制"选项时，打开的是采用英制单位的空白文件；当选择"无样板打开 — 公制"选项时，打开的是采用公制单位的空白文件。

图 1-11

1.4.2 打开图形文件

可以利用"打开"命令来浏览和编辑绘制好的图形文件。

通过工具栏启用命令：单击快速访问工具栏中的"打开"按钮 □ 或"标准"工具栏中的"打开"按钮 □。

通过快捷键启用命令：按 Ctrl+O 组合键。

通过菜单启用命令：单击 **A** 按钮，选择"打开 > 图形"菜单命令，弹出"选择文件"对话框，如图 1-12 所示。在"选择文件"对话框中，用户可通过不同的方式打开图形文件。

在"选择文件"对话框的列表框中选择要打开的文件，或者在"文件名"文本框中输入要打开文件的名称，单击"打开"按钮，打开选中的图形文件。

单击"打开"按钮右侧的▼按钮，弹出下拉列表，如图 1-13 所示。选择"以只读方式打开"选项，将以只读方式打开图形文件；选择"局部打开"选项，可以打开图形文件的一部分；如果选择"以只读方式局部打开"选项，则以只读方式打开图形文件的一部分。

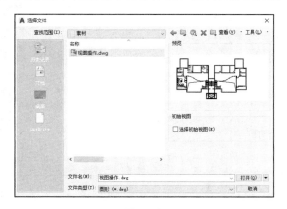

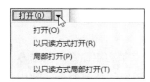

图 1-12   图 1-13

当图形文件包含多个命名视图时，勾选"选择文件"对话框中的"选择初始视图"复选框，在打开图形文件时可以指定要显示的视图。

在"选择文件"对话框中单击"工具"按钮，弹出下拉列表，如图 1-14 所示。选择"查找"选项，弹出"查找"对话框，如图 1-15 所示。在"查找"对话框中，可以根据图形文件的名称、位置或修改日期来查找相应的图形文件。

图 1-14   图 1-15

1.4.3　保存图形文件

绘制图形后，就可以对图形文件进行保存。保存图形文件的方法有两种：一种是以当前文件名保存，另一种是指定新的文件名保存。

1. 以当前文件名保存图形文件

使用"保存"命令可以采用当前文件名保存图形文件。

通过工具栏启用命令：单击快速访问工具栏中的"保存"按钮🖫 或"标准"工具栏中的"保存"按钮🖫。

通过快捷键启用命令：按 Ctrl+S 组合键。

通过菜单启用命令：单击█️按钮，选择"保存"菜单命令，当前图形文件将以原名称直接保存到原来的位置。若是第一次保存图形文件，则会弹出"图形另存为"对话框，如图 1-16 所示。用户可根据需要输入文件名，并指定文件的保存位置和类型，然后单击"保存"按钮，保存图形文件。

2．指定新的文件名保存图形文件

使用"另存为"命令可以指定新的文件名来保存图形文件。

通过工具栏启用命令：单击快速访问工具栏中的"另存为"按钮█️。

通过快捷键启用命令：按 Ctrl+Shift+S 组合键。

通过菜单启用命令：单击█️按钮，选择"另存为 > 图形"菜单命令，弹出"图形另存为"

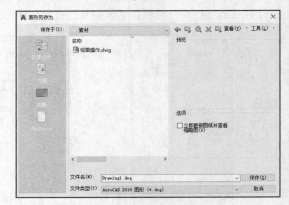

图 1-16

对话框。在"文件名"文本框中输入新的文件名，指定文件的保存位置和类型，单击"保存"按钮，即可保存图形文件。

1.4.4　关闭图形文件

保存图形文件后，可以将绘图窗口中的图形文件关闭。

1．关闭当前图形文件

单击█️按钮，选择"关闭 > 当前图形/所有图形"菜单命令，或单击绘图窗口右上角的 ✖ 按钮，关闭当前图形文件。如果图形文件尚未保存，系统会弹出提示对话框，询问用户是否保存文件，如图 1-17 所示。

图 1-17

2．退出 AutoCAD 2020 中文版

单击标题栏右侧的 ✖ 按钮，或单击█️按钮，再单击"退出 Autodesk AutoCAD 2020"按钮，即可退出 AutoCAD 2020 中文版。

1.5　命令的使用方法

在 AutoCAD 2020 中文版中，命令是系统的核心，用户执行的每一个操作都需要启用相应的命令。因此，用户一定要掌握启用命令的方法。

1.5.1　启用命令

单击工具栏中的按钮或选择菜单中的命令可以启用相应的命令，然后进行具体操作。在 AutoCAD 2020 中文版中，启用命令通常有以下 4 种方法。

1．单击工具栏中的按钮

直接单击工具栏中的按钮，可启用相应的命令。

2．选择菜单命令

选择菜单中的命令，可启用相应的命令。

3．使用命令提示窗口中的命令行

在命令提示窗口中输入一个命令的名称，按 Enter 键即可启用相应命令。有些命令还有相应的缩写名称，输入其缩写名称并按 Enter 键，也可以启用相应命令。

例如，若要启用"圆"命令，可以输入"CIRCLE"命令（大小写形式均可）并按 Enter 键，也可输入其缩写名称"C"并按 Enter 键。输入命令的缩写名称是快捷的操作方法，有利于提高工作效率。

4．选择快捷菜单中的命令

在绘图窗口中单击鼠标右键，弹出相应的快捷菜单，从中选择命令，可启用相应的命令。

无论以哪种方式启用命令，命令提示窗口中都会显示与该命令相关的信息，其中包含一些选项，这些选项显示在方括号"[ ]"中。如果要选择方括号中的某个选项，可在命令提示窗口中输入该选项后的数字或大写字母（字母大写或小写均可）。

例如，启用"矩形"命令，命令提示窗口中的信息如图 1-18 所示，如果需要选择"圆角"选项，输入"F"并按 Enter 键即可。

图 1-18

1.5.2　取消正在执行的命令

在绘图过程中，可以随时按 Esc 键取消当前正在执行的命令，也可以在绘图窗口中单击鼠标右键，在弹出的快捷菜单中选择"取消"命令，取消正在执行的命令。

1.5.3　重复启用命令

当需要重复启用某个命令时，可以按 Enter 键或 Space 键，或者在绘图窗口中单击鼠标右键，在弹出的快捷菜单中选择"重复××"命令（其中"××"为上一个使用的命令）。

1.5.4　放弃已经执行的命令

在绘图过程中，当出现一些错误而需要取消前面执行的一个或多个操作时，可以使用"放弃"命令。

启用命令的方法：单击快速访问工具栏中的"放弃"按钮 ⇦ 或"标准"工具栏中的"放弃"按钮 ⇦ 。

例如，用户在绘图窗口中绘制了一条线段，绘制完成后发现了一些错误，希望删除该线段，操作如下。

（1）单击"直线"按钮 ，或选择"绘图 > 直线"菜单命令，在绘图窗口中绘制一条线段。

（2）单击"放弃"按钮 ⇦，或选择"编辑 > 放弃"菜单命令，删除该线段。

另外，用户还可以一次性撤销前面执行的多个操作，方法如下。

（1）在命令提示窗口中输入"UNDO"，按 Enter 键。

（2）系统将提示用户输入想要放弃的操作数目，如图 1-19 所示。在命令提示窗口中输入相应的数字，按 Enter 键。例如，想要放弃最近的 5 次操作，可先输入"5"，然后按 Enter 键。

```
命令: UNDO
当前设置: 自动 = 开, 控制 = 全部, 合并 = 是, 图层 = 是
UNDO 输入要放弃的操作数目或 [自动(A) 控制(C) 开始(BE) 结束(E) 标记(M) 后退(B)] <1>:
```

图 1-19

1.5.5 恢复已经放弃的命令

当放弃一个或多个操作后，又想重做这些操作，将图形恢复到原来的效果，这时可以使用"重做"命令。方法为：单击"标准"工具栏中的"重做"按钮 ⇨ 或选择"编辑 > 重做××"菜单命令（其中"××"为上一个放弃的操作）。反复执行"重做"命令，可重做多个已放弃的操作。

1.6 绘图窗口中的视图显示

AutoCAD 2020 中文版的绘图窗口是无限大的。在绘图的过程中，用户可通过平移操作移动绘图窗口的显示区域，通过缩放操作实现绘图窗口的缩小和放大，并且还可以设置不同的视图显示方式。

1.6.1 缩放视图

AutoCAD 2020 中文版提供了多种缩放视图与图形对象的命令和按钮，下面进行详细讲解。

1. 实时缩放

在 AutoCAD 2020 中文版中，"标准"工具栏中的"实时缩放"按钮 ⁺◖ 用于缩放图形。单击"实时缩放"按钮 ⁺◖，启用实时缩放功能，鼠标指针变成放大镜的形状 ◖。向右、上方拖曳鼠标，可以放大视图；向左、下方拖曳鼠标，可以缩小视图。完成缩放后，按 Esc 键可以退出缩放状态。

如果鼠标有滚轮，将鼠标指针放置于绘图窗口中，向上滚动滚轮，可以放大图形；向下滚动滚轮，可以缩小图形。

2. 窗口缩放

单击"标准"工具栏中的"窗口缩放"按钮 ◻，启用窗口缩放功能，鼠标指针会变成"十"字形。在需要放大的图形一侧单击，并向其对角方向移动鼠标指针，系统会显示出一个矩形框。使用矩形框包围住需要放大的图形并单击，矩形框内的图形就会被放大并充满整个绘图窗口。矩形框的中心就是新的显示中心。

在命令提示窗口中输入命令来执行此操作的步骤如下。

命令: _zoom   //输入缩放命令

指定窗口的角点，输入比例因子 (nX 或 nXP)，或者

[全部(A)/中心(C)/动态(D)/范围(E)/上一个(P)/比例(S)/窗口(W)/对象(O)] <实时>: W

　　　　　　　　　　　　　　　　　　　　　　//选择"窗口"选项

指定第一个角点: 指定对角点:　　　　　　　　//绘制矩形框来放大图形

3．"缩放"工具栏

　　在"窗口缩放"按钮□上按住鼠标左键，会弹出各种缩放按钮，如图 1-20 所示。下面详细介绍常用按钮的功能。

● 动态缩放

　　单击"动态缩放"按钮□，鼠标指针变成中心有"×"标记的矩形框，如图 1-21 所示。移动鼠标指针，将矩形框放在图形的适当位置并单击，使其变为右侧有箭头标记的矩形框。调整矩形框的大小，矩形框的左侧位置不会发生变化，如图 1-22 所示。按 Enter 键，矩形框中的图形被放大并充满整个绘图窗口，如图 1-23 所示。

图 1-20　　　　　　　　　　　图 1-21

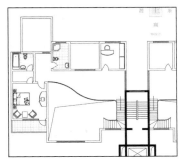

图 1-22　　　　　　　　　　　图 1-23

在命令提示窗口中输入命令来执行此操作的步骤如下。

命令: _zoom　　　　　　　　　　//输入缩放命令

指定窗口的角点，输入比例因子(nX 或 nXP)，或者

[全部(A)/中心(C)/动态(D)/范围(E)/上一个(P)/比例(S)/窗口(W) /对象(O)] <实时>: D

　　　　　　　　　　　　　　//选择"动态"选项

● 比例缩放

　　单击"比例缩放"按钮□，鼠标指针变成"十"字形。在图形的适当位置单击并移动鼠标指针到适当比例长度的位置，再次单击，图形将按比例放大或缩小。

　　在命令提示窗口中输入命令来执行此操作的步骤如下。

命令：_zoom　　　　　　　　　　　　　//输入缩放命令

指定窗口的角点，输入比例因子 (nX 或 nXP)，或者

[全部(A)/中心(C)/动态(D)/范围(E)/上一个(P)/比例(S)/窗口(W)/对象(O)] <实时>: S

　　　　　　　　　　　　　　　　　　//选择"比例"选项

输入比例因子 (nX 或 nXP): 2X　　　　//输入比例因子

小提示　　　如果要相对于图纸空间缩放图形，则需要在比例因子后面加上字母"XP"。

● 中心缩放

单击"中心缩放"按钮，鼠标指针变成"➕"字形，如图 1-24 所示。在需要放大或缩小的图形的中间位置单击，确定放大或缩小显示的中心点，再绘制一条线段来确定需要放大或缩小显示的方向和高度，如图 1-25 所示。图形将按照所绘制的线段放大或缩小并充满整个绘图窗口，如图 1-26 所示。

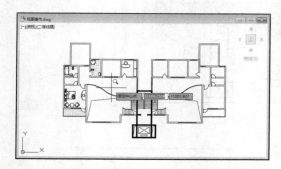

图 1-24

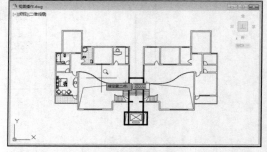

图 1-25

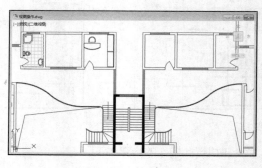

图 1-26

在命令提示窗口中输入命令来执行此操作的步骤如下。

命令：_zoom　　　　　　　　　　　　　　//输入缩放命令

指定窗口的角点，输入比例因子 (nX 或 nXP)，或者

[全部(A)/中心(C)/动态(D)/范围(E)/上一个(P)/比例(S)/窗口(W)/对象(O)] <实时>: C

　　　　　　　　　　　　　　　　　　//选择"中心"选项

指定中心点：　　　　　　　　　　　　//单击确定放大或缩小区域的中心点的位置

输入比例或高度 <1129.0898 >: 指定第二点：　　//绘制线段来指定放大或缩小区域的高度

小提示　　　输入高度时，如果输入的数值比当前显示的数值小，视图将进行放大显示；反之，视图将进行缩小显示。

- 缩放对象

单击"缩放对象"按钮，鼠标指针变为拾取框。选择需要显示的图形，如图 1-27 所示。按 Enter 键，所选图形在绘图窗口中将以合适的效果进行显示，如图 1-28 所示。

在命令提示窗口中输入命令来执行此操作的步骤如下。

命令：_zoom　　　　　　　　　　　　　　//输入缩放命令

指定窗口的角点，输入比例因子 (nX 或 nXP)，或者

[全部(A)/中心(C)/动态(D)/范围(E)/上一个(P)/比例(S)/窗口(W)/对象(O)] <实时>: O

　　　　　　　　　　　　　　　　　　//选择"对象"选项

选择对象：指定对角点：找到 329 个　　　//显示选择对象的数量

选择对象：　　　　　　　　　　　　　　//按 Enter 键

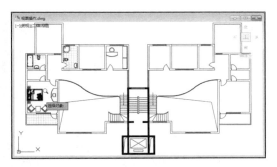

图 1-27

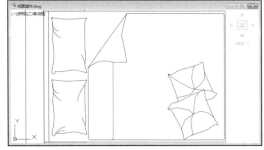

图 1-28

- 放大

单击"放大"按钮，将把当前视图放大两倍。命令提示窗口中会显示视图放大的比例数值。

在命令提示窗口中输入命令来执行此操作的步骤如下。

命令：_zoom　　　　　　　　　　　　　　//输入缩放命令

指定窗口的角点，输入比例因子 (nX 或 nXP)，或者

[全部(A)/中心(C)/动态(D)/范围(E)/上一个(P)/比例(S)/窗口(W) /对象(O)] <实时>: 2x

　　　　　　　　　　　　　　　　　//将视图放大两倍

- 缩小

单击"缩小"按钮，将把当前视图缩小至原来的 50%。命令提示窗口中会显示视图缩小的比例数值。

在命令提示窗口中输入命令来执行此操作的步骤如下。

命令：_zoom　　　　　　　　　　　　　　//输入缩放命令

指定窗口的角点，输入比例因子 (nX 或 nXP)，或者

[全部(A)/中心(C)/动态(D)/范围(E)/上一个(P)/比例(S)/窗口(W) /对象(O)] <实时>: .5x

　　　　　　　　　　　　　　　　//将视图缩小至原来的 50%

- 全部缩放

单击"全部缩放"按钮 ，如果图形超出当前所设置的图形界限，绘图窗口将以适合全部图形对象的形式对其进行显示；如果图形没有超出图形界限，绘图窗口将以适合整个图形界限的形式对其进行显示。

在命令提示窗口中输入命令来执行此操作的步骤如下。

命令：_zoom　　　　　　　　　　　　　　　//输入缩放命令

指定窗口的角点，输入比例因子 (nX 或 nXP)，或者

[全部(A)/中心(C)/动态(D)/范围(E)/上一个(P)/比例(S)/窗口(W) /对象(O)] <实时>: A

　　　　　　　　　　　　　　　　　//选择"全部"选项

- 范围缩放

单击"范围缩放"按钮 ，绘图窗口中将显示全部图形对象，且与图形界限无关。

4. 缩放上一个

单击"缩放上一个"按钮 ，将返回到前一个视图显示效果。

在命令提示窗口中输入命令来执行此操作的步骤如下。

命令：_zoom　　　　　　　　　　　　　　　//输入缩放命令

指定窗口的角点，输入比例因子 (nX 或 nXP)，或者

[全部(A)/中心(C)/动态(D)/范围(E)/上一个(P)/比例(S)/窗口(W) /对象(O)] <实时>: P 正在重生成模型。

　　　　　　　　　　　　　　　　　//选择"上一个"选项

　　　　　　　　　　　　　　　　　//按 Enter 键

　　　　　连续进行视图缩放操作后，如果需要返回上一个视图缩放效果，可以单击"放弃"按钮 进行返回。

1.6.2　平移视图

在绘制图形的过程中使用平移视图功能，可以更便捷地观察和编辑图形。

启用命令的方法：单击"标准"工具栏中的"实时平移"按钮 。

启用"实时平移"命令后，鼠标指针变成 形状，拖曳鼠标，可平移视图来调整绘图窗口的显示区域。对应命令提示窗口中的操作如下。

命令：_pan　　　　　　　　　　　　　　　//单击"实时平移"按钮

按 Esc 或 Enter 键退出，或单击右键显示快捷菜单。　　//按 Esc 键或 Enter 键退出平移状态

1.6.3　命名视图

在绘图过程中，常会用到"缩放上一个"按钮 ，以返回到前一个视图显示状态。如果要返回到特定的视图显示状态，并且常会切换到这个视图，就无法使用该工具来完成。如果绘制的是复杂的大型建筑设计图，使用缩放工具和平移工具来寻找想要显示的图形，会花费大量的时间。而使用"命名视图"命令来命名需要显示的图形，并在需要时根据图形的名称恢复图形的显示，可以轻松地解决这些问题。

启用命令的方法：选择"视图 > 命名视图"菜单命令。

选择"视图 > 命名视图"菜单命令，弹出"视图管理器"对话框，如图 1-29 所示。在该对话框中可以保存、恢复，以及删除命名的视图，也可以改变已有视图的名称、查看视图的信息。

1. 保存命名视图

保存命名视图的操作步骤如下。

（1）在"视图管理器"对话框中单击"新建"按钮，弹出"新建视图/快照特性"对话框，如图 1-30 所示。

图 1-29

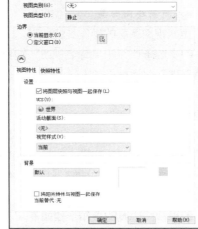

图 1-30

（2）在"视图名称"文本框中输入新建视图的名称。

（3）设置视图的类别，如立视图或剖视图。用户可以从下拉列表中选择一个视图类别，也可以输入新的类别或保留此选项为"<无>"。

（4）如果只想保存当前视图的某一部分，可以选择"定义窗口"单选按钮。单击"定义视图窗口"按钮 ，可以在绘图窗口中选择要保存的视图区域。若选择"当前显示"单选按钮，系统将自动保存当前绘图窗口中显示的视图。

（5）勾选"将图层快照与视图一起保存"复选框，可以在视图中保存当前图层设置，还可以设置"UCS""活动截面""视觉样式"。

（6）在"背景"选项组中选择背景的类型，这里选择"纯色"选项，弹出"背景"对话框，在该对话框中设置背景的颜色，单击"确定"按钮，返回"新建视图/快照特性"对话框。

（7）单击"确定"按钮，返回"视图管理器"对话框。

（8）单击"确定"按钮，关闭"视图管理器"对话框。

2. 恢复命名视图

在绘图过程中，如果需要回到指定的某个视图，可以将相应的命名视图恢复，具体操作步骤如下。

（1）选择"视图 > 命名视图"菜单命令，弹出"视图管理器"对话框。

（2）在"视图管理器"对话框的视图列表中选择要恢复的视图。

（3）单击"置为当前"按钮。

（4）单击"确定"按钮，关闭"视图管理器"对话框。

3．改变命名视图的名称

改变命名视图名称的操作步骤如下。

（1）选择"视图 > 命名视图"菜单命令，弹出"视图管理器"对话框。

（2）在"视图管理器"对话框的视图列表中选择要重命名的视图。

（3）在中间的"常规"栏中选择视图名称，然后输入新的视图名称，如图 1-31 所示。

（4）单击"确定"按钮，关闭"视图管理器"对
话框。

4．更新视图图层

更新视图图层的操作步骤如下。

（1）选择"视图 > 命名视图"菜单命令，弹出"视
图管理器"对话框。

（2）在"视图管理器"对话框的视图列表中选择
要更新图层的视图。

图 1-31

（3）单击"更新图层"按钮，更新与选定的命名
视图一起保存的图层信息，使其与当前模型空间和图纸空间中的图层可见性匹配。

（4）单击"确定"按钮，关闭"视图管理器"对话框。

5．编辑视图边界

编辑视图边界的操作步骤如下。

（1）选择"视图 > 命名视图"菜单命令，弹出"视图管理器"对话框。

（2）在"视图管理器"对话框的视图列表中选择要编辑边界的视图。

（3）单击"编辑边界"按钮，居中并缩小显示选择的命名视图，绘图窗口中的其他部分会以较浅
的颜色显示，以突出命名视图的边界。可以重复指定新边界的对角点，然后按 Enter 键确认。

（4）单击"确定"按钮，关闭"视图管理器"对话框。

6．删除命名视图

不再需要某个视图时，可以将其删除，具体操作步骤如下。

（1）选择"视图 > 命名视图"菜单命令，弹出"视图管理器"对话框。

（2）在"视图管理器"对话框的视图列表中选择要删除的视图。

（3）单击"删除"按钮，将视图删除。

（4）单击"确定"按钮，关闭"视图管理器"对话框。

1.6.4　平铺视图

在使用模型空间绘图时，一般情况下都是在充满整个绘图窗口的单个视口中进行操作的。如果需
要同时显示一幅图的不同视图，可以利用平铺视图功能设置多个视口，将绘图窗口分成多个部分。

启用命令的方法：选择"视图 > 视口 > 新建视口"菜单命令。

选择"视图 > 视口 > 新建视口"菜单命令，弹出"视口"对话框，如图 1-32 所示。在"视口"
对话框中，可以根据需要设置多个视口来进行平铺视图的操作。

"视口"对话框中的选项说明如下。

● "新名称"文本框：用于输入新建视口的名称。

● "标准视口"列表框：用于选择需要的标准视口样式。

● "应用于"下拉列表框：用于选择平铺视图的应用范围。

● "设置"下拉列表框：在进行二维图形操作时，可以在该下拉列表中选择"二维"选项；如果要进行三维图形操作，则可以在该下拉列表中选择"三维"选项。

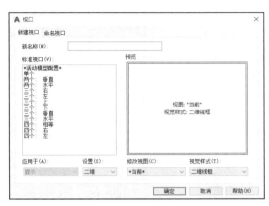

图 1-32

● "预览"选项组：在"标准视口"列表框中选择所需样式后，可以在该选项组的显示框中预览平铺视口的样式。

● "修改视图"下拉列表框：在"设置"下拉列表中选择"三维"选项后，可以在该下拉列表中选择定义各平铺视口的视角。在"设置"下拉列表中选择"二维"选项后，该下拉列表中只有"当前"这一个选项，即选择的标准视口内都将显示同一个视图。

● "视觉样式"下拉列表框：有"二维线框""隐藏""线框""概念""真实"等选项。

1.6.5　重生成视图

使用 AutoCAD 2020 中文版绘制的图形是非常精确的，为了提高显示速度，系统常常将曲线图形以简化的形式显示，如使用连续的折线来表示平滑的曲线。如果要将图形的显示恢复为平滑的曲线，可以使用如下几种方法。

1．重生成

使用"重生成"命令可以在当前视口中重生成整个图形并重新计算所有图形对象的坐标，优化显示和对象选择性能。

2．全部重生成

"全部重生成"命令与"重生成"命令的功能基本相同，不同的是，"全部重生成"命令可以在所有视口中重生成整个图形并重新计算所有图形对象的坐标，优化显示和对象选择性能。

3．设置系统的显示精度

通过对系统显示精度的设置，可以控制圆、圆弧、椭圆和样条曲线的外观，该功能可用于重生成更新的图形，并使圆的外观平滑。

启用命令的方法如下。

● 菜单命令：在菜单栏中选择"工具 > 选项"命令。

● 命令行：在命令提示窗口中输入 VIEWRES。

选择"工具 > 选项"菜单命令，弹出"选项"对话框，单击"显示"选项卡，如图 1-33 所示。

在对话框右侧的"显示精度"选项组中，在"圆弧和圆的平滑度"选项左侧的数值框中输入数值可以控制系统的显示精度，其默认数值为 1000，有效的输入范围为 1～20000。数值越大，系统显示的精度就越高，显示速度就越慢。单击"确定"按钮，完成系统显示精度的设置。

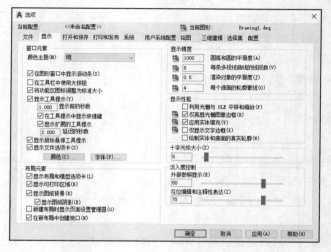

图 1-33

　　输入命令进行设置与在"选项"对话框中进行设置的结果相同。增大缩放百分比数值，会重新生成图形，并使圆的外观平滑；减小缩放百分比数值则会有相反的效果。增大缩放百分比数值可能会增加重新生成图形的时间。

　　命令提示窗口中的操作步骤如下。

命令：_viewres　　　　　　　　　　　　　　　　　　//输入快速缩放命令

是否需要快速缩放？[是(Y)/否(N)] < >: Y　　　　　//选择"是"选项

输入圆的缩放百分比 (1—20000) <1000>: 10000　　//输入缩放百分比数值

1.7　鼠标的使用方法

　　在 AutoCAD 2020 中文版中，鼠标的不同按键具有不同的功能，各按键的功能说明如下。

1. 鼠标左键

　　鼠标左键为拾取键，用于单击工具栏中的按钮、选择菜单命令，在绘图过程中选择点和图形对象等。

2. 鼠标右键

　　鼠标右键默认用于显示快捷菜单。单击鼠标右键可以弹出快捷菜单。

　　用户可以自定义鼠标右键的功能，方法如下。

　　选择"工具 > 选项"菜单命令，弹出"选项"对话框，单击"用户系统配置"选项卡，单击其中的"自定义右键单击"按钮，弹出"自定义右键单击"对话框，如图 1-34 所示，可以在该对话框中自定义鼠标右键的功能。

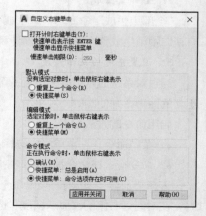

图 1-34

3. 鼠标中键

　　鼠标中键常用于快速浏览图形。在绘图窗口中按住鼠标中键，鼠标指针将变为🖑形状，移动鼠标指针可快速移动图形；双击鼠标中键，绘图窗口中将显示全部图形对象。当鼠标中键为滚轮时，将鼠标指针放置于绘图窗口中，直接向下滚动滚轮可缩小图形，直接向上滚动滚轮可放大图形。

1.8 使用帮助和教程

AutoCAD 2020 中文版的帮助信息中包含了有关如何使用此软件的完整信息。帮助信息可以给用户解决疑难问题带来很大的帮助。

AutoCAD 2020 中文版的帮助信息几乎全部集中在菜单栏的"帮助"菜单中，如图 1-35 所示。下面介绍"帮助"菜单中命令的功能。

1."帮助"命令

"帮助"命令提供了 AutoCAD 2020 中文版的完整信息。选择"帮助 > 帮助"菜单命令，打开"Autodesk AutoCAD 2020-帮助"窗口。该窗口汇集了 AutoCAD 2020 中文版的各种问题，其左侧窗格上方的选项卡提供了多种查看所需主题的方法。在左侧的窗格中查找信息，右侧窗格中会显示所选主题的信息，供用户查阅。

图 1-35

 小提示 按 F1 键，也可以打开"Autodesk AutoCAD 2020-帮助"窗口。选择某个命令后，可以按 F1 键打开帮助窗口，查看该命令的相关信息。

2."其他资源"命令

"其他资源"命令提供了可通过网络访问 AutoCAD 网站以获取相关帮助的功能。选择"帮助 > 其他资源"菜单命令，弹出子菜单，如图 1-36 所示，从中可以使用各项联机帮助。例如，选择"开发人员帮助"命令，打开"Autodesk AutoCAD 2020-帮助"窗口，开发人员可以从中查找和浏览各种信息。

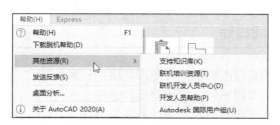

图 1-36

3."发送反馈"命令

如果 AutoCAD 2020 中文版在使用过程中出现错误或意外退出，选择"帮助>发送反馈"命令可以将错误信息发送至 AutoCAD 2020 中文版软件中心。

4."关于 AutoCAD 2020"命令

"关于 AutoCAD 2020"命令提供了 AutoCAD 2020 中文版的相关信息，如版权和产品信息等。

02

第 2 章
绘图设置

本章介绍

　　本章主要介绍绘图设置，如坐标系统、图形单位与图形界限、工具栏、图层及非连续线外观的设置等。通过本章的学习，读者可以掌握进行绘图设置的方法，从而为绘制建筑工程图做好准备。

学习目标

- ✔ 了解 WCS 和 UCS 的区别。
- ✔ 熟悉 AutoCAD 2020 中文版工具栏。

技能目标

- ✔ 掌握图形单位与图形界限的设置技巧。
- ✔ 掌握图层的应用与操作方法。
- ✔ 掌握图形对象属性的设置方法。

素养目标

- ✔ 加深学生对坐标系统的认识。
- ✔ 提高学生的计算机操作水平。

2.1 设置坐标系统

AutoCAD 2020 中文版有两个坐标系统：一个是称为 WCS（World Coordinate System，世界坐标系）的固定坐标系，另一个是称为 UCS（User Coordinate System，用户坐标系）的可移动坐标系。用户可以依据 WCS 定义 UCS。

2.1.1 WCS

WCS 是 AutoCAD 2020 中文版的默认坐标系，如图 2-1 所示。在 WCS 中，x 轴为水平方向，y 轴为垂直方向，z 轴垂直于 xy 平面。原点是 x 轴和 y 轴的交点 (0,0)。图形中的任何一点都可以用相对于原点(0,0)的距离和方向来表示。

图 2-1

在 WCS 中输入坐标的方式有以下几种。

1. 直角坐标方式

在二维空间中，利用直角坐标方式输入点的坐标时，只需输入点的 x、y 坐标值，系统将自动指定 z 坐标值为 0。

在输入点的坐标（x、y 坐标值）时，可以使用绝对坐标或相对坐标形式。绝对坐标是相对于坐标系原点的坐标，而相对坐标是相对于前一个输入点的坐标。

- 绝对坐标

绝对坐标的输入形式是：x,y。

其中，x、y 分别是输入点相对于原点的 x 坐标和 y 坐标。

- 相对坐标

相对坐标的输入形式是：$@x,y$。

相对坐标形式即在坐标值前面加上符号"@"。例如，"@10,5"表示距当前点沿 x 轴正方向 10 个单位、沿 y 轴正方向 5 个单位的新点。

2. 极坐标方式

在二维空间中，利用极坐标方式输入点的坐标时，只需输入点的距离 r、夹角 θ，系统将自动指定 z 坐标值为 0。

利用极坐标方式输入点的坐标时，也可以使用绝对坐标或相对坐标形式。

- 绝对坐标

绝对极坐标的输入形式是：$r<\theta$。

其中，r 表示输入点与原点的距离，θ 表示输入点和原点的连线与 x 轴正方向的夹角，如图 2-2 所示。

- 相对坐标

相对极坐标的输入形式是：$@r<\theta$。

r 和 θ 的含义与绝对坐标中的含义相同。

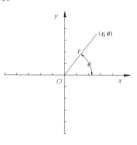

图 2-2

2.1.2　UCS

　　AutoCAD 2020 中文版中的另一种坐标系是 UCS。WCS 是系统提供的，不能移动和旋转，而 UCS 是由用户相对于 WCS 建立的，因此 UCS 可以移动、旋转，用户可以设定屏幕上的任意一点为坐标原点，也可以指定任何方向为 x 轴的正方向。

　　在 UCS 中，输入坐标的方式与 WCS 相同，也有 4 种输入方式，但其坐标不是相对于 WCS，而是相对于当前坐标系的。

2.2　设置图形单位与图形界限

　　利用 AutoCAD 2020 中文版绘制建筑工程图时，一般根据建筑物的实际尺寸来绘制。这就需要选择某种度量单位作为绘图标准，以绘制出精确的工程图，并且还需要为图形设置一个类似图纸边界的限制，使绘制的图形能够按合适的比例打印。

2.2.1　设置图形单位

　　可以在创建新文件时对图形文件进行单位设置，也可以在建立图形文件后，改变其默认的单位设置。

　1．创建新文件时进行单位设置

　　选择"文件 > 新建"菜单命令，弹出"选择样板"对话框，单击"打开"按钮右侧的 ▾ 按钮，在弹出的下拉列表中选择相应的打开选项，创建一个基于公制或英制单位的图形文件。

　2．改变已存在图形的单位设置

　　在绘制图形的过程中，可以改变图形的单位设置，操作步骤如下。

　　（1）选择"格式 > 单位"菜单命令，弹出"图形单位"对话框，如图 2-3 所示。

　　（2）在"长度"选项组中设置长度单位的类型和精度，在"角度"选项组中设置角度单位的类型、精度和方向，在"插入时的缩放单位"选项组中设置缩放插入内容的单位。

　　（3）单击"方向"按钮，弹出"方向控制"对话框，在该对话框中设置基准角度，如图 2-4 所示。单击"确定"按钮，返回"图形单位"对话框。

　　（4）单击"确定"按钮，确认文件的单位设置。

图 2-3

图 2-4

2.2.2 设置图形界限

设置图形界限就是设置图纸的大小。绘制建筑工程图时，通常根据建筑物的实际尺寸来绘制图形，因此需要设置图形界限。在 AutoCAD 2020 中文版中，设置图形界限主要是为图形确定图纸的边界。

建筑图纸常用的几种规格是 A0（1189mm×841mm）、A1（841mm×594mm）、A2（594mm×420mm）、A3（420mm×297mm）和 A4（297mm×210mm）等。

选择"格式 > 图形界限"菜单命令，或在命令提示窗口中输入"_limits"，启用设置图形界限的命令，操作步骤如下。

命令：_limits   //输入图形界限命令
重新设置模型空间界限：
指定左下角点或 [开(ON)/关(OFF)] <0.0000,0.0000>：   //按 Enter 键
指定右上角点<420.0000,297.0000>：10000,8000   //输入要设置的数值

2.3 设置工具栏

工具栏提供了访问 AutoCAD 2020 中文版命令的快捷方式，利用工具栏中的工具可以完成大部分绘图工作。

2.3.1 打开常用工具栏

在绘制图形的过程中可以打开一些常用的工具栏，如"标注""对象捕捉"等工具栏。

在任意一个工具栏上单击鼠标右键，会弹出图 2-5 所示的快捷菜单。有"√"标记的命令表示对应工具栏已打开。选择快捷菜单中的命令，可打开或关闭相应的工具栏。

图 2-5

将绘图过程中常用的工具栏（如"对象捕捉""标注"等工具栏）打开，并合理地使用工具栏，可以提高工作效率。

2.3.2　自定义工具栏

"自定义用户界面"窗口用于自定义工作空间、工具栏、菜单、快捷菜单和其他用户界面元素。在"自定义用户界面"窗口中，可以创建新的工具栏。例如，可以将绘图过程中常用的按钮放置于同一工具栏中，以满足自己的绘图需要，提高绘图效率。

启用命令的方法如下。

- 菜单命令：选择菜单栏中的"视图 > 工具栏"或"工具 > 自定义 > 界面"命令。

- 命令行：在命令提示窗口中输入 TOOLBAR 或 CUI。

在绘制图形的过程中，可以自定义工具栏，操作步骤如下。

（1）选择"工具 > 自定义 > 界面"菜单命令，打开"自定义用户界面"窗口，如图 2-6 所示。

（2）在"自定义用户界面"窗口的"所有文件中的自定义设置"窗格中，选择"ACAD >

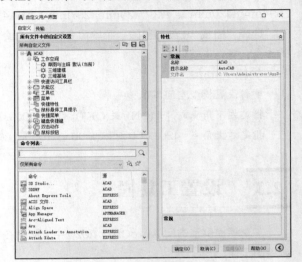

图 2-6

工具栏"选项，如图 2-7 所示。在该选项上单击鼠标右键，在弹出的快捷菜单中选择"新建工具栏"命令。输入新建的工具栏的名称"建筑"，结果如图 2-8 所示。

图 2-7

图 2-8

（3）在"命令列表"窗格中，打开"仅所有命令"下拉列表，选择"修改"选项，命令列表框中会列出相应的命令，如图 2-9 所示。

（4）在"命令列表"窗格中选择需要添加的命令，将其拖曳到"建筑"工具栏下，如图 2-10 所示。

图 2-9　　　　　　　　　　　　　　　　　图 2-10

（5）按照自己的绘图习惯将常用的命令拖曳到"建筑"工具栏下，创建自定
义的工具栏。

（6）单击"确定"按钮，返回绘图窗口，自定义的"建筑"工具栏如图 2-11
所示。

图 2-11

2.3.3　布置工具栏

根据工具栏的显示方式，AutoCAD 2020 中文版的工具栏可分为 3 种，分别为弹出式工具栏、
固定式工具栏和浮动式工具栏，如图 2-12 所示。

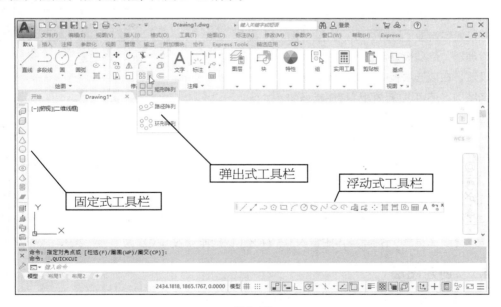

图 2-12

- 弹出式工具栏

有些按钮的右侧有一个小三角形按钮，如"矩形阵列"按钮右侧的▼。单击这样的按钮，系统将
显示弹出式工具栏。

- 固定式工具栏

固定式工具栏位于绘图窗口的四周，其上部或左部有两条凸起的线条。

- 浮动式工具栏

浮动式工具栏位于绘图窗口中。可以将浮动式工具栏拖曳至新位置，还可以调整其大小或将其固定。

小提示　将浮动式工具栏拖曳到固定式工具栏的区域，可将其设置为固定式工具栏；反之，将固定式工具栏拖曳到浮动式工具栏的区域，可将其设置为浮动式工具栏。

调整好工具栏的位置后，可将工具栏锁定。选择"窗口 > 锁定位置 > 浮动工具栏"菜单命令，可以锁定浮动式工具栏。选择"窗口 > 锁定位置 > 固定工具栏"菜单命令，可以锁定固定式工具栏。如果想移动工具栏，需要临时解锁工具栏，单击工具栏将其拖曳至新位置即可。

2.4　图层管理

绘制建筑工程图时，为了方便管理和便于修改图形，需要将特性相似的对象绘制在同一图层上。例如，将建筑工程图中的所有墙体线绘制在"墙体"图层，将所有的尺寸标注绘制在"尺寸标注"图层。

使用"图层特性管理器"选项板可以对图层进行设置和管理，如图 2-13 所示。"图层特性管理器"选项板显示了图层的列表及其特性设置，在该选项板中可以添加、删除和重命名图层，还可以修改图层特性或添加说明。图层过滤器用于控制在列表中显示哪些图层，并可同时对多个图层进行修改。

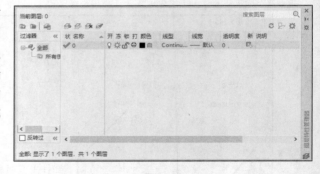

启用命令的方法如下。

- 工具栏：单击"图层"工具栏中的"图层特性管理器"按钮 。

图 2-13

- 菜单命令：选择菜单栏中的"格式 > 图层"命令。
- 命令行：在命令行提示窗口中输入 LAYER（快捷命令为 LA）。

2.4.1　创建图层

在绘制建筑工程图的过程中，可以根据绘图需要创建图层。

创建图层的操作步骤如下。

（1）选择"格式 > 图层"菜单命令，或单击"图层"工具栏中的"图层特性管理器"按钮 ，弹出"图层特性管理器"选项板。

（2）单击"图层特性管理器"选项板中的"新建图层"按钮 ，或按 Alt+N 组合键。

（3）系统将在图层列表中添加新图层，其默认名称为"图层 1"，并且会高亮显示，如图 2-14

所示。在"名称"栏中输入图层的新名称，按 Enter 键确认。

图层的名称最多可有 225 个字符，可以是数字、汉字、字母等。注意有些符号是不能在图层名称中使用的，例如","">""<"等。为了区分不同的图层，应该为每个图层设置不同的名称。在许多建筑工程图中，图层的名称不使用汉字，而是采用阿拉伯数字或英文缩写形式表示。用户还可以用不同的颜色表示不同的元素，如表 2-1 所示。

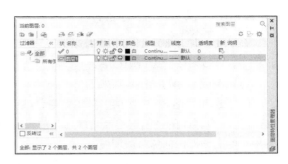

图 2-14

表 2-1

图层名称	颜色	内容
2	黄色	建筑结构线
3	绿色	虚线、较为密集的线
4	湖蓝色	轮廓线
7	白色	其余各种线
DIM	绿色	尺寸标注
BH	绿色	填充
TEXT	绿色	文字、材料标注线

2.4.2 删除图层

在绘制图形的过程中，为了减小图形文件所占的空间，可以删除不使用的图层。

删除图层的操作步骤如下。

（1）选择"格式 > 图层"菜单命令，或单击"图层"工具栏中的"图层特性管理器"按钮，弹出"图层特性管理器"选项板。

（2）在"图层特性管理器"选项板的图层列表中选择要删除的图层，单击"删除图层"按钮，或按 Alt+D 组合键。

小提示

系统默认的"0"图层、包含图形对象的图层、当前图层，以及使用外部参照的图层是不能被删除的。尝试删除这些图层时，系统将弹出提示框，如图 2-15 所示。

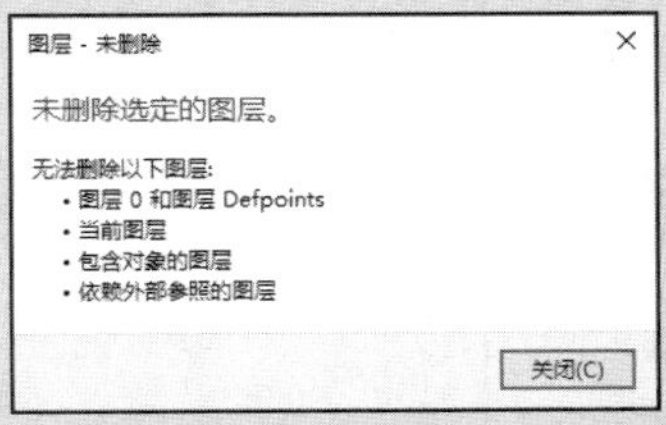

图 2-15

在"图层特性管理器"选项板的图层列表中，图层名称左侧的状态图标为 （蓝色）时表示图层中包含图形对象，为 （灰色）时表示图层中不包含图形对象。

2.4.3　设置图层的名称

在 AutoCAD 2020 中文版中，图层名称默认为"图层 1""图层 2""图层 3"等，在绘制图形的过程中，可以对图层进行重命名。

设置图层名称的操作步骤如下。

（1）选择"格式 > 图层"菜单命令，或单击"图层"工具栏中的"图层特性管理器"按钮，弹出"图层特性管理器"选项板。

（2）在"图层特性管理器"选项板的图层列表中选择需要重命名的图层。

（3）单击图层的名称或按 F2 键，使之变为可编辑状态，输入新的名称，按 Enter 键确认，如图 2-16 所示。

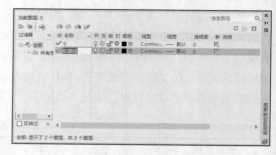

图 2-16

2.4.4　设置图层的颜色、线型和线宽

1. 设置图层颜色

图层的默认颜色为白色。为了区分不同图层，应该为图层设置不同的颜色。在绘制图形时，可以通过设置图层的颜色来区分不同种类的图形对象。在打印图形时，针对某种颜色指定一种线宽，则此颜色的图层中所有的图形对象都会以同一线宽进行打印，这样可以减少存储量，提高显示效率。

AutoCAD 2020 中文版提供了 256 种颜色，在设置图层的颜色时，通常会采用 7 种标准颜色：红色、黄色、绿色、青色、蓝色、紫色和白色。这 7 种颜色差别较大又带有名称，便于识别和调用。

设置图层的颜色的操作步骤如下。

（1）选择"格式 > 图层"菜单命令，或单击"图层"工具栏中的"图层特性管理器"按钮，弹出"图层特性管理器"选项板。

（2）单击图层列表中需要改变颜色的图层的"颜色"栏中的颜色图标，如□白，弹出"选择颜色"对话框，如图 2-17 所示。

（3）在颜色列表中选择合适的颜色，"颜色"文本框中将显示颜色的名称。

（4）单击"确定"按钮，返回"图层特性管理器"选项板，对应图层的"颜色"栏中将显示新设置的颜色，如图 2-18 所示。

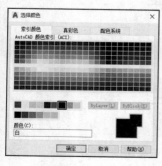

图 2-17

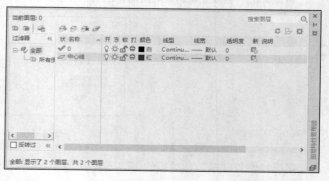

图 2-18

2. 设置图层的线型

图层的线型用于表示图层中图形线条的特性，通过设置图层的线型可以区分不同对象的含义和作用，默认的线型为"Continuous"。

设置图层线型的操作步骤如下。

（1）选择"格式 > 图层"菜单命令，或单击"图层"工具栏中的"图层特性管理器"按钮，弹出"图层特性管理器"选项板。

（2）在图层列表中单击相应图层的"线型"栏中的线型图标，如**Continuous**，弹出"选择线型"对话框，如图 2-19 所示。"线型"列表中显示了默认的线型设置，单击"加载"按钮，弹出"加载或重载线型"对话框，可在其中选择合适的线型，如图 2-20 所示。

图 2-19

图 2-20

（3）单击"确定"按钮，返回"选择线型"对话框，所选择的线型显示在"线型"列表中，单击该线型，如图 2-21 所示。

（4）单击"确定"按钮，返回"图层特性管理器"选项板。图层列表中对应图层的"线型"栏中将显示新设置的线型，如图 2-22 所示。

图 2-21

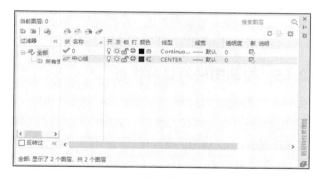

图 2-22

3. 设置图层的线宽

图层的线宽设置会应用到对应图层的所有图形对象上，用户可以在绘图窗口中选择显示或不显示线宽。

在工程图中，粗实线的线宽一般为 0.3～0.6mm，细实线的线宽一般为 0.13～0.25mm，具体线宽可以根据图纸的大小来确定。通常在 A4 纸中，粗实线的线宽可以设置为 0.3mm，细实线的线宽可以设置为 0.13mm；在 A0 纸中，粗实线的线宽可以设置为 0.6mm，细实线的线宽可以设置为 0.25mm。

　　单击"图层"工具栏中的"图层特性管理器"按钮 ，弹出"图层特性管理器"选项板。在图层列表中单击图层的"线宽"栏中的线宽图标，如 — 默认，弹出"线宽"对话框，在"线宽"列表框中选择需要的线宽，如图 2-23 所示。单击"确定"按钮，返回"图层特性管理器"选项板，图层列表中对应图层的"线宽"栏中将显示新设置的线宽，如图 2-24 所示。

图 2-23

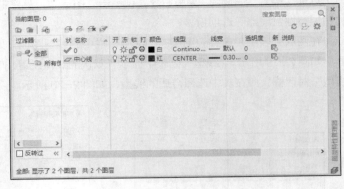

图 2-24

　　显示或隐藏图形的线宽有以下两种方法。

● 利用状态栏中的"显示/隐藏线宽"按钮 ☰

　　单击状态栏中的"显示/隐藏线宽"按钮 ☰，可以切换线宽的显示状态。当"显示/隐藏线宽"按钮 ☰ 处于灰色状态时，图形不显示线宽；当"显示/隐藏线宽"按钮 ☰ 高亮显示时，图形显示线宽。

● 利用菜单命令

　　选择"格式 > 线宽"菜单命令，弹出"线宽设置"对话框，如图 2-25 所示。在此对话框中，用户可以设置系统默认的线宽和单位。勾选"显示线宽"复选框，单击"确定"按钮，绘图窗口中会显示线宽设置；若取消勾选"显示线宽"复选框，则绘图窗口中不会显示线宽设置。

图 2-25

2.4.5　控制图层的显示状态

　　如果建筑工程图中包含大量信息，并且有多个图层，那么可通过控制图层状态使编辑、绘制、观察等工作变得更方便。图层状态主要包括打开与关闭、冻结与解冻、锁定与解锁、打印与不打印等，AutoCAD 2020 中文版采用不同形式的图标来表示这些状态。

1．打开/关闭图层

　　处于打开状态的图层是可见的，处于关闭状态的图层是不可见的，且不能被编辑或打印。当图形重新生成时，被关闭的图层将一起被生成。

　　打开/关闭图层有以下两种方法。

● 利用"图层特性管理器"选项板

　　单击"图层"工具栏中的"图层特性管理器"按钮 ，弹出"图层特性管理器"选项板，选中"中心线"图层，单击"开"栏的 或 图标，可切换图层的打开/关闭状态。当图标为 时，表示图层被打开；当图标为 时，表示图层被关闭。如果关闭的图层是当前图层，系统将弹出"图层–关闭当前图层"对话框，如图 2-26 所示。

- 利用"图层"工具栏

打开"图层"工具栏中的"图层控制"下拉列表，单击 ♀ 或 ♀ 图标，如图 2-27 所示，可以切换图层的打开/关闭状态。

图 2-26

2．冻结/解冻图层

冻结图层可以减少复杂图形重新生成时的显示时间，并且可以加快绘图、缩放、编辑等命令的执行速度。处于冻结状态的图层上的图形对象将不能被显示、打印或重新生成。解冻图层后将重新生成并显示该图层中的图形对象。

冻结/解冻图层有以下两种方法。

- 利用"图层特性管理器"选项板

单击"图层"工具栏中的"图层特性管理器"按钮 ❖，弹出"图层特性管理器"选项板，在图层列表中单击"冻结"栏的 ❄ 或 ☀ 图标，可切换图层的冻结/解冻状态。当图标为 ☀ 时，表示图层处于解冻状态；当图标为 ❄ 时，表示图层处于冻结状态。

 小提示　当前图层是不能被冻结的。

- 利用"图层"工具栏

打开"图层"工具栏中的"图层控制"下拉列表，单击 ❄ 或 ☀ 图标，如图 2-28 所示，可切换图层的冻结/解冻状态。

图 2-27

图 2-28

 小提示　解冻一个图层后将重新生成整个图形，而打开一个图层只是重画这个图层上的对象，因此如果需要频繁地改变图层的可见性，应打开/关闭图层，而不应冻结/解冻图层。

3．锁定/解锁图层

锁定图层中的对象不能被编辑和选择。解锁图层可以将图层恢复为可编辑和选择的状态。

锁定/解锁图层有以下两种方法。

- 利用"图层特性管理器"选项板

单击"图层"工具栏中的"图层特性管理器"按钮 ❖，弹出"图层特性管理器"选项板，在图层列表中单击"锁定"栏的 🔒 或 🔓 图标，可切换图层的锁定/解锁状态。当图标为 🔓 时，表示图层处于解锁状态；当图标为 🔒 时，表示图层处于锁定状态。

- 利用"图层"工具栏

打开"图层"工具栏中的"图层控制"下拉列表，单击 🔒 或 🔓 图标，如图 2-29 所示，可切换图层的锁定/解锁状态。

图 2-29

被锁定的图层是可见的，用户可以查看、捕捉锁定图层上的对象，还可在锁定图层上绘制新的图形对象。

4．打印/不打印图层

当指定一个图层不打印后，该图层上的对象仍是可见的。

单击"图层"工具栏中的"图层特性管理器"按钮，弹出"图层特性管理器"选项板，在图层列表中单击"打印"栏的 或 图标，可切换图层的打印/不打印状态。

图层的不打印设置只对图形中可见的图层（处于打开与解冻状态的图层）有效。若图层设为可打印但处于冻结或关闭状态，此时 AutoCAD 2020 中文版将不打印该图层。

2.4.6 设置当前图层

当需要在一个图层上绘制图形时，必须先设置对应图层为当前图层。系统默认的当前图层为"0"图层。

1．设置图层为当前图层

设置图层为当前图层有以下两种方法。

● 利用"图层特性管理器"选项板

单击"图层"工具栏中的"图层特性管理器"按钮，弹出"图层特性管理器"选项板，在图层列表中选择要切换为当前图层的图层，然后双击状态栏中的 图标，或单击"置为当前"按钮，或按 Alt+C 组合键，使状态栏的 图标变为当前图层的图标，如图 2-30 所示。

在"图层特性管理器"选项板中对当前图层的特性进行设置后，在建立新图层时，新图层的特性将复制当前选中图层的特性。

● 利用"图层"工具栏

在不选任何图形对象的情况下，在"图层"工具栏的"图层控制"下拉列表中直接选择要设置为当前图层的图层，如图 2-31 所示。

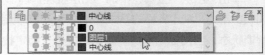

图 2-30   图 2-31

2．设置对象图层为当前图层

在绘图窗口中选择某个图形对象，单击"图层"工具栏中的"将对象的图层置为当前"按钮，可以将该图形对象所在的图层设置为当前图层。

3. 返回上一个图层

单击"图层"工具栏中的"上一个图层"按钮 ，系统将自动把上一次设置的当前图层设置为现在的当前图层。

2.5 设置图形对象的属性

在绘图过程中，需要特别指定一个图形对象的颜色、线型及线宽时，应单独设置该图形对象的颜色、线型及线宽。

通过系统提供的"特性"工具栏可以方便地设置图形对象的颜色、线型及线宽等特性。默认情况下，"特性"工具栏的"颜色控制""线型控制""线宽控制"3 个下拉列表框中都显示"ByLayer"（随层），如图 2-32 所示。"ByLayer"表示所绘制图形对象的颜色、线型和线宽等特性与当前图层所设定的特性完全相同。

图 2-32

 在不需要特别指定某一图形对象的颜色、线型及线宽的情况下，不要随意设置图形对象的颜色、线型和线宽，否则会不利于管理和修改图层。

2.5.1 设置图形对象的颜色、线型和线宽

1. 设置图形对象的颜色

设置图形对象颜色的操作步骤如下。

（1）在绘图窗口中选择需要改变颜色的一个或多个图形对象。

（2）单击"特性"工具栏"颜色控制"下拉列表框右侧的下拉按钮，打开"颜色控制"下拉列表，如图 2-33 所示。从该下拉列表中选择需要的颜色，即可修改图形对象的颜色。按 Esc 键，可取消图形对象的选中状态。

如果需要选择其他的颜色，可以选择"颜色控制"下拉列表中的"选择颜色"选项，弹出"选择颜色"对话框，如图 2-34 所示。在该对话框中可以选择一种需要的颜色，单击"确定"按钮，新选择的颜色将出现在"颜色控制"下拉列表中。

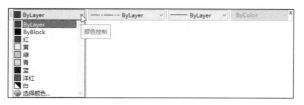

图 2-33

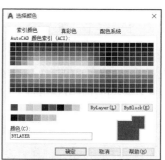

图 2-34

2．设置图形对象的线型

设置图形对象线型的操作步骤如下。

（1）在绘图窗口中选择需要改变线型的一个或多个图形对象。

（2）单击"特性"工具栏"线型控制"下拉列表框右侧的下拉按钮，打开"线型控制"下拉列表，

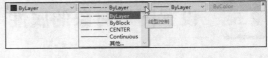

如图 2-35 所示。从该下拉列表中选择需要的线型，即可修改图形对象的线型。按 Esc 键，可取消图形对象的选中状态。

图 2-35

如果需要选择其他的线型，可选择"线型控制"下拉列表中的"其他"选项，弹出"线型管理器"对话框，如图 2-36 所示。单击对话框中的"加载"按钮，弹出"加载或重载线型"对话框，如图 2-37 所示。

图 2-36

图 2-37

在"可用线型"列表框中可以选择一个或多个线型，如图 2-38 所示。单击"确定"按钮，返回"线型管理器"对话框，选择的线型会出现在"线型管理器"对话框的列表框中。将加载的线型选中，如图 2-39 所示，单击"确定"按钮，该线型就会出现在"线型控制"下拉列表中。

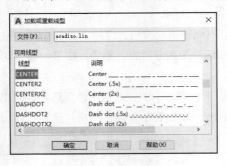

图 2-38

图 2-39

3．设置图形对象的线宽

设置图形对象线宽的操作步骤如下。

（1）在绘图窗口中选择需要改变线宽的一个或多个图形对象。

（2）单击"特性"工具栏"线宽控制"下拉列表框右侧的下拉按钮，打开"线宽控制"下拉列表，如图 2-40 所示。从该下拉列表中选择需

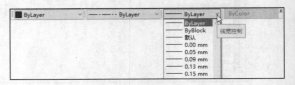

图 2-40

要的线宽，即可修改图形对象的线宽。按 Esc 键，可取消图形对象的选中状态。

小提示 单击状态栏中的"显示/隐藏线宽"按钮 ，使其处于高亮显示状态，打开线宽显示开关，将显示新设置的图形对象的线宽；再次单击"显示/隐藏线宽"按钮 ，使其处于灰色状态，关闭线宽显示开关。

2.5.2 修改图形对象所在的图层

在 AutoCAD 2020 中文版中可以修改图形对象所在的图层，修改方法有以下两种。

● 利用"图层"工具栏

（1）在绘图窗口中选择需要修改图层的图形对象。

（2）打开"图层"工具栏的"图层控制"下拉列表，从中选择新的图层。

（3）按 Esc 键完成操作，此时图形对象将被放置到新的图层上。

● 利用"特性"选项板

（1）在绘图窗口中，用鼠标右键单击图形对象，在弹出的快捷菜单中选择"特性"命令，打开"特性"选项板，如图 2-41 所示。

（2）选择"常规"下拉列表中的"图层"选项，打开"图层"下拉列表，如图 2-42 所示，从中选择新的图层。

图 2-41   图 2-42

（3）关闭"特性"选项板，此时图形对象将被放置到新的图层上。

2.6 设置非连续线的外观

非连续线是由短横线、空格等元素重复构成的。非连续线的外观（如短横线的长短、空格的大小等）是由其线型的比例因子控制的。当绘制的点划线、虚线等非连续线看上去与连续线一样时，可以通过改变其线型的比例因子来调节其外观。

2.6.1 设置线型的全局比例因子

改变全局线型的比例因子，AutoCAD 2020 中文版将重新生成图形，这将影响图形文件中所有非连续线的外观。

改变全局线型比例因子有以下 3 种方法。

● 设置系统变量 LTSCALE

设置全局线型比例因子的命令为：LTS（LTSCALE）。当系统变量 LTSCALE 的值增大时，非连续线的短横线及空格加长；反之则缩短，如图 2-43 所示。

```
命令：_lts                                      //输入线型比例命令
LTSCALE 输入新线型比例因子 <1.0000>：2          //输入新的数值
正在重生成模型。                                //系统重新生成图形
```

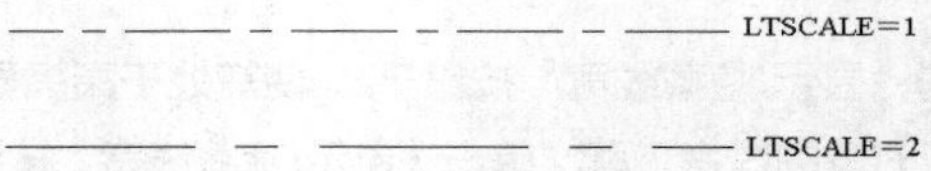

—— —— —— —— —— —— —— —— LTSCALE=1

—— —— —— —— —— —— —— —— LTSCALE=2

图 2-43

● 利用菜单命令

（1）选择"格式 > 线型"菜单命令，弹出"线型管理器"对话框，如图 2-44 所示。

（2）单击"显示细节"按钮，对话框的底部出现"详细信息"选项组，同时"显示细节"按钮变为"隐藏细节"按钮，如图 2-45 所示。

（3）在"全局比例因子"数值框中输入新的比例因子，单击"确定"按钮。

图 2-44

图 2-45

 小提示　"全局比例因子"不能为 0。

● 利用"特性"工具栏

（1）打开"特性"工具栏中的"线型控制"下拉列表，如图 2-46 所示，从中选择"其他"选项，弹出"线型管理器"对话框。

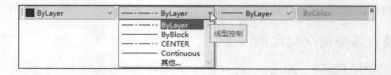

图 2-46

（2）单击"显示细节"按钮，对话框的底部出现"详细信息"选项组，同时"显示细节"按钮变为"隐藏细节"按钮。

（3）在"全局比例因子"数值框中输入新的比例因子，单击"确定"按钮。

2.6.2　设置当前对象的线型比例因子

改变当前对象的线型比例因子，将改变当前选择的对象中所有非连续线的外观。

改变当前对象的线型比例因子有以下两种方法。

- 利用"线型管理器"对话框

（1）选择"格式 > 线型"菜单命令，弹出"线型管理器"对话框。

（2）单击"显示细节"按钮，对话框的底部出现"详细信息"选项组。

（3）在"当前对象缩放比例"数值框中输入新的比例因子，单击"确定"按钮。

 小提示　非连续线的显示比例=当前对象的线型比例因子×全局线型比例因子。例如，当前对象的线型比例因子为 2，全局线型比例因子为 2，则最终显示线型时采用的比例因子为 4。

- 利用"特性"选项板

（1）选择"修改 > 特性"菜单命令，弹出"特性"选项板，如图 2-47 所示。

（2）选择需要设置线形比例因子的图形对象，"特性"选项板将显示该图形对象的特性，如图 2-48 所示。

图 2-47　　　　　　　　　　图 2-48

（3）在"常规"下拉列表中选择"线型比例"选项，然后输入新的比例，按 Enter 键。此时所选的图形对象的外观会发生变化。

在不选择任何图形对象的情况下设置"特性"选项板中的线型比例，将改变全局线型比例因子，此时绘图窗口中的所有非连续线的外观都会发生变化。

03

第 3 章
绘制基本建筑图形

本章介绍

  本章主要介绍绘图辅助工具的使用方法和基本建筑图形的绘制方法，如点、直线、圆、圆弧、矩形和多边形的绘制方法。通过本章的学习，读者可以掌握绘制基本建筑图形的方法，为绘制复杂的建筑工程图打下良好的基础。

学习目标

- ✔ 掌握绘图辅助工具的使用方法和技巧。
- ✔ 掌握利用绝对坐标和相对坐标绘制线段的方法。
- ✔ 掌握利用正交模式功能绘制水平与竖直线段的方法。
- ✔ 掌握利用极轴追踪和对象捕捉追踪功能绘制线段的方法。
- ✔ 掌握利用临时对象捕捉和自动对象捕捉的方式绘制线段的方法。
- ✔ 掌握利用"偏移"命令和平行捕捉功能绘制平行线的方法。
- ✔ 掌握点的样式和绘制单点、多点、等分点的方法。
- ✔ 掌握圆弧、圆环、矩形和多边形的绘制方法。

技能目标

- ✔ 掌握窗户图形的绘制方法。
- ✔ 掌握茶桌图形的绘制方法。
- ✔ 掌握圆茶几图形的绘制方法。
- ✔ 掌握坐便器图形的绘制方法。
- ✔ 掌握床头柜图形的绘制方法。

素养目标

- ✔ 培养学生夯实基础的学习习惯。

3.1 绘图辅助工具

状态栏中集中了 AutoCAD 2020 中文版的绘图辅助工具，包括捕捉模式、栅格、正交模式、极轴追踪、对象捕捉、对象捕捉追踪等工具，如图 3-1 所示。

图 3-1

1. 捕捉模式

捕捉模式用于限制十字光标，使其按照定义的间距移动。开启捕捉模式后，可以在使用箭头或定点设备时精确地定位点的位置。

开启方法：单击状态栏中的"捕捉模式"按钮 ⊞。

2. 栅格

开启栅格功能后，屏幕上显示的是点的矩阵，遍布图形界限的整个区域。栅格类似于在图形下放置一张坐标纸。利用栅格可以对齐对象并直观显示对象之间的距离，方便对图形进行定位和测量。

开启方法：单击状态栏中的"显示图形栅格"按钮 ⊞。

3. 正交模式

正交模式可以将十字光标限制在水平方向或垂直方向上移动，以便精确地绘制和编辑对象。正交模式是用来绘制水平线段和垂直线段的一种辅助工具，它在绘制建筑图的过程中是最常用的绘图辅助工具之一。

开启方法：单击状态栏中的"正交限制光标"按钮 ⌊。

4. 极轴追踪

开启极轴追踪功能后，十字光标可以按指定角度移动，系统将沿极轴方向显示绘图的辅助线，也就是用户指定的极轴角度所定义的临时对齐路径。

开启方法：单击状态栏中的"按指定角度限制光标"按钮 ⌖。

5. 对象捕捉

开启对象捕捉功能后，可以精确地指定对象的位置。AutoCAD 2020 中文版默认使用的是自动捕捉，当十字光标移到对象捕捉位置时，将显示标记和工具栏提示。自动捕捉功能提供工具栏提示，以指示哪些对象捕捉正在使用。

开启方法：单击状态栏中的"将光标捕捉到二维参照点"按钮 ⊡。

6. 对象捕捉追踪

在利用对象捕捉追踪功能绘图时，必须打开"对象捕捉"开关。利用对象捕捉追踪功能，可以沿着基于对象捕捉点的对齐路径进行追踪。已捕捉的点将显示小加号"+"，捕捉点之后，在绘图路径上移动十字光标时，将显示相对于获取点的水平、垂直或极轴方向的对齐路径。

开启方法：单击状态栏中的"显示捕捉参照线"按钮 ∠。

3.2 利用坐标绘制线段

"直线"命令可以用于创建线段，它是建筑绘图中使用最广泛的命令之一。使用"直线"命令可以绘制一条线段，也可以绘制连续折线。启用"直线"命令后，利用鼠标指定线段的端点或输入端点的坐标，AutoCAD 2020 中文版会自动将这些点连接成线段。

启用命令的方法如下。

- 工具栏：单击"绘图"工具栏中的"直线"按钮 。
- 菜单命令：选择菜单栏中的"绘图 > 直线"命令。

选择"绘图 > 直线"菜单命令，启用"直线"命令，先在绘图窗口中单击一点作为线段的起点，然后移动十字光标，在适当的位置单击另一点作为线段的终点，即可绘制出一条线段，按 Enter 键结束绘制。也可以将此线段的终点作为起点，再指定一个终点来绘制与之相连的另一条线段。

选择"绘图 > 直线"菜单命令，启用"直线"命令，利用鼠标来绘制连续折线，如图 3-2 所示。

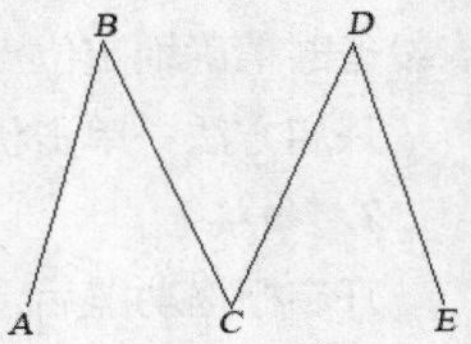

命令提示窗口中的操作步骤如下。

命令：_line
指定第一个点：　　　　//选择"绘图 > 直线"菜单命令，单击确定 *A* 点的位置
指定下一点或 [放弃(U)]：　　//单击确定 *B* 点位置
指定下一点或 [放弃(U)]：　　//单击确定 *C* 点位置
指定下一点或 [闭合(C)/放弃(U)]：　//单击确定 *D* 点位置
指定下一点或 [闭合(C)/放弃(U)]：　//单击确定 *E* 点位置
指定下一点或 [闭合(C)/放弃(U)]：　//按 Enter 键

图 3-2

3.2.1 课堂案例——绘制窗户图形

案例学习目标

学习利用坐标绘制线段。

案例知识要点

利用"直线"命令绘制窗户图形，效果如图 3-3 所示。

效果文件所在位置

云盘/Ch03/DWG/窗户。

（1）创建图形文件。选择"文件 > 新建"菜单命令，弹出"选择样板"对话框，单击"打开"按钮，创建一个新的图形文件。

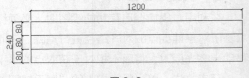

微课

绘制窗户图形

图 3-3

（2）绘制外轮廓线。单击"直线"按钮 ✎，绘制窗户的外轮廓线，如图 3-4 所示。

命令提示窗口中的操作步骤如下。

命令：_line

指定第一个点：0,0　　　　　//单击"直线"按钮 ✎，输入第一个点的绝对坐标

指定下一点或 [放弃(U)]：1200<0　　　　　　　　　　//输入第二个点的绝对极坐标

指定下一点或 [退出(E)/放弃(U)]：@0,240　　　　　//输入第三个点的相对坐标

指定下一点或 [关闭(C)/退出(X)/放弃(U)]：@-1200,0　//输入第四个点的相对坐标

指定下一点或 [关闭(C)/退出(X)/放弃(U)]：C　　　//选择"关闭"选项

（3）绘制内轮廓线。单击"直线"按钮 ✎，绘制窗户的内轮廓线，效果如图 3-5 所示。

图 3-4　　　　　　　　　　　　　　　图 3-5

命令提示窗口中的操作步骤如下。

命令：_line

指定第一个点：0,80　　　　　//单击"直线"按钮 ✎，输入第一个点的绝对坐标

指定下一点或 [放弃(U)]：@1200<0　　　//输入第二个点的相对极坐标

指定下一点或 [退出(E)/放弃(U)]：　　　//按 Enter 键

命令：_line

指定第一个点：160<90　　　　//单击"直线"按钮 ✎，输入第一个点的绝对极坐标

指定下一点或 [放弃(U)]：1200,0　　　　//输入第二个点的绝对坐标

指定下一点或 [退出(E)/放弃(U)]：　　　//按 Enter 键

3.2.2　利用绝对坐标方式绘制线段

用户在输入点的坐标时，可以使用绝对坐标方式，即输入绝对坐标或绝对极坐标。绝对坐标是相对于坐标原点的坐标。在默认情况下，绘图窗口中的坐标系为 WCS。

选择"绘图 > 直线"菜单命令，启用"直线"命令，利用绝对坐标绘制线段 AB、OC，如图 3-6 所示。

命令提示窗口中的操作步骤如下。

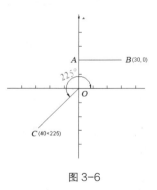

图 3-6

//利用绝对坐标绘制线段 AB

命令：_line

指定第一个点：　0,20　　　//选择"绘图 > 直线"菜单命令，输入 A 点的绝对坐标

指定下一点或 [放弃(U)]：30,0　//输入 B 点的绝对坐标

指定下一点或 [退出(E)/放弃(U)]：　//按 Enter 键

//利用绝对极坐标绘制线段 OC

命令：_line

指定第一个点：　0,0　　　　//选择"绘图 > 直线"菜单命令，输入 O 点的绝对坐标

指定下一点或 [放弃(U)]：40<225　　　　　　//输入 *C* 点的绝对极坐标

指定下一点或 [退出(E)/放弃(U)]：　　　　　//按 Enter 键

3.2.3　利用相对坐标方式绘制线段

用户在输入点的坐标时，也可以使用相对坐标方式，即输入相对坐标或相对极坐标。相对坐标是指相对于前一个输入点的坐标。

选择"绘图 > 直线"菜单命令，启用"直线"命令，利用相对坐标来绘制一个简单的图形，效果如图 3-7 所示。

命令提示窗口中的操作步骤如下。

命令：_line

图 3-7

指定第一个点：　　　　　　　//选择"绘图 > 直线"菜单命令，单击确定 *A* 点位置

指定下一点或 [放弃(U)]：@0,−250　　　　　　　//输入 *B* 点的相对坐标

指定下一点或 [退出(E)/放弃(U)]：@−700,−300　　　//输入 *C* 点的相对坐标

指定下一点或 [关闭(C)/退出(X)/放弃(U)]：@250<−90　//输入 *D* 点的相对极坐标

指定下一点或 [关闭(C)/退出(X)/放弃(U))]：@2000,0　//输入 *E* 点的相对坐标

指定下一点或 [关闭(C)/退出(X)/放弃(U)]：@250<90　//输入 *F* 点的相对极坐标

指定下一点或 [关闭(C)/退出(X)/放弃(U)]：@−700,300　//输入 *G* 点的相对坐标

指定下一点或 [关闭(C)/退出(X)/放弃(U)]：@250<90　//输入 *H* 点的相对极坐标

指定下一点或 [关闭(C)/退出(X)/放弃(U)]：C　　　　//选择"关闭"选项

3.3　利用绘图辅助工具绘制线段

AutoCAD 2020 中文版提供了多种绘图辅助工具，利用这些工具可以快速、精确地绘制图形对象。

3.3.1　课堂案例——绘制茶桌图形

案例学习目标

了解并熟练使用绘图辅助工具绘制线段。

微课

绘制茶桌图形

案例知识要点

利用绘制线段的辅助工具来绘制茶桌图形，效果如图 3-8 所示。

效果文件所在位置

云盘/Ch03/DWG/茶桌。

（1）打开图形文件。选择"文件 > 打开"菜单命令，打开云盘文件中的"Ch03 > 素材 > 茶桌"文件，如图 3-9 所示。

（2）设置追踪功能。选择"工具 > 绘图设置"菜单命令，弹出"草图设置"对话框，在该对话框中单击"极轴追踪"选项卡，设置"增量角"为 45°，勾选"启用极轴追踪"复选框，如图 3-10 所示。单击"确定"按钮，返回绘图窗口。

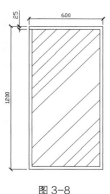

图 3-8

图 3-9

图 3-10

（3）单击"绘图"工具栏中的"直线"按钮，绘制茶桌图形，效果如图 3-11 所示。命令提示窗口中的操作步骤如下。

命令：_line　　　　　　　　　　　　　//单击"直线"按钮
指定第一个点：　　　　　　　　　　　//单击内侧矩形上的一点
指定下一点或 [放弃(U)]：　　　　　　//捕捉上一点与矩形的交点，如图 3-12 所示
指定下一点或 [退出(E)/放弃(U)]：　　//按 Enter 键

图 3-11

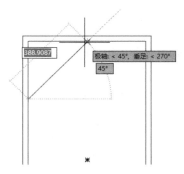

图 3-12

3.3.2　利用正交模式功能绘制水平与竖直线段

利用"直线"命令绘制图形时，打开"正交模式"开关，十字光标只能沿水平或者竖直方向移动。只需移动十字光标来指示线段的方向，并输入线段的长度值，就可以绘制出水平或者竖直方向的线段。

选择"绘图 > 直线"菜单命令，启用"直线"命令，打开"正交模式"开关，绘制图形，如图 3-13 所示。

命令提示窗口中的操作步骤如下。

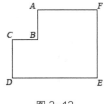

图 3-13

命令:_line

指定第一个点:<正交 开>　　　　　　　//选择"绘图 > 直线"菜单命令，单击确定 A 点位置，
　　　　　　　　　　　　　　　　　　//打开"正交模式"开关

指定下一点或 [放弃(U)]: 35　　　　　//将十字光标移到 A 点下侧，输入线段 AB 的长度

指定下一点或 [退出(E)/放弃(U)]: 30　//将十字光标移到 B 点左侧，输入线段 BC 的长度

指定下一点或 [关闭(C)/退出(X)/放弃(U)]: 55　//将十字光标移到 C 点下侧，输入线段 CD
　　　　　　　　　　　　　　　　　　//的长度

指定下一点或 [关闭(C)/退出(X)/放弃(U)]: 100　//将十字光标移到 D 点右侧，输入线段 DE
　　　　　　　　　　　　　　　　　　//的长度

指定下一点或 [关闭(C)/退出(X)/放弃(U)]: 90　//将十字光标移到 E 点上侧，输入线段 EF
　　　　　　　　　　　　　　　　　　//的长度

指定下一点或 [关闭(C)/退出(X)/放弃(U)]: C　//选择"关闭"选项

3.3.3　利用极轴追踪功能和对象捕捉追踪功能绘制线段

1．利用极轴追踪功能绘制线段

在极轴追踪模式下，系统将沿极轴方向显示绘图的辅助线，此时输入线段的长度值便可绘制出线段。极轴方向是由极轴角确定的，AutoCAD 2020 中文版将根据用户设定的极轴角增量自动计算极轴角的大小。

例如设定的极轴角增量为 60°，当十字光标移动到接近 60°、120°、180°等方向时，Auto CAD 2020 中文版将显示这些方向的绘制辅助线，以表示当前绘图线的方向。

选择"绘图 > 直线"菜单命令，启用"直线"命令，利用极轴追踪功能来绘制图形。操作步骤如下。

（1）在状态栏中的"按指定角度限制光标"按钮 ⟳ 上单击鼠标右键，弹出快捷菜单，如图 3-14 所示。选择"正在追踪设置"命令，弹出"草图设置"对话框。

（2）在"草图设置"对话框的"极轴角设置"选项组中，设置极轴追踪对齐路径的极轴角增量为 60°，如图 3-15 所示。

"草图设置"对话框的"极轴追踪"选项卡中的选项说明如下。

● "启用极轴追踪"复选框：勾选此复选框，可开启极轴追踪功能；取消勾选此复选框，则取消极轴捕捉。

"极轴角设置"选项组用于设置极轴追踪的对齐角度。

图 3-14　　　　　　　　图 3-15

● "增量角"下拉列表框：用来设置极轴追踪对齐路径的极轴角增量。可以输入任何角度，也可以从下拉列表中选择 90°、45°、30°、22.5°、18°、15°、10°或 5°这些常用的角度。

● "附加角"复选框：对极轴追踪使用列表框中的任何一种附加角度。勾选"附加角"复选框，其下方的列表框中将列出可用的附加角度。

附加角度是绝对的，而非增量的。

- "新建"按钮：用于添加新的附加角度，最多可以添加 10 个附加角度。
- "删除"按钮：用于删除选定的附加角度。

"对象捕捉追踪设置"选项组用于设置对象捕捉追踪选项。

- "仅正交追踪"单选按钮：选择该单选按钮，当打开"对象捕捉追踪"开关时，仅显示已获得的对象捕捉点的正交对象捕捉追踪路径。
- "用所有极轴角设置追踪"单选按钮：用于在追踪参考点处沿极轴角所对应的方向显示追踪路径。

"极轴角测量"选项组用于设置测量极轴追踪对齐角度的基准线。

- "绝对"单选按钮：用于设置以坐标系的 x 轴为计算极轴角的基准线。
- "相对上一段"单选按钮：用于设置以最后创建的对象为计算极轴角的基准线。

（3）单击"确定"按钮，完成极轴追踪的设置。

（4）单击状态栏中的"按指定角度限制光标"按钮 $\oplus$，打开"极轴追踪"开关，此时十字光标将自动沿 0°、60°、120°、180°、240°、300°等方向进行追踪。

（5）选择"绘图 > 直线"菜单命令，启用"直线"命令，绘制图 3-16 所示图形。

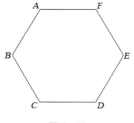

图 3-16

命令提示窗口中的操作步骤如下。

命令：_line

指定第一个点：   //选择"绘图 > 直线"菜单命令，单击确定 A 点位置

指定下一点或 [放弃(U)]: 50   //沿 240°方向追踪，输入线段 AB 的长度

指定下一点或 [退出(E)/放弃(U)]: 50   //沿 300°方向追踪，输入线段 BC 的长度

指定下一点或 [关闭(C)/退出(X)/放弃(U)]: 50   //沿 0°方向追踪，输入线段 CD 的长度

指定下一点或 [关闭(C)/退出(X)/放弃(U)]: 50   //沿 60°方向追踪，输入线段 DE 的长度

指定下一点或 [关闭(C)/退出(X)/放弃(U)]: 50   //沿 120°方向追踪，输入线段 EF 的长度

指定下一点或 [关闭(C)/退出(X)/放弃(U)]: C   //选择"关闭"选项

2. 利用对象捕捉追踪功能绘制线段

在使用对象捕捉追踪功能绘图前，必须打开"对象捕捉"开关。

选择"绘图>直线"菜单命令，启用"直线"命令，利用对象捕捉追踪功能来绘制图形。操作步骤如下。

（1）在状态栏中的"显示捕捉参照线"按钮 $\angle$ 上单击鼠标右键，弹出快捷菜单，选择"对象捕捉追踪设置"命令，弹出"草图设置"对话框。

（2）在"草图设置"对话框的"对象捕捉"选项卡下，勾选"启用对象捕捉"和"启用对象捕捉追踪"复选框，在"对象捕捉模式"选项组中勾选"端点""中点""交点"复选框，如图 3-17 所示。

（3）单击"极轴追踪"选项卡，在"对象捕捉追踪设置"选项组中选择追踪的方式，在"极轴角设置"选项组中设置极轴追踪对齐路径的极轴角增量为 60°，如图 3-18 所示。单击"确定"按钮，完成对象捕捉追踪的设置。

图 3-17　　　　　　　　　　　　　　　　　图 3-18

（4）选择"绘图>直线"菜单命令，启用"直线"命令，单击确定正六边形 *AB* 边的中点，如图 3-19 所示。

（5）AutoCAD 2020 中文版会自动捕捉线段 *AB* 的中点，此时线段 *AB* 的中点处出现小三角形标记"△"，表示以线段 *AB* 中点为参照点。移动十字光标，将出现一条虚线对参照点进行追踪，如图 3-20 所示。将十字光标移至 *B* 点附近，捕捉 *B* 点为参照点进行追踪，然后捕捉两条追踪线的交点并单击，如图 3-21 所示。

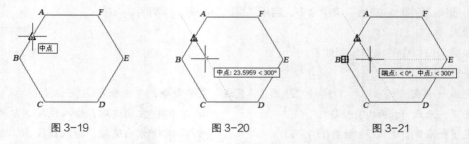

图 3-19　　　　　　　　　　　图 3-20　　　　　　　　　　　图 3-21

（6）捕捉线段 *BC* 的中点并单击，如图 3-22 所示。AutoCAD 2020 中文版会自动以线段 *BC* 的中点为参照点。移动十字光标，捕捉 *C* 点为参照点，再移动十字光标，在两条追踪线的交点处单击，如图 3-23 所示。多次使用上面的方法进行操作，就可以在正六边形内部绘制出一个六角星图形，如图 3-24 所示。

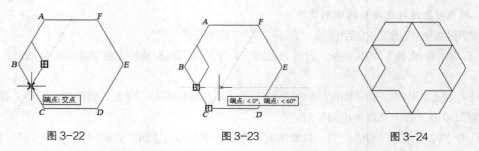

图 3-22　　　　　　　　　　　图 3-23　　　　　　　　　　　图 3-24

3.3.4　利用对象捕捉功能绘制线段

在绘图过程中，可利用对象捕捉功能在一些特殊的几何点（如端点、交点、中点等）上画线。利用对象捕捉功能，可将十字光标快速、准确地定位在特殊点或特定位置上，提高绘图速度。

根据对象捕捉的使用方式，可以将其分为临时对象捕捉和自动对象捕捉两种。临时对象捕捉的设置只能对当前进行的绘制操作起作用；而自动对象捕捉在设置之后，将一直保持目标捕捉状态。

1. 利用临时对象捕捉方式绘制线段

在任意一个工具栏上单击鼠标右键，弹出快捷菜单，选择"对象捕捉"命令，弹出"对象捕捉"工具栏，如图 3-25 所示。

图 3-25

"对象捕捉"工具栏中各按钮的功能说明如下。

● "临时追踪点"按钮：用于设置临时追踪点（参照点），使系统按照正交或者极轴的方式进行追踪。

● "捕捉自"按钮：选择一点，以该点为基准点，再输入所需点基于此点的相对坐标，从而确定另一点。

● "捕捉到端点"按钮：用于捕捉线段、矩形、圆弧等图形对象的端点，成功捕捉某点时显示"□"形状。

绘制图 3-26 所示的 A、B 点之间的线段，命令提示窗口中的操作步骤如下。

命令：_line   //输入直线命令
指定第一个点：_endp 于   //单击"捕捉到端点"按钮，在 A 点处单击
指定下一点或 [放弃(U)]：_endp 于   //单击"捕捉到端点"按钮，在 B 点处单击
指定下一点或 [退出(E)/放弃(U)]：   //按 Enter 键

● "捕捉到中点"按钮：用于捕捉线段、弧线、矩形的边线等图形对象的中点，成功捕捉某点时显示"△"形状，如图 3-27 所示。

图 3-26   图 3-27

● "捕捉到交点"按钮：用于捕捉图形对象间相交或延伸相交的点，成功捕捉某点时显示"✕"形状，如图 3-28 所示。

● "捕捉到外观交点"按钮：在二维空间中，该按钮与"捕捉到交点"按钮的功能相同，可以捕捉两个对象的视图交点；在三维空间中，它也可以捕捉两个对象的视图交点，成功捕捉某点时显示"⊠"形状，如图 3-29 所示。

小提示

如果同时打开"交点"和"外观交点"捕捉方式，在进行对象捕捉时，得到的结果可能会不同。

● "捕捉到延长线"按钮：将十字光标从图形的端点处开始移动，将沿图形一边以虚线来表示

此边的延长线，十字光标旁会显示基于捕捉点的相对坐标。成功捕捉某点时显示"⊷"形状，如图 3-30 所示。

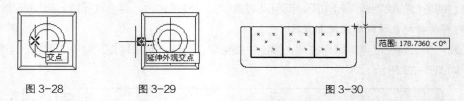

图 3-28　　　　图 3-29　　　　　　　　图 3-30

- "捕捉到圆心"按钮 ⊙：用于捕捉圆、圆弧和椭圆等图形的圆心，成功捕捉某点时显示"○"形状，如图 3-31 所示。
- "捕捉到象限点"按钮 ✛：用于捕捉圆、椭圆等图形上的象限点，成功捕捉某点时显示"◇"形状，如图 3-32 所示。
- "捕捉到切点"按钮 ○：用于捕捉圆、圆弧、椭圆等图形与其他图形的切点，成功捕捉某点时显示"○"形状，如图 3-33 所示。
- "捕捉到垂足"按钮 ⊥：用于绘制垂线，即捕捉图形的垂足，成功捕捉某点时显示"⌐"形状，如图 3-34 所示。

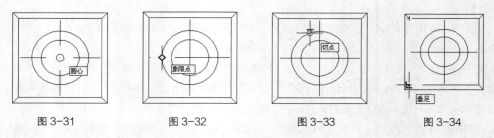

图 3-31　　　　　图 3-32　　　　　　图 3-33　　　　　图 3-34

- "捕捉到平行线"按钮 ⫽：以一条线段为参照，绘制另一条与之平行的线段。在指定线段的起点后，单击"捕捉到平行线"按钮 ⫽，移动十字光标到参照线段上，会出现平行符号"⫽"，表示参照线段被选中；移动十字光标，与参照线段平行的方向上会出现一条用虚线表示的轴线，输入线段的长度值即可绘制出一条与参照线段平行的线段，如图 3-35 所示。

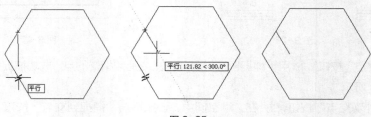

图 3-35

- "捕捉到插入点"按钮 ⊡：用于捕捉属性、块、图形或文字的插入点，成功捕捉插入点时显示"⊡"形状，如图 3-36 所示。
- "捕捉到节点"按钮 ▫：用于捕捉使用"点"命令创建的点对象，成功捕捉某点时显示"⊗"形状，如图 3-37 所示。
- "捕捉到最近点"按钮 ⊠：用于捕捉离十字光标的中心最近的图形对象上的点，成功捕捉某点时显示"⊠"形状，如图 3-38 所示。

- "无捕捉"按钮 👃：单击该按钮，将取消当前所选的临时对象捕捉方式。
- "对象捕捉设置"按钮 👃：单击该按钮，弹出"草图设置"对话框，可以切换为自动对象捕捉方式，并对捕捉的方式进行设置。

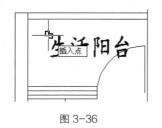
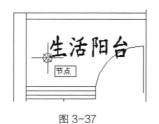

图 3-36   图 3-37   图 3-38

使用临时对象捕捉方式绘制线段还可以利用快捷菜单来完成。按住 Ctrl 键或者 Shift 键，在绘图窗口中单击鼠标右键，弹出快捷菜单，如图 3-39 所示。选择需要的捕捉命令，即可完成相应的捕捉操作。

2. 利用自动对象捕捉方式绘制线段

利用自动对象捕捉方式绘制线段时，可以保持捕捉设置，不需要每次绘制时都重新对捕捉方式进行设置，这样可以节省绘图时间。

AutoCAD 2020 中文版提供了比较全面的自动对象捕捉方式，用户可以单独选择一种对象捕捉方式，也可以同时选择多种对象捕捉方式。

启用命令的方法如下。

- 状态栏：在状态栏中的"将光标捕捉到二维参照点"按钮 □ 上单击鼠标右键，弹出快捷菜单，选择"对象捕捉设置"命令。
- 菜单命令：在菜单栏中选择"工具 > 绘图设置"命令。
- 命令行：在命令提示窗口中输入 DSETTINGS。

在"草图设置"对话框中设置对象捕捉方式，操作步骤如下。

（1）打开"草图设置"对话框，单击"对象捕捉"选项卡，如图 3-40 所示。

"对象捕捉模式"选项组提供了 14 种对象捕捉方式，用户可以通过勾选复选框来选择需要启用的捕捉方式。每个复选框

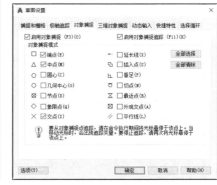

图 3-39   图 3-40

左侧的图标代表成功捕捉某点时显示的图标。所有列出的捕捉方式、图标，与前面所讲的临时对象捕捉方式相同。

"全部选择"按钮：用于选择全部对象捕捉方式。

"全部清除"按钮：用于取消所有设置的对象捕捉方式。

（2）单击"确定"按钮，完成对象捕捉方式的设置。

（3）单击状态栏中的"将光标捕捉到二维参照点"按钮□，使其高亮显示，打开"对象捕捉"开关。

3.4　绘制平行线

在绘制建筑工程图时，平行线通常有两种绘制方法：一种是利用"偏移"命令绘制平行线，用户需要输入偏移的距离并指定偏移的方向；另一种是利用对象捕捉功能中的平行捕捉模式绘制平行线，用户需要选择平行线通过的点并指定平行线段的长度。

3.4.1　利用"偏移"命令绘制平行线

利用"偏移"命令可以绘制一个与已有线段、圆、圆弧、多段线、椭圆、构造线、样条曲线等对象相似的新图形对象。当图形中存在线段时，利用"偏移"命令，可快速绘制与其平行的线段。

启用命令的方法如下。

- 工具栏：单击"修改"工具栏中的"偏移"按钮 ⊆ 。
- 菜单命令：在菜单栏中选择"修改 > 偏移"命令。
- 命令行：在命令提示窗口中输入 OFFSET（快捷命令为 O）。

选择"修改 > 偏移"菜单命令，启用"偏移"命令，绘制线段 *DE*、*FG*，如图 3-41 所示。命令提示窗口中的操作步骤如下。

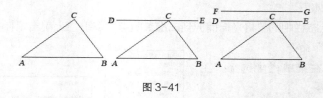

图 3-41

命令:_offset　　　　　　　　　　　　　　　　　//选择"修改 > 偏移"菜单命令
当前设置：删除源=否　图层=源　OFFSETGAPTYPE=0
指定偏移距离或 [通过(T)/删除(E)/图层(L)] <通过>：　//按 Enter 键
选择要偏移的对象，或 [退出(E)/放弃(U)] <退出>：　//选择线段 *AB*
指定通过点或 [退出(E)/多个(M)/放弃(U)] <退出>：<对象捕捉 开>
　　　　　　　　　　　　　　　　　　　//打开"对象捕捉"开关，捕捉 *C* 点
选择要偏移的对象，或 [退出(E)/放弃(U)] <退出>：　//按 Enter 键
命令:_offset　　　　　　　　　　　　　　　　　//选择"修改 > 偏移"菜单命令
当前设置：删除源=否　图层=源　OFFSETGAPTYPE=0
指定偏移距离或[通过(T)/删除(E)/图层(L)] <通过> :300 //输入偏移距离
选择要偏移的对象，或 [退出(E)/放弃(U)] <退出>：　//选择线段 *AB*
指定要偏移的那一侧上的点，或 [退出(E)/多个(M)/放弃(U)] <退出>：
　　　　　　　　　　　　　　　　　　　//在线段 *AB* 的上方单击
选择要偏移的对象，或 [退出(E)/放弃(U)] <退出>：　//按 Enter 键

3.4.2 利用对象捕捉功能绘制平行线

利用对象捕捉功能中的平行捕捉模式也可快速绘制已有线段的平行线。

选择"绘图 > 直线"菜单命令，启用"直线"命令，绘制线段 AE 的平行线 GH，如图 3-42
所示。

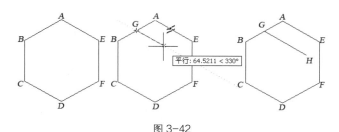

图 3-42

命令提示窗口中的操作步骤如下。

命令：_line

指定第一个点：　　　　　　　　　　//选择"绘图 > 直线"菜单命令，在线段 AB 的中点
　　　　　　　　　　　　　　　　 //处单击确定 G 点位置

指定下一点或 [放弃(U)]：_par 到 80　//单击"对象捕捉"工具栏中的"捕捉到平行线"按
　　　　　　　　　　　　　　　　 //钮 ，移动十字光标到线段 AE 上，出现平行符号"//"，
　　　　　　　　　　　　　　　　 //接着移动十字光标，将出现一条与线段 AE 平行的参
　　　　　　　　　　　　　　　　 //考线，此时输入长度值

指定下一点或 [退出(E)/放弃(U)]：　 //按 Enter 键

3.5 绘制垂线

在绘制建筑工程图时，垂线通常有两种绘制方法：一种是利用"构造线"命令绘制垂线，用户可
通过已知线段上的某点来绘制其垂线；另一种是利用对象捕捉功能中的垂足捕捉模式绘制垂线，用户
可通过线段外的某点来绘制已知直线的垂线。

3.5.1 利用"构造线"命令绘制垂线

构造线常用作创建其他对象的参照。创建构造线时，选择一条参考线，指定该参考线与构造线的
角度即可创建构造线，或者通过指定角度和构造线必经的点来创建与水平轴成指定角度的构造线。

启用命令的方法如下。

- 工具栏：单击"绘图"工具栏中的"构造线"按钮 。
- 菜单命令：在菜单栏中选择"绘图 > 构造线"命令。
- 命令行：在命令提示窗口中输入 XLINE。

选择"绘图 > 构造线"菜单命令，启用"构造线"命令，在线段 AB 的中点处绘制与线段 AB
垂直的构造线，如图 3-43 所示。命令提示窗口中的操作步骤如下。

命令：_xline

指定点或 [水平(H)/垂直(V)/角度(A)/二等分(B)/偏移(O)]: A

　　　　　　　　　　　　　　　　　　//选择"绘图 > 构造线"菜单命令，选择"角度"选项

输入构造线的角度 (O) 或 [参照(R)]: R　　//选择"参照"选项

选择直线对象：　　　　　　　　　　//选择线段 *AB*

输入构造线的角度 <0>: 90　　　　　//输入角度值

指定通过点：<对象捕捉 开>　　　　//打开"对象捕捉"开关，捕捉线段 *AB* 的中点

指定通过点：　　　　　　　　　　　//按 Enter 键

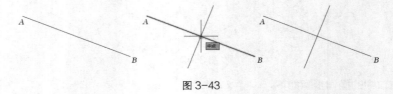

图 3-43

3.5.2　利用对象捕捉功能绘制垂线

利用对象捕捉功能中的垂足捕捉模式可以通过图形外的一点绘制已知图形的垂线。

选择"绘图>直线"菜单命令，启用"直线"命令，绘制与边 *AB* 垂直的线条，如图 3-44 所示。命令提示窗口中的操作步骤如下。

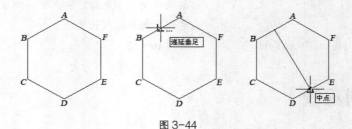

图 3-44

命令：_line

指定第一个点：_per 到　　　　　　//选择"绘图 > 直线"菜单命令，单击"对象捕

　　　　　　　　　　　　　　　　　//捉"工具栏中的"捕捉到垂足"按钮┴，在边

　　　　　　　　　　　　　　　　　//*AB* 上捕捉垂足

指定下一点或 [放弃(U)]:　<对象捕捉 开>　//打开"对象捕捉"开关，捕捉边 *DE* 的中点

指定下一点或 [退出(E)/放弃(U)]:　　//按 Enter 键

3.6　绘制点

在 AutoCAD 2020 中文版中，可以创建单独的点作为绘图参考点。用户可以设置点的样式与大小。一般在创建点之前，为了便于观察，需要设置点的样式。

3.6.1　设置点的样式

在绘制点之前，需要知道绘制什么样的点及点的大小，因此需要设置点的样式。设置点样式的操作步骤如下。

（1）选择"格式 > 点样式"菜单命令，弹出"点样式"对话框，如图 3-45 所示。

（2）"点样式"对话框中提供了多种点样式，用户可以根据需要进行选择，即单击需要的点样式图标。此外，用户还可以在"点大小"数值框内输入数值来设置点的显示大小。

（3）单击"确定"按钮，点的样式设置完成。

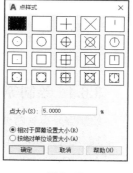

图 3-45

3.6.2　绘制单点

利用"单点"命令可以方便地绘制一个点。

启用命令的方法如下。

- 菜单命令：在菜单栏中选择"绘图 > 点 > 单点"命令。
- 命令行：在命令提示窗口中输入 POINT（快捷命令为 PO）。

选择"绘图 > 点 > 单点"菜单命令，启用"点"命令，绘制图 3-46 所示的点图形。命令提示窗口中的操作步骤如下。

图 3-46

命令：_point	//选择"绘图 > 点 > 单点"菜单命令
当前点模式：PDMODE=35　PDSIZE=0.0000	//显示当前点的样式
指定点：	//单击绘制点

3.6.3　绘制多点

当需要绘制多个点的时候，可以使用"多点"命令。

启用命令的方法如下。

- 工具栏：单击"绘图"工具栏中的"点"按钮 ⠿ 。
- 菜单命令：在菜单栏中选择"绘图 > 点 > 多点"命令。

选择"绘图 > 点 > 多点"菜单命令，启用"多点"命令，绘制图 3-47 所示的点图形。命令提示窗口中的操作步骤如下。

命令：_point	//选择"绘图 > 点 > 多点"菜单命令
当前点模式：　PDMODE=35　PDSIZE=0.0000	//显示当前点的样式
指定点：*取消*	//依次单击绘制点，按 Esc 键退出绘制
	//状态

修改点的样式，可以绘制其他形状的点。

若将点样式设置为"相对于屏幕设置大小"，点的显示效果会随着视图的放大或缩小而发生变化，当再次绘制点时，会发生点的大小不同的情况。选择"视图 > 重生成"菜单命令，可调整点图标的显示效果，调整前后的效果对比如图 3-48 所示。

图 3-47 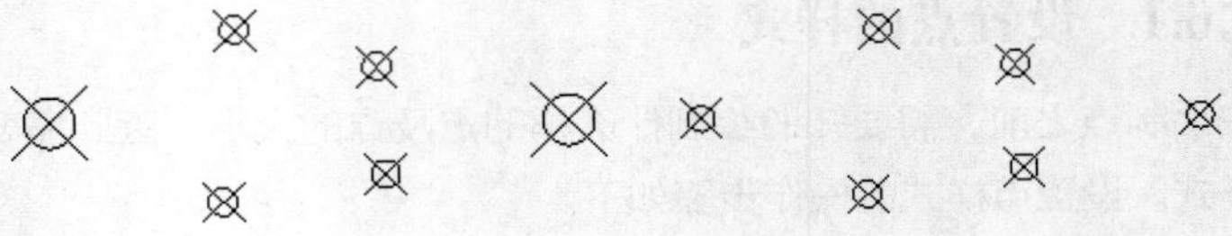　　　　　　　　　　　图 3-48

3.6.4　绘制等分点

绘制等分点有两种方法：一种是利用定距等分，另一种是利用定数等分。

1. 通过定距绘制等分点

AutoCAD 2020 中文版允许在一个图形对象上按指定的间距绘制多个点，以定距方式绘制的等分点可以作为绘图时的辅助点。

启用命令的方法如下。

- 菜单命令：在菜单栏中选择"绘图 > 点 > 定距等分"命令。

- 命令行：在命令提示窗口中输入 MEASURE（快捷命令为 ME）。

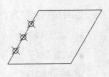

选择"绘图 > 点 > 定距等分"菜单命令，启用"定距等分"命令，在线段上通过定距绘制等分点，如图 3-49 所示。

图 3-49

命令提示窗口中的操作步骤如下。

命令：_measure　　　　　　　　　　　　//选择"绘图 > 点 > 定距等分"菜单命令
选择要定距等分的对象：　　　　　　　　//选择要进行等分的线段
指定线段长度或 [块(B)]：　20　　　　　//输入指定的间距
提示选项说明如下。

- 块（B）：按照指定的长度，在选定的对象上插入图块。有关图块的内容，将在后续章节中进行详细介绍。

定距绘制等分点的操作的补充说明如下。

要进行等分的对象可以是线段、圆、多段线、样条曲线等图形对象，但不能是块、尺寸标注、文本或剖面线等图形对象。

若对象总长不能被指定的间距整除，则最后一段会小于指定的间距。

利用"定距等分"命令每次只能在一个对象上绘制等分点。

2. 通过定数绘制等分点

AutoCAD 2020 中文版还允许在一个图形对象上按指定的数目绘制多个点，需要用到"定数等分"命令。

启用命令的方法如下。

- 菜单命令：在菜单栏中选择"绘图 > 点 > 定数等分"命令。

- 命令行：在命令提示窗口中输入 DIVIDE（快捷命令为 DIV）。

选择"绘图 > 点 > 定数等分"菜单命令，启用"定数等分"命令，在圆上通过定数绘制等分点，如图 3-50 所示。

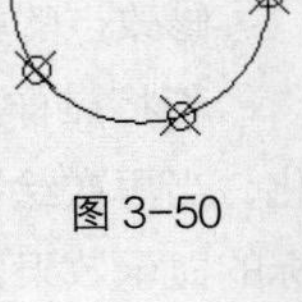

图 3-50

命令提示窗口中的操作步骤如下。

命令：_divide　　　　　　　　　　　//选择"绘图 > 点 > 定数等分"菜单命令

选择要定数等分的对象：　　　　　　　//选择要进行等分的圆

输入线段数目或 [块(B)]：5　　　　　//输入等分数目

定数绘制等分点的操作的补充说明如下。

要进行等分的对象可以是线段、圆、多段线和样条曲线等图形对象，但不能是块、尺寸标注、文本、剖面线等图形对象。

利用"定数等分"命令每次只能在一个对象上绘制等分点。

等分的数目最大是 32767。

3.7　绘制圆

圆是建筑图中常见的图形对象，在 AutoCAD 2020 中文版中可以利用"圆"命令绘制圆。

3.7.1　课堂案例——绘制圆茶几图形

案例学习目标

掌握"圆"命令。

案例知识要点

用"圆"命令绘制圆茶几图形，效果如图 3-51 所示。

效果文件所在位置

云盘/Ch03/DWG/圆茶几。

微课

绘制圆茶几图形

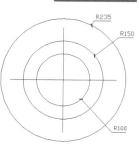

图 3-51

（1）创建图形文件。选择"文件 > 新建"菜单命令，弹出"选择样板"对话框，单击"打开"按钮，创建一个新的图形文件。

（2）单击"绘图"工具栏中的"直线"按钮，打开"正交模式"开关并绘制圆茶几的中心线，效果如图 3-52 所示。

命令提示窗口中的操作步骤如下。

命令：_line　　　　　　　　　　　　

指定第一个点：　　　　　　　　　　//单击"直线"按钮，单击确定 A 点

指定下一点或 [放弃(U)]：400　　　//将十字光标放在 A 点右侧，输入距离值，确定 B 点

指定下一点或 [退出(E)/放弃(U)]：//按 Enter 键

命令：_line　　　　　　　　　　　　//单击"直线"按钮

指定第一个点：_from 基点：<偏移>：@0,200　//单击"捕捉自"按钮，单击线段 AB 的

　　　　　　　　　　　　　　　　　//中点 O，输入偏移值，确定 C 点，如图 3-53

　　　　　　　　　　　　　　　　　//所示

指定下一点或 [放弃(U)]: 400　　　　　　//将十字光标放在 C 点下方，输入距离值，
　　　　　　　　　　　　　　　　　　　　//确定 D 点

指定下一点或 [退出(E)/放弃(U)]:　　　　//按 Enter 键

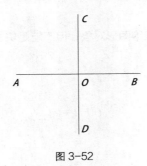

图 3-52

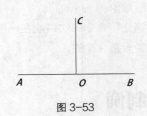

图 3-53

（3）单击"绘图"工具栏中的"圆"按钮⊙，绘制圆茶几图形，圆的半径值分别为 235、150、100，效果如图 3-54 所示。圆茶几图形绘制完成。

命令提示窗口中的操作步骤如下。

命令：_circle

指定圆的圆心或 [三点(3P)/两点(2P)/切点、切点、半径(T)]:

　　　　　　　　　　　　　　　　　//单击"圆"按钮⊙，单击交点 O，将其作为圆心

指定圆的半径或 [直径(D)]: 235　　　//输入半径值

命令：

CIRCLE

指定圆的圆心或 [三点(3P)/两点(2P)/切点、切点、半径(T)]:

　　　　　　　　　　　　　　　　　//按 Enter 键，单击 O 点

指定圆的半径或 [直径(D)] <235.0000>: 150　　//输入半径值，结果如图 3-55 所示

命令：

CIRCLE

指定圆的圆心或 [三点(3P)/两点(2P)/切点、切点、半径(T)]:

　　　　　　　　　　　　　　　　　//按 Enter 键，单击 O 点

指定圆的半径或 [直径(D)] <150.0000>: 100　　//输入半径值

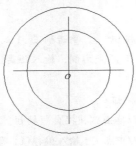

图 3-54

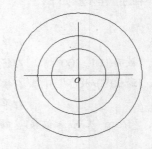

图 3-55

3.7.2 绘制圆

绘制圆的方法有 6 种，其中，默认的方法是通过确定圆心和半径来绘制圆。根据圆的特点，可采用不同的方法绘制圆。

启用命令的方法如下。

- 工具栏：单击"绘图"工具栏中的"圆"按钮 ⊙ 。
- 菜单命令：在菜单栏中选择"绘图 > 圆"命令。
- 命令行：在命令提示窗口中输入 CIRCLE（快捷命令为 C）。

选择"绘图 > 圆"菜单命令，启用"圆"命令，绘制图 3-56 所示的图形。命令提示窗口中的操作步骤如下。

命令：_circle
指定圆的圆心或 [三点(3P)/两点(2P)/切点、切点、半径(T)]:

　　　　　　　　　　　　　　　//选择"绘图 > 圆"菜单命令，在绘图窗口中单击确定圆心
指定圆的半径或 [直径(D)]: 20　　　//输入圆的半径值
提示选项说明如下。

- 三点（3P）：通过指定的 3 个点绘制圆。

拾取三角形的 3 个顶点，绘制一个圆，如图 3-57 所示。命令提示窗口中的操作步骤如下。

图 3-56 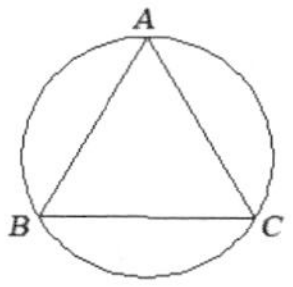　　　　　　　　　　　　　　图 3-57

命令：_circle
指定圆的圆心或 [三点(3P)/两点(2P)/切点、切点、半径(T)]: 3P

　　　　　　　　　　　　　　　//单击"圆"按钮 ⊙ ，选择"三点"选项
指定圆上的第一个点:　　　　　　　//捕捉顶点 A
指定圆上的第二个点:　　　　　　　//捕捉顶点 B
指定圆上的第三个点:　　　　　　　//捕捉顶点 C

- 两点（2P）：通过指定圆直径的两个端点来绘制圆。

在线段 AB 上绘制一个圆，如图 3-58 所示。命令提示窗口中的操作步骤如下。

命令：_circle
指定圆的圆心或 [三点(3P)/两点(2P)/切点、切点、半径(T)]: 2P

　　　　　　　　　　　　　　　//单击"圆"按钮 ⊙ ，选择"两点"选项
指定圆直径的第一个端点:<对象捕捉 开>　　//捕捉线段 AB 的端点 A
指定圆直径的第二个端点:　　　　　　//捕捉线段 AB 的端点 B

- 切点、切点、半径（T）：通过选择两个与圆相切的对象，并输入半径值来绘制圆。

在三角形的边 AB 与 BC 之间绘制一个相切圆，如图 3-59 所示。命令提示窗口中的操作步骤如下。

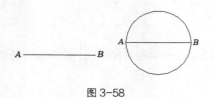

图 3-58

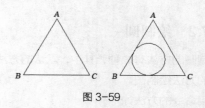

图 3-59

命令：_circle

指定圆的圆心或 [三点(3P)/两点(2P)/切点、切点、半径(T)]：T

　　　　　　　　　//单击"圆"按钮 ⊙，选择"切点、切点、半径"选项

指定对象与圆的第一个切点：　　//单击边 *AB*

指定对象与圆的第二个切点：　　//单击边 *BC*

指定圆的半径：10　　　　　　//输入半径值

● 直径（D）：在确定圆心后，通过输入圆的直径值来绘制圆。

"绘图 ＞ 圆"子菜单中提供了 6 种绘制圆的方法，如图 3-60 所示。除了上面介绍的 5 种可以直接在命令行中执行的命令，"相切、相切、相切"命令只能从"绘图 ＞ 圆"子菜单中调用。

绘制一个与正三边形图形对象 3 条边都相切的圆，如图 3-61 所示。命令提示窗口中的操作步骤如下。

图 3-60　　　　图 3-61

指定圆的圆心或 [三点(3P)/两点(2P)/相切、相切、半径(T)]：3P

　　　　　　　　　//选择"绘图 ＞ 圆＞相切、相切、相切"菜单命令

指定圆上的第一个点：_tan 到　　//在三角形的 *AB* 边上单击

指定圆上的第二个点：_tan 到　　//在三角形的 *BC* 边上单击

指定圆上的第三个点：_tan 到　　//在三角形的 *AC* 边上单击

3.8　绘制圆弧和圆环

微课

绘制坐便器图形

3.8.1　课堂案例——绘制坐便器图形

📝 **案例学习目标**

掌握"圆弧"命令。

🔒 **案例知识要点**

利用"圆弧"命令绘制坐便器图形，效果如图 3-62 所示。

📍 **效果文件所在位置**

云盘/Ch03/DWG/坐便器。

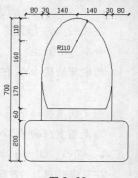

图 3-62

（1）打开图形文件。选择"文件 > 打开"命令，打开云盘文件中的"Ch03 > 素材 > 坐便器"文件，如图 3-63 所示。

（2）绘制圆弧图形。单击"圆弧"按钮 ⌒，绘制坐便器前侧的圆弧图形，效果如图 3-64 所示。命令提示窗口中的操作步骤如下。

命令：_arc

指定圆弧的起点或 [圆心(C)]: C   //单击"圆弧"按钮 ⌒，选择"圆心"选项

指定圆弧的圆心：_tt 指定临时对象追踪点:330   //单击"临时追踪点"按钮 ⊶，捕捉线段 CD

                                        //的中点作为参考点，输入偏移值

指定圆弧的起点：@110<35   //输入圆弧起点的相对极坐标

指定圆弧的端点或 [角度(A)/弦长(L)]: A   //选择"角度"选项

指定包含角：110   //输入包含角度值

（3）绘制圆弧图形。单击"圆弧"按钮 ⌒，绘制坐便器两侧的圆弧图形，完成后的效果如图 3-65 所示。命令提示窗口中的操作步骤如下。

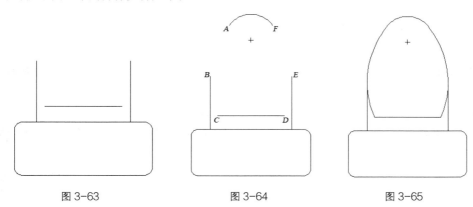

图 3-63   图 3-64   图 3-65

命令：_arc

指定圆弧的起点或 [圆心(C)]:   //单击"圆弧"按钮 ⌒，单击图 3-64 中 A 点的位置

指定圆弧的第二个点或 [圆心(C)/端点(E)]:   //单击确定 B 点的位置

指定圆弧的端点：   //单击确定 C 点的位置

命令：   //按 Enter 键

ARC

指定圆弧的起点或 [圆心(C)]:   //单击确定 D 点位置

指定圆弧的第二个点或 [圆心(C)/端点(E)]:   //单击确定 E 点的位置

指定圆弧的端点：   //单击确定 F 点的位置

3.8.2 绘制圆弧

绘制圆弧的方法有 10 种，其中，默认的方法是通过确定 3 点来绘制圆弧。圆弧可以通过设置起点、方向、中点、角度、终点、弦长等参数来绘制。

启用命令的方法如下。

- 工具栏：单击"绘图"工具栏中的"圆弧"按钮 ⌒。

- 菜单命令：在菜单栏中选择"绘图 > 圆弧"命令。
- 命令行：在命令提示窗口中输入 ARC（快捷命令为 A）。

选择"绘图 > 圆弧"菜单命令，弹出"圆弧"子菜单，该子菜单中提供了 10 种绘制圆弧的方法，如图 3-66 所示。用户可以根据圆弧的特点，选择相应的命令来绘制圆弧。

圆弧的默认绘制方法为"三点"，这 3 点分别为起点、圆弧上的一点、端（终）点。

利用默认的方法绘制一条圆弧，如图 3-67 所示。命令提示窗口中的操作步骤如下。

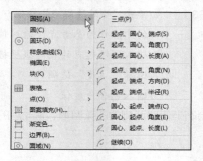

图 3-66

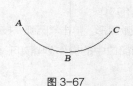

图 3-67

命令：_arc

指定圆弧的起点或 [圆心(C)]：　　　　　　　　　　//单击"圆弧"按钮，单击确定圆弧起点 A 点
　　　　　　　　　　　　　　　　　　　　　　　//的位置

指定圆弧的第二个点或 [圆心(C)/端点(E)]：　　　　//单击确定 B 点的位置

指定圆弧的端点：　　　　　　　　　　　　　　　//单击确定圆弧端点 C 点的位置，圆弧绘制完成

"圆弧"子菜单中的其他绘制命令的使用方法如下。

- "起点、圆心、端点"命令：从逆时针方向开始，按顺序分别确定起点、圆心和端点 3 个点的位置来绘制圆弧。

利用"起点、圆心、端点"命令绘制一条圆弧，如图 3-68 所示。命令提示窗口中的操作步骤如下。

命令：_arc

指定圆弧的起点或 [圆心(C)]：　　　　　　　　　//选择"绘图 > 圆弧 > 起点、圆心、端点"
　　　　　　　　　　　　　　　　　　　　　　//菜单命令，单击确定起点 A 的位置

指定圆弧的第二个点或 [圆心(C)/端点(E)]：C

指定圆弧的圆心：　　　//单击确定圆心 B 的位置

指定圆弧的端点或 [角度(A)/弦长(L)]：　　　　　//单击确定端点 C 的位置

- "起点、圆心、角度"命令：从逆时针方向开始，按顺序分别确定起点和圆心两个点的位置，再输入圆弧的角度值来绘制圆弧。

利用"起点、圆心、角度"命令绘制一条圆弧，如图 3-69 所示。命令提示窗口中的操作步骤如下。

命令：_arc

指定圆弧的起点或 [圆心(C)]：　　　　　　　　　//选择"绘图 > 圆弧 > 起点、圆心、角度"
　　　　　　　　　　　　　　　　　　　　　　//菜单命令，单击确定起点 A 的位置

指定圆弧的第二个点或 [圆心(C)/端点(E)]: C

指定圆弧的圆心: //单击确定圆心 *B* 的位置

指定圆弧的端点或 [角度(A)/弦长(L)]: A

指定包含角: 90   //输入圆弧的角度值

● "起点、圆心、长度"命令：从逆时针方向开始，按顺序分别确定起点和圆心两个点的位置，再输入圆弧的长度值来绘制圆弧。

利用"起点、圆心、长度"命令绘制一条圆弧，如图 3-70 所示。命令提示窗口中的操作步骤如下。

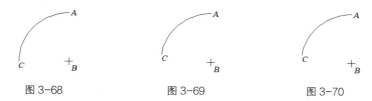

图 3-68   图 3-69   图 3-70

命令: _arc

指定圆弧的起点或 [圆心(C)]:   //选择"绘图 > 圆弧 > 起点、圆心、长度"菜单命令，
                    //单击确定起点 *A* 的位置

指定圆弧的第二个点或 [圆心(C)/端点(E)]: C

指定圆弧的圆心: //单击确定圆心 *B* 的位置

指定圆弧的端点或 [角度(A)/弦长(L)]: I

指定弦长: 100   //输入圆弧的弦长值，确定圆弧

● "起点、端点、角度"命令：从逆时针方向开始，按顺序分别确定起点和端点两个点的位置，再输入圆弧的角度值来绘制圆弧。

利用"起点、端点、角度"命令绘制一条圆弧，如图 3-71 所示。命令提示窗口中的操作步骤如下。

命令: _arc

指定圆弧的起点或 [圆心(C)]:   //选择"绘图 > 圆弧 > 起点、端点、角度"菜单命令，
                    //单击确定起点 *A* 的位置

指定圆弧的第二个点或 [圆心(C)/端点(E)]: E

指定圆弧的端点: @ -25,0   //输入端点 *B* 的坐标

指定圆弧的圆心或 [角度(A)/方向(D)/半径(R)]: A

指定包含角: 150   //输入圆弧的角度值，确定圆弧

● "起点、端点、方向"命令：通过指定起点、端点和方向参数绘制圆弧。绘制的圆弧在起点处与指定方向相切。

利用"起点、端点、方向"命令绘制一条圆弧，如图 3-72 所示。命令提示窗口中的操作步骤如下。

命令: _arc

指定圆弧的起点或 [圆心(C)]:   //选择"绘图 > 圆弧 > 起点、端点、方向"菜单命令，单
                    //击确定起点 *A* 的位置

指定圆弧的第二个点或 [圆心(C)/端点(E)]: E

指定圆弧的端点: //单击确定端点 B 的位置

指定圆弧的圆心或 [角度(A)/方向(D)/半径(R)]: D

指定圆弧的起点切向: //确定圆弧的方向

● "起点、端点、半径"命令: 通过指定起点、端点和半径参数绘制圆弧。可以直接输入长度，也可以顺时针（或逆时针）移动十字光标后单击确定一段距离来指定半径。

利用"起点、端点、半径"命令绘制一条圆弧，如图 3-73 所示。命令提示窗口中的操作步骤如下。

命令: _arc

指定圆弧的起点或 [圆心(C)]:   //选择"绘图 > 圆弧 > 起点、端点、半径"菜
                                              //单命令，单击确定起点 A 的位置

指定圆弧的第二个点或 [圆心(C)/端点(E)]: E

指定圆弧的端点: //单击确定端点 B 的位置

指定圆弧的圆心或 [角度(A)/方向(D)/半径(R)]: R

指定圆弧的半径: //单击点 C，确定圆弧半径的大小

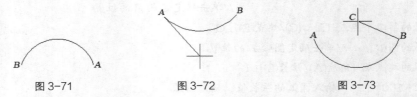

图 3-71   图 3-72   图 3-73

● "圆心、起点、端点"命令: 从逆时针方向开始，按顺序分别确定圆心、起点和端点 3 个点的位置来绘制圆弧。

● "圆心、起点、角度"命令: 按顺序分别确定圆心、起点两个点的位置，再输入圆弧的角度值来绘制圆弧。

● "圆心、起点、长度"命令: 按顺序分别确定圆心、起点两个点的位置，再输入圆弧的长度值来绘制圆弧。

> 🔒 **小提示**　若输入的角度值为正值，则按逆时针方向绘制圆弧；若输入的角度值为负值，则按顺时针方向绘制圆弧。若输入的长度值和半径值为正值，则绘制 180°以内的圆弧；若输入的长度值和半径值为负值，则绘制大于 180°的圆弧。

绘制完圆弧后，启用"直线"命令，在"指定第一个点"的提示下按 Enter 键，可以绘制一条与圆弧相切的线段，如图 3-74 所示。

反之，完成线段的绘制之后，启用"圆弧"命令，在"指定圆弧的起点"的提示下按 Enter 键，可以绘制一段与线段相切的圆弧。

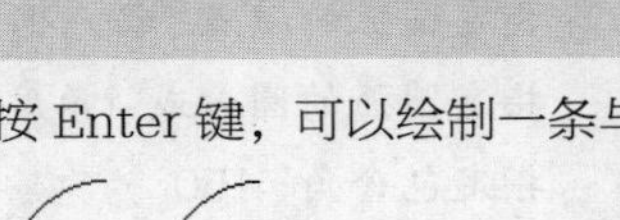

图 3-74

可以利用同样的方法连接后续绘制的圆弧，也可以利用"绘图 > 圆弧 > 继续"菜单命令连接后续绘制的圆弧。两种情况下，结果对象都与前一对象相切。

命令提示窗口中的操作步骤如下。

命令: _line

指定第一个点: //选择"直线"命令 ✏

直线长度: 50 　　　　　　　　//输入长度值

指定下一点或 [放弃(U)]: 　　　//按 Enter 键

3.8.3　绘制圆环

在 AutoCAD 2020 中文版中，利用"圆环"命令可以绘制圆环图形，如图 3-75 所示。在绘制过程中，用户需要指定圆环的内径、外径及中心点。

启用命令的方法如下。

- 菜单命令：在菜单栏中选择"绘图 > 圆环"命令。
- 命令行：在命令提示窗口中输入 DONUT（快捷命令为 DO）。

选择"绘图 > 圆环"菜单命令，启用"圆环"命令，绘制图 3-75 所示的图

图 3-75

形。命令提示窗口中的操作步骤如下。

命令: _donut 　　　　　　　　　　//选择"绘图 > 圆环"菜单命令

指定圆环的内径 <0.5000>: 1 　　　//输入圆环的内径

指定圆环的外径 <1.0000>: 2 　　　//输入圆环的外径

指定圆环的中心点或 <退出>: 　　　//在绘图窗口中单击确定圆环的中心点

指定圆环的中心点或 <退出>: 　　　//按 Enter 键

用户在指定圆环的中心点时，可以指定多个不同的中心点，从而一次性创建多个具有相同内径、外径的圆环对象，直到按 Enter 键结束操作。

若用户输入的圆环内径为 0，AutoCAD 2020 中文版将绘制一个实心圆，如图 3-76 所示。用户还可以设置圆环的填充样式，选择"工具 > 选项"菜单命令，弹出"选项"对话框，单击该对话框中的"显示"选项卡，取消勾选"应用实体填充"复选框，如图 3-77 所示，然后单击"确定"按钮，关闭"选项"对话框。此后利用"圆环"命令绘制出的圆环样式如图 3-78 所示。

图 3-76

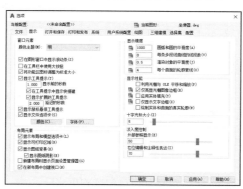

图 3-77

图 3-78

3.9　绘制矩形和多边形

建筑工程图中常会用到矩形和正多边形，在 AutoCAD 2020 中文版中可以利用"矩形"和"多边形"命令进行绘制。

3.9.1 课堂案例——绘制床头柜图形

案例学习目标

掌握"矩形"命令。

案例知识要点

利用"矩形"命令、"圆弧"命令和"直线"命令绘制床头柜图形，效果如图 3-79 所示。

效果文件所在位置

云盘/Ch03/DWG/床头柜。

（1）创建图形文件。选择"文件 > 新建"命令，弹出"选择样板"
对话框，单击"打开"按钮，创建一个新的图形文件。

（2）单击"绘图"工具栏中的"矩形"按钮▢，绘制床头柜外轮廓
线图形，效果如图 3-80 所示。

命令提示窗口中的操作步骤如下。

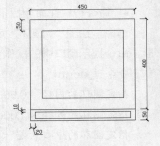

图 3-79

命令：_rectang // 单击"矩形"按钮▢

指定第一个角点或 [倒角(C)/标高(E)/圆角(F)/厚度(T)/宽度(W)]： // 单击确定 A 点

指定另一个角点或 [面积(A)/尺寸(D)/旋转(R)]： @450,-400 // 输入 B 点的相对坐标

（3）单击"修改"工具栏中的"偏移"按钮⊂，绘制床头柜内轮廓线图形，偏移距离为 50，效
果如图 3-81 所示。

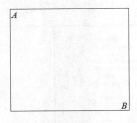

图 3-80

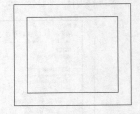

图 3-81

命令提示窗口中的操作步骤如下。

命令：_offset // 单击"偏移"按钮⊂

当前设置：删除源=否 图层=源 OFFSETGAPTYPE=0

指定偏移距离或 [通过(T)/删除(E)/图层(L)] <通过>： 50 // 输入偏移距离

选择要偏移的对象，或 [退出(E)/放弃(U)] <退出>： // 选择矩形

指定要偏移的一侧的点，或 [退出(E)/多个(M)/放弃(U)] <退出>： // 单击矩形内部

选择要偏移的对象，或 [退出(E)/放弃(U)] <退出>： // 按 Enter 键

（4）单击"绘图"工具栏中的"矩形"按钮▢，绘制床头柜前沿图形，效果如图 3-82 和图 3-83
所示。至此，床头柜图形绘制完毕。

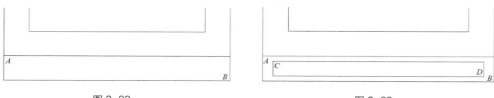

图 3-82   图 3-83

命令提示窗口中的操作步骤如下。

命令：_rectang   //单击"矩形"按钮 ⬜
指定第一个角点或 [倒角(C)/标高(E)/圆角(F)/厚度(T)/宽度(W)]:   //单击 A 点
指定另一个角点或 [面积(A)/尺寸(D)/旋转(R)]: @450,-50   //输入 B 点的相对坐标
命令：_rectang   //单击"矩形"按钮 ⬜
指定第一个角点或 [倒角(C)/标高(E)/圆角(F)/厚度(T)/宽度(W)]: _from 基点: <偏移>: @20,-10
                                                                  //单击"捕捉自"按钮 ⬚，
                                                                  //单击 A 点，输入 C 点的相
                                                                  //对坐标
指定另一个角点或 [面积(A)/尺寸(D)/旋转(R)]: @410,-30   //输入 D 点的相对坐标

3.9.2　绘制矩形

启用"矩形"命令，通过指定矩形对角线的两个端点即可绘制出矩形。此外，在绘制过程中，根据命令提示信息，还可绘制出倒角矩形和圆角矩形。

启用命令的方法如下。

- 工具栏：单击"绘图"工具栏中的"矩形"按钮 ⬜ 。
- 菜单命令：在菜单栏中选择"绘图 > 矩形"命令。
- 命令行：在命令提示窗口中输入 RECTANG（快捷命令为 REC）。

选择"绘图 > 矩形"菜单命令，启用"矩形"命令，绘制图 3-84 所示的图形。命令提示窗口中的操作步骤如下。

命令：_rectang   //单击"矩形"按钮 ⬜
指定第一个角点或 [倒角(C)/标高(E)/圆角(F)/厚度(T)/宽度(W)]:   //单击确定 A 点的位置
指定另一个角点或[面积(A)/尺寸(D)/旋转(R)]: @150,-100   //输入 B 点的相对坐标
提示选项说明如下。

- 倒角（C）：用于绘制带有倒角的矩形。

绘制带有倒角的矩形，如图 3-85 所示。命令提示窗口中的操作步骤如下。

命令：_rectang   //单击"矩形"按钮 ⬜
指定第一个角点或 [倒角(C)/标高(E)/圆角(F)/厚度(T)/宽度(W)]: C   //选择"倒角"选项
指定矩形的第一个倒角距离<0.0000>: 20   //输入第一个倒角距离
指定矩形的第二个倒角距离<20.0000>: 20   //输入第二个倒角距离
指定第一个角点或 [倒角(C)/标高(E)/圆角(F)/厚度(T)/宽度(W)]:   //单击确定 A 点的位置
指定另一个角点或 [面积(A)/尺寸(D)/旋转(R)]:   //单击确定 B 点的位置

设置矩形的倒角时，如果将第一个倒角距离与第二个倒角距离设置为不同数值，则倒角将会沿同一方向形成，如图 3-86 所示。

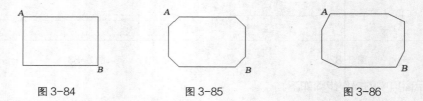

图 3-84   图 3-85   图 3-86

- 标高（E）：用于确定矩形所在平面的高度。默认情况下，标高为 0，即矩形位于 xy 平面内。
- 圆角（F）：用于绘制带有圆角的矩形。

绘制带有圆角的矩形，如图 3-87 所示。命令提示窗口中的操作步骤如下。

命令：_rectang	//单击"矩形"按钮□
指定第一个角点或 [倒角(C)/标高(E)/圆角(F)/厚度(T)/宽度(W)]: F	//选择"圆角"选项
指定矩形的圆角半径 <0.0000>: 20	//输入圆角的半径值
指定第一个角点或 [倒角(C)/标高(E)/圆角(F)/厚度(T)/宽度(W)]:	//单击确定 A 点的位置
指定另一个角点或 [面积(A)/尺寸(D)/旋转(R)]:	//单击确定 B 点的位置

- 厚度（T）：用于设置矩形的厚度，以绘制出三维图形。
- 宽度（W）：用于设置矩形边线的宽度。

绘制有边线宽度的矩形，如图 3-88 所示。命令提示窗口中的操作步骤如下。

图 3-87   图 3-88

命令：_rectang	//单击"矩形"按钮□
指定第一个角点或 [倒角(C)/标高(E)/圆角(F)/厚度(T)/宽度(W)]: W	//选择"宽度"选项
指定矩形的线宽 <0.0000>: 2	//输入矩形的线宽值
指定第一个角点或 [倒角(C)/标高(E)/圆角(F)/厚度(T)/宽度(W)]:	//单击确定 A 点的位置
指定另一个角点或 [面积(A)/尺寸(D)/旋转(R)]:	//单击确定 B 点的位置

- 面积（A）：通过指定面积和长度（或宽度）来绘制矩形。

利用"面积"选项来绘制矩形，如图 3-89 所示。命令提示窗口中的操作步骤如下。

命令：_rectang	//单击"矩形"按钮□
指定第一个角点或 [倒角(C)/标高(E)/圆角(F)/厚度(T)/宽度(W)]:	//单击确定 A 点的位置
指定另一个角点或 [面积(A)/尺寸(D)/旋转(R)]: A	//选择"面积"选项
输入以当前单位计算的矩形面积：4000	//输入面积值
计算矩形标注时依据 [长度(L)/宽度(W)]<长度>: L	//选择"长度"选项
输入矩形长度：80	//输入长度值
命令：_rectang	//单击"矩形"按钮□

指定第一个角点或 [倒角(C)/标高(E)/圆角(F)/厚度(T)/宽度(W)]:	//在绘图窗口中单击确定 C 点
指定另一个角点或 [面积(A)/尺寸(D)/旋转(R)]: A	//选择"面积"选项
输入以当前单位计算的矩形面积: 4000	//输入面积值
计算矩形标注时依据 [长度(L)/宽度(W)] <长度>: W	//选择"宽度"选项
输入矩形宽度 <50.0000>: 80	//输入宽度值

- 尺寸（D）：通过分别设置长度、宽度和角点位置来绘制矩形。

利用"尺寸"选项来绘制矩形，如图 3-90 所示。命令提示窗口中的操作步骤如下。

命令: _rectang	//单击"矩形"按钮 ▭
指定第一个角点或 [倒角(C)/标高(E)/圆角(F)/厚度(T)/宽度(W)]:	//单击确定 A 点的位置
指定另一个角点或 [面积(A)/尺寸(D)/旋转(R)]: D	//选择"尺寸"选项
指定矩形的长度<10.0000>: 150	//输入长度值
指定矩形的宽度<10.0000>: 100	//输入宽度值
指定另一个角点或 [面积(A)/尺寸(D)/旋转(R)]:	//在 A 点右上方单击,确定 B //点的位置

- 旋转（R）：通过指定旋转角度来绘制矩形。

利用"旋转"选项来绘制矩形，如图 3-91 所示。命令提示窗口中的操作步骤如下。

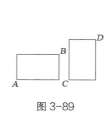

图 3-89

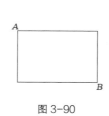

图 3-90

图 3-91

命令: _rectang	//单击"矩形"按钮 ▭
指定第一个角点或 [倒角(C)/标高(E)/圆角(F)/厚度(T)/宽度(W)]:	//单击确定 A 点的位置
指定另一个角点或 [面积(A)/尺寸(D)/旋转(R)]: R	//选择"旋转"选项
指定旋转角度或 [拾取点(P)] <0>: 60	//输入旋转角度值
指定另一个角点或 [面积(A)/尺寸(D)/旋转(R)]:	//单击确定 B 点的位置

3.9.3 绘制多边形

在 AutoCAD 2020 中文版中，多边形是具有多条边的封闭图形，其边数的取值范围为 3～1024。可以通过与假想圆内接或外切的方法来绘制多边形，也可以通过指定多边形某边的端点来绘制多边形。

启用命令的方法如下。

- 工具栏：单击"绘图"工具栏中的"多边形"按钮 ⬠。
- 菜单命令：在菜单栏中选择"绘图 > 多边形"命令。
- 命令行：在命令提示窗口中输入 POLYGON（快捷命令为 POL）。

选择"绘图 > 多边形"菜单命令，启用"多边形"命令，绘制图 3-92 所示的图形。命令提示窗口中的操作步骤如下。

命令：_polygon 输入侧面数 <4>：6　　　　//单击"多边形"按钮 ，输入边的数目

指定正多边形的中心点或 [边(E)]：　　　　//单击确定中心点 A 的位置

输入选项 [内接于圆(I)/外切于圆(C)] <I>：　//按 Enter 键

指定圆的半径：300　　　　　　　　　　　//输入圆的半径值

提示选项说明如下。

- 边（E）：通过指定边长的方式来绘制正多边形。

输入正多边形的边数后，再指定某条边的两个端点即可绘制出多边形，如图 3-93 所示。

命令提示窗口中的操作步骤如下。

命令：_polygon 输入侧面数 <4>：6　　　　//单击"多边形"按钮

指定正多边形的中心点或 [边(E)]：E　　　　//选择"边"选项

指定边的第一个端点：　　　　　　　　　//单击确定 A 点的位置

指定边的第二个端点：@300,0　　　　　　//输入 B 点的相对坐标

- 内接于圆（I）：根据内接于圆的方式生成正多边形，如图 3-94 所示。
- 外切于圆（C）：根据外切于圆的方式生成正多边形，如图 3-95 所示。

图 3-92

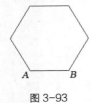
图 3-93

图 3-94

图 3-95

3.10　课堂练习——绘制浴缸图形

微课

绘制浴缸图形

🔒 练习知识要点

利用"矩形"命令、"直线"命令、"圆弧"命令和"圆"命令绘制浴缸图形，效果如图 3-96 所示。

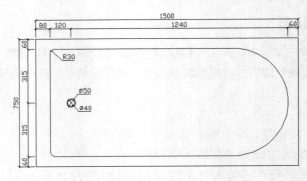
图 3-96

效果文件所在位置

云盘/Ch03/DWG/浴缸。

3.11 **课后习题——绘制清洗池图形**

🔒 **习题知识要点**

利用"矩形"命令、"圆"命令、"直线"命令和"圆弧"命令绘制清洗池图形，效果如图 3-97
所示。

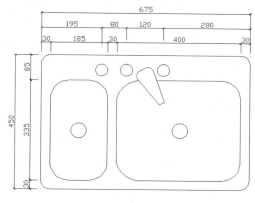

图 3-97

 效果文件所在位置

云盘/Ch03/DWG/清洗池。

第 4 章
绘制复杂建筑图形

本章介绍

　　本章主要介绍复杂建筑图形的绘制方法，如椭圆、椭圆弧、多线、多段线、样条曲线、剖面线的绘制及面域、边界的创建等。通过本章的学习，读者可以掌握绘制复杂的建筑图形的方法，为绘制完整的建筑工程图做好充分的准备。

学习目标

- ✔ 掌握椭圆、椭圆弧和多线的绘制方法。
- ✔ 掌握多线样式的设置和多线的编辑方法。
- ✔ 掌握样条曲线的绘制方法。
- ✔ 掌握选择填充区域的方法。
- ✔ 掌握设置图案样式、图案的角度和比例以及图案填充原点的方法。
- ✔ 掌握设置填充渐变色和编辑填充图案的方法。
- ✔ 掌握面域的创建方法。
- ✔ 掌握面域的并运算操作、差运算操作和交运算操作。
- ✔ 掌握边界的创建方法。

技能目标

- ✔ 掌握洗手池图形的绘制方法。
- ✔ 掌握餐具柜图形的绘制方法。
- ✔ 掌握会议室用椅图形的绘制方法。
- ✔ 掌握前台桌子图形的绘制方法。

素养目标

- ✔ 培养学生精益求精的工作作风。

4.1 绘制椭圆和椭圆弧

在建筑工程图中，椭圆和椭圆弧也是比较常见的。在 AutoCAD 2020 中文版中，可以利用"椭圆"和"椭圆弧"命令绘制椭圆和椭圆弧。

4.1.1 课堂案例——绘制洗手池图形

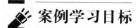 **案例学习目标**

掌握"椭圆"命令。

 **案例知识要点**

利用"椭圆"命令绘制洗手池图形，效果如图 4-1 所示。

效果文件所在位置

云盘/Ch04/DWG/洗手池。

（1）创建图形文件。选择"文件 > 新建"菜单命令，弹出"选择样板"对话框，单击"打开"按钮，创建一个新的图形文件。

（2）绘制椭圆图形。单击"绘图"工具栏中的"椭圆"按钮，绘制洗手池的轮廓曲线，如图 4-2 所示。单击"修改"工具栏中的"偏移"按钮，偏移该椭圆，偏移距离分别为 10 和 30，效果如图 4-3 所示。

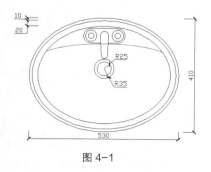

图 4-1

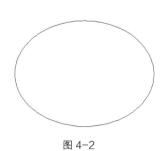

图 4-2

图 4-3

命令提示窗口中的操作步骤如下。

命令: _ellipse //单击"椭圆"按钮
指定椭圆的轴端点或 [圆弧(A)/中心点(C)]: C //选择"中心点"选项
指定椭圆的中心点: //单击一点作为中心点
指定轴的端点: 265 //将十字光标放在中心点右
//侧，输入长半轴的长度值
指定另一条半轴长度或 [旋转(R)]: 205 //输入短半轴的长度值
命令: _offset //单击"偏移"按钮

当前设置：删除源=否　图层=源　OFFSETGAPTYPE=0

指定偏移距离或 [通过(T)/删除(E)/图层(L)] <通过>：10 　　　　//输入偏移距离

选择要偏移的对象，或 [退出(E)/放弃(U)] <退出>：　　　　//单击椭圆

指定要偏移的那一侧上的点，或 [退出(E)/多个(M)/放弃(U)] <退出>：　//单击椭圆内部

选择要偏移的对象，或 [退出(E)/放弃(U)] <退出>：　　　　//按 Enter 键

命令：　　　　　　　　　　　　　　　　　　　　　　//按 Enter 键

OFFSET

当前设置：删除源=否　图层=源　OFFSETGAPTYPE=0

指定偏移距离或 [通过(T)/删除(E)/图层(L)] <10.0000>：30　//输入偏移距离

选择要偏移的对象，或 [退出(E)/放弃(U)] <退出>：　　　　//单击大椭圆

指定要偏移的那一侧上的点，或 [退出(E)/多个(M)/放弃(U)] <退出>：　//单击椭圆内部

选择要偏移的对象，或 [退出(E)/放弃(U)] <退出>：　　　　//按 Enter 键

（3）绘制椭圆弧图形。单击"椭圆弧"按钮 ⊙，绘制洗手池内轮廓线图形，效果如图 4-4 所示。

（4）复制图形文件。选择"文件 > 打开"菜单命令，打开云盘文件中的"Ch04 > 素材 > 洗手池"文件，选择图形并复制，在绘图窗口中粘贴图形，效果如图 4-5 所示。洗手池图形绘制完成。

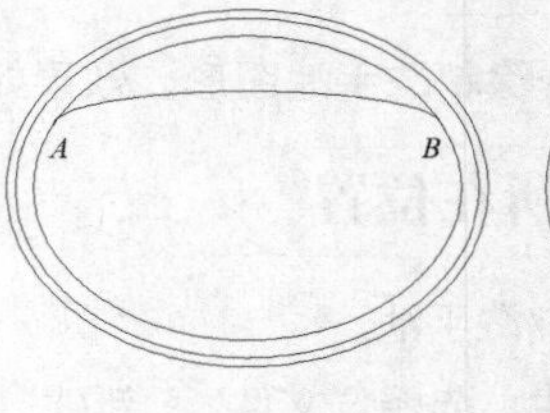

命令提示窗口中的操作步骤如下。

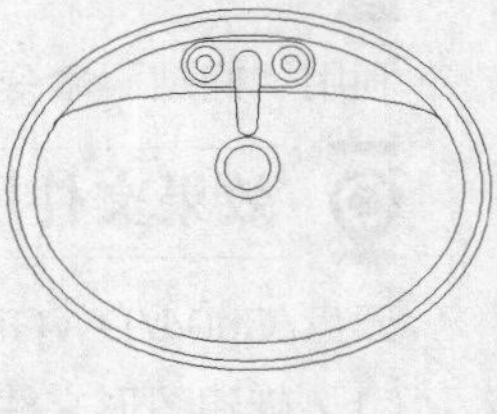

图 4-4　　　　　　　图 4-5

命令：_ellipse　　　　　　　　　　　　　　　　//单击"椭圆弧"按钮 ⊙

指定椭圆的轴端点或 [圆弧(A)/中心点(C)]：A

指定椭圆弧的轴端点或 [中心点(C)]：　　　　　//单击确定长轴的端点 A

指定轴的另一个端点：　　　　　　　　　　　　//单击确定长轴的另一个端点 B

指定另一条半轴长度或 [旋转(R)]：39　　　　　//按 Enter 键

指定起始角度或 [参数(P)]：　　　　　　　　　//在端点 B 处单击

指定终止角度或 [参数(P)/夹角(I)]：　　　　　//在端点 A 处单击

4.1.2　绘制椭圆

椭圆的大小由定义其长度和宽度的两条轴决定。其中，较长的轴称为长轴，较短的轴称为短轴。在绘制椭圆时，长轴、短轴的绘制次序与定义轴线的次序无关。绘制椭圆的默认方法是指定椭圆第一条轴的两个端点及另一条半轴的长度。

启用命令的方法如下。

- 工具栏：单击"绘图"工具栏中的"椭圆"按钮 ⊙。
- 菜单命令：在菜单栏中选择"绘图 > 椭圆 > 轴、端点"命令。
- 命令行：在命令提示窗口中输入 ELLIPSE（快捷命令为 EL）。

选择"绘图 > 椭圆 > 轴、端点"菜单命令，启用"椭圆"命令，绘制图 4-6 所示的图形。命令提示窗口中的操作步骤如下。

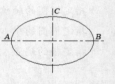

图 4-6

命令：_ellipse   //选择"绘图 > 椭圆 > 轴、端点"菜单命令

指定椭圆的轴端点或 [圆弧(A)/中心点(C)]:   //单击确定轴线端点 A

指定轴的另一个端点: //单击确定轴线端点 B

指定另一条半轴长度或 [旋转(R)]:   //在 C 点处单击确定另一条半轴的长度

4.1.3 绘制椭圆弧

椭圆弧的绘制方法与椭圆相似，首先要确定长轴和短轴，然后确定椭圆弧的起始角和终止角。
启用命令的方法如下。

- 工具栏：单击"绘图"工具栏中的"椭圆弧"按钮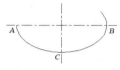。
- 菜单命令：在菜单栏中选择"绘图 > 椭圆 > 圆弧"命令。

选择"绘图 > 椭圆 > 圆弧"菜单命令，启用"椭圆弧"命令，绘制
图 4-7 所示的图形。命令提示窗口中的操作步骤如下。

图 4-7

命令：_ellipse   //选择"绘图 > 椭圆 > 圆弧"菜单命令

指定椭圆的轴端点或 [圆弧(A)/中心点(C)]: A

指定椭圆弧的轴端点或 [中心点(C)]:   //单击确定长轴的端点 A

指定轴的另一个端点: //单击确定长轴的另一个端点 B

指定另一条半轴长度或 [旋转(R)]:   //单击确定短轴的半轴端点 C

指定起始角度或 [参数(P)]: 0   //输入起始角度值

指定终止角度或 [参数(P)/夹角(I)]: 200   //输入终止角度值

> **小提示** 椭圆弧的起始角与长轴、短轴的定义顺序有关。当定义的第一条轴为长轴时，椭圆弧的起始角在第一个端点的位置；当定义的第一条轴为短轴时，椭圆弧的起始角在第一个端点处逆时针旋转 90° 的位置。

利用"椭圆"命令绘制一条椭圆弧，如图 4-8 所示。命令提示窗口中的操作步骤如下。

图 4-8

命令：_ellipse   //单击"椭圆"按钮

指定椭圆的轴端点或 [圆弧(A)/中心点(C)]: A   //选择"圆弧"选项

指定椭圆弧的轴端点或 [中心点(C)]:   //单击确定椭圆的轴端点

指定轴的另一个端点: //单击确定椭圆的另一个轴端点

指定另一条半轴长度或 [旋转(R)]:   //单击确定椭圆的另一条半轴的端点

指定起始角度或[参数(P)]:   //单击确定起始角

指定终止角度或[参数(P)/夹角(I)]:   //单击确定终止角

4.2　绘制多线

在绘制建筑工程图时，"多线"命令一般用来绘制墙体等具有多条平行线的图形对象。

4.2.1　课堂案例——绘制餐具柜图形

案例学习目标

掌握"多线"命令。

案例知识要点

利用"多线"命令绘制餐具柜图形，效果如图 4-9 所示。

效果文件所在位置

云盘/Ch04/DWG/餐具柜。

（1）创建图形文件。选择"文件 > 新建"菜单命令，弹出"选择样板"对话框，单击"打开"按钮，创建一个新的图形文件。

（2）设置多线样式。选择"格式 > 多线样式"菜单命令，弹出"多线样式"对话框，单击"新建"按钮，弹出"创建新的多线样式"对话框，在"新样式名"文本框中输入多线样式名称"CANJUGUI"，单击"继续"按钮，弹出"新建多线样式:CANJUGUI"对话框，在该对话框中设置多线样式，如图 4-10 所示。单击"确定"按钮，返回到"多线样式"对话框，预览设置的多线样式，并将"CANJUGUI"多线样式设置为当前样式。

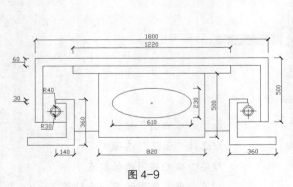

图 4-9

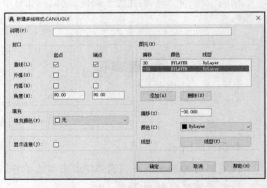

图 4-10

（3）绘制多线图形。选择"绘图 > 多线"菜单命令，打开"正交模式"开关，绘制餐具柜图形。命令提示窗口中的操作步骤如下。

命令: _mline　　　　　　　　　　　　//选择"绘图 > 多线"菜单命令

当前设置: 对正 = 上, 比例 = 1.00, 样式 = CANJUGUI

指定起点或 [对正(J)/比例(S)/样式(ST)]:   //单击一点作为 A 点

指定下一点: 500   //将十字光标放在 A 点上方, 输入距离值, 确定 B 点

指定下一点或 [放弃(U)]:   1800   //将十字光标放在 B 点右侧, 输入距离值, 确定 C 点

指定下一点或 [闭合(C)/放弃(U)]:   500   //将十字光标放在 C 点下方, 输入距离值, 确定 D 点

指定下一点或 [闭合(C)/放弃(U)]:   //按 Enter 键, 效果如图 4-11 所示

命令: //按 Enter 键

MLINE

当前设置: 对正 = 上, 比例 = 1.00, 样式 = CANJUGUI

指定起点或 [对正(J)/比例(S)/样式(ST)]: _tt 指定临时对象追踪点:

    //单击 "临时追踪点" 按钮

指定起点或 [对正(J)/比例(S)/样式(ST)]:   230

    //单击 E 点, 向右追踪, 输入距离值, 确定 F 点

指定下一点: 1220   //将十字光标放在 F 点右侧, 输入距离值, 确定 G 点

指定下一点或 [放弃(U)]:   //按 Enter 键, 效果如图 4-12 所示

命令: //按 Enter 键

MLINE

当前设置: 对正 = 上, 比例 = 1.00, 样式 = CANJUGUI

指定起点或 [对正(J)/比例(S)/样式(ST)]: _from 基点: <偏移>: @-60,-120

    //单击 "捕捉自" 按钮, 单击 A 点, 输入偏移值,

    //确定 H 点

指定下一点: 300   //将十字光标放在 H 点右侧, 输入距离值, 确定 I 点

指定下一点或 [放弃(U)]:   270   //将十字光标放在 I 点上方, 输入距离值, 确定 J 点

指定下一点或 [闭合(C)/放弃(U)]:   //按 Enter 键, 效果如图 4-13 所示

命令: //按 Enter 键

MLINE

当前设置: 对正 = 上, 比例 = 1.00, 样式 = CANJUGUI

指定起点或 [对正(J)/比例(S)/样式(ST)]: S   //选择 "比例" 选项

输入多线比例 <1.00>:   0.5   //输入比例值

当前设置: 对正 = 上, 比例 = 0.50, 样式 = CANJUGUI

指定起点或 [对正(J)/比例(S)/样式(ST)]:   //单击 M 点

指定下一点: 140   //将十字光标放在 M 点左侧, 输入距离值, 确定

    //N 点

指定下一点或 [放弃(U)]:   //按 Enter 键, 效果如图 4-14 所示

图 4-11

图 4-12

图 4-13

图 4-14

（4）编辑多线图形。选择"修改 > 对象 > 多线"菜单命令，弹出"多线编辑工具"对话框，如图 4-15 所示。选择"角点结合"工具 ⌐ ，返回到绘图窗口，对多线进行角点结合，效果如图 4-16 所示。

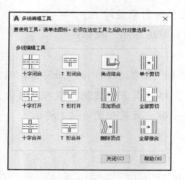

图 4-15

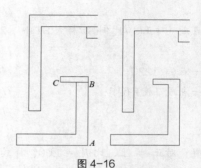

图 4-16

命令提示窗口中的操作步骤如下。

命令：_mledit   //选择"修改 > 对象 > 多线"菜单命令
选择第一条多线：   //单击多线 AB
选择第二条多线：   //单击多线 BC
选择第一条多线 或 [放弃(U)]：   //按 Enter 键

（5）绘制矩形和直线。使用"矩形"按钮 □ 和"直线"按钮 ／ 进一步绘制餐具柜图形，效果如图 4-17 和图 4-18 所示。

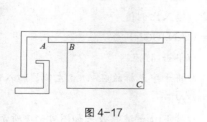

图 4-17

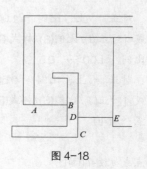

图 4-18

命令提示窗口中的操作步骤如下。

命令：_rectang   //单击"矩形"按钮 □
指定第一个角点或 [倒角(C)/标高(E)/圆角(F)/厚度(T)/宽度(W)]：_tt 指定临时对象追踪点：
                                //单击"临时追踪点"按钮 ⌐□ ，单击 A 点，
                                //向右追踪

指定第一个角点或 [倒角(C)/标高(E)/圆角(F)/厚度(T)/宽度(W)]: 200

//输入距离值，确定 B 点

指定另一个角点或 [面积(A)/尺寸(D)/旋转(R)]: @820,-500

//输入 C 点的相对坐标

命令: _line

指定第一个点: //单击"直线"按钮 ，单击 A 点

指定下一点或 [放弃(U)]:   //捕捉到垂足 B 点

指定下一点或 [退出(E)/放弃(U)]:   //按 Enter 键

命令:

LINE

指定第一个点: _tt 指定临时对象追踪点:

//按 Enter 键，单击"临时追踪点"按钮

指定第一个点: 110   //单击 C 点，向上追踪，输入距离值，确定

//D 点

指定下一点或 [放弃(U)]:   //捕捉到垂足 E 点

指定下一点或 [退出(E)/放弃(U)]:   //按 Enter 键

（6）复制图形文件。选择"文件 > 打开"菜单命令，打开云盘文件中的"Ch04 > 素材 > 装饰图形"文件，选中图形并复制，在绘图窗口中粘贴图形，效果如图 4-19 所示。

（7）绘制椭圆。单击"绘图"工具栏中的"椭圆"按钮 ，绘制椭圆图形，效果如图 4-20 所示。餐具柜图形绘制完成。

图 4-19

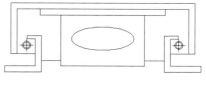

图 4-20

命令提示窗口中的操作步骤如下。

命令: _ellipse   //单击"椭圆"按钮

指定椭圆的轴端点或 [圆弧(A)/中心点(C)]: C //选择"中心点"选项

指定椭圆的中心点: _tt 指定临时对象追踪点: //单击"临时追踪点"按钮 ，单击矩形上

//边的中点

指定椭圆的中心点: 230   //向下追踪，输入距离值，确定中心点

指定轴的端点: 305   //将十字光标放在中心点右侧，输入长轴半径

指定另一条半轴长度或 [旋转(R)]: 115   //输入短轴半径

4.2.2 多线的绘制

多线是指多条相互平行的线段。在绘制过程中，用户可以编辑和调整平行线之间的距离，以及线的数量、线条的颜色和线型等属性。

启用命令的方法如下。

- 菜单命令：在菜单栏中选择"绘图 > 多线"命令。
- 命令行：在命令提示窗口中输入 MLINE（快捷命令为 ML）。

选择"绘图 > 多线"菜单命令，启用"多线"命令，绘制图 4-21 所示的图形。
命令提示窗口中的操作步骤如下。

图 4-21

```
命令: _mline                                    //选择"绘图 > 多线"菜单命令
当前设置: 对正 = 无, 比例 = 20.00, 样式 = STANDARD
指定起点或 [对正(J)/比例(S)/样式(ST)]:           //单击确定 A 点的位置
指定下一点:                                       //单击确定 B 点的位置
指定下一点或 [放弃(U)]:                           //单击确定 C 点的位置
指定下一点或 [闭合(C)/放弃(U)]:                   //单击确定 D 点的位置
指定下一点或 [闭合(C)/放弃(U)]:                   //单击确定 E 点的位置
指定下一点或 [闭合(C)/放弃(U)]:                   //按 Enter 键
```

4.2.3　设置多线样式

多线的样式决定了多线中线条的数量、线条的颜色和线型，以及线条间的距离等。用户根据需要
可以设置多种不同的多线样式，还能指定多线封口的形式为弧线
或线段。

启用命令的方法如下。

- 菜单命令：在菜单栏中选择"格式 > 多线样式"命令。
- 命令行：在命令提示窗口中输入 MLSTYLE。

选择"格式 > 多线样式"菜单命令，启用"多线样式"命
令，弹出"多线样式"对话框，如图 4-22 所示，通过该对话框
可设置多线的样式。

"多线样式"对话框中的部分选项说明如下。

- "样式"列表框：显示所有已定义的多线样式。
- "说明"栏：显示对当前多线样式的说明。

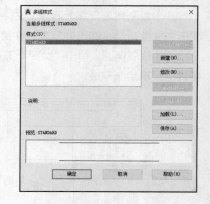

图 4-22

- "新建"按钮：用于新建多线样式。单击该按钮，会弹出"创建新的多线样式"对话框，如
图 4-23 所示；输入新样式的名称，单击"继续"按钮，弹出"新建多线样式"对话框，如图 4-24
所示，在其中进行相应设置即可新建多线样式。

图 4-23

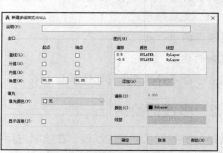

图 4-24

- "加载"按钮：用于加载已定义的多线样式。

"新建多线样式"对话框中的选项说明如下。

- "说明"文本框：对所定义的多线样式进行说明，其文本不能超过 256 个字符。

"封口"选项组中的"直线""外弧""内弧""角度"分别用于将多线的封口样式设置为线段、外弧、内弧和角度，如图 4-25 所示。

图 4-25

- "填充颜色"下拉列表框：用于设置填充的颜色，如图 4-26 所示。
- "显示连接"复选框：用于设置是否在多线的拐角处显示连接线。若勾选此复选框，则多线如图 4-27 所示；否则将不显示连接线，多线如图 4-28 所示。
- 图元列表框：显示多线中线条的偏移量、颜色和线型。
- "添加"按钮：用于添加一条新线，其偏移量可在"偏移"数值框中设置。
- "删除"按钮：用于删除在图元列表框中选定的线条元素。
- "偏移"数值框：用于为多线样式中的每个元素指定偏移值。
- "颜色"下拉列表框：用于设置在图元列表框中选定的线条元素的颜色。单击"颜色"下拉列表框，可在打开的下拉列表中选择想要的颜色。如果选择"选择颜色"选项，将弹出"选择颜色"对话框，如图 4-29 所示，在该对话框中，用户可以选择更多的颜色。

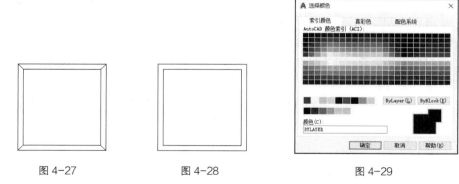

| 图 4-27 | 图 4-28 | 图 4-29 |

- "线型"按钮：用于设置在图元列表框中选定的线条元素的线型。

单击"线型"按钮，会弹出"选择线型"对话框，如图 4-30 所示，用户可以在"已加载的线型"列表框中选择一种线型。

单击"选择线型"对话框中的"加载"按钮，弹出"加载或重载线型"对话框，如图 4-31 所示，可在其中选择需要的线型。单击"确定"按钮，会将选中的线型加载到"选择线型"对话框中；在列表框中选择加载的线型，然后单击"确定"按钮，所选择的线条元素的线型就会被修改。

图 4-30

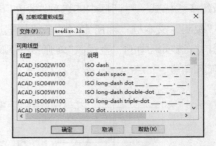

图 4-31

4.2.4　编辑多线

绘制完成的多线一般需要经过编辑才能满足绘图需要，用户可以对绘制好的多线进行编辑，修改其形状。

启用命令的方法如下。

- 菜单命令：在菜单栏中选择"修改 > 对象 > 多线"命令。
- 命令行：在命令提示窗口中输入 MLEDIT。

选择"修改 > 对象 > 多线"菜单命令，启用"编辑多线"命令，弹出"多线编辑工具"对话框，如图 4-32 所示，从中可以选择相应的工具来编辑多线。

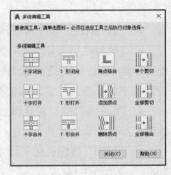

图 4-32

 小提示　　直接双击多线图形也可弹出"多线编辑工具"对话框。

"多线编辑工具"对话框中有 4 列用于编辑多线的工具按钮：第 1 列按钮用于控制呈十字形交叉的多线，第 2 列按钮用于控制呈"T"形相交的多线，第 3 列按钮用于控制角点和顶点，第 4 列按钮用于打断和接合多线。

"多线编辑工具"对话框中的选项说明如下。

- "十字闭合"按钮 ：用于在两条多线之间创建闭合的十字交点，如图 4-33 所示。

命令提示窗口中的操作步骤如下。

命令：_mledit　　　　　　　　//选择"修改 > 对象 > 多线"菜单命令，弹出"多线编辑工具"

　　　　　　　　　　　　　　//对话框，单击"十字闭合"按钮

选择第一条多线：　　　　　　//在图 4-33（a）的 A 点处单击多线

选择第二条多线：　　　　　　//在图 4-33（a）的 B 点处单击多线

选择第一条多线或 [放弃(U)]：//按 Enter 键

- "十字打开"按钮：用于打断第 1 条多线的所有元素与第 2 条多线的外部元素，并在两条多线之间创建打开的十字交点，效果如图 4-34 所示。
- "十字合并"按钮：用于在两条多线之间创建合并的十字交点，效果如图 4-35 所示。其中，多线的选择次序并不重要。

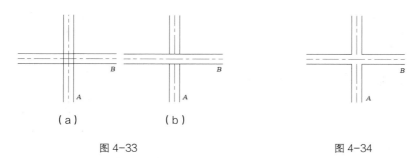

（a）   （b）

图 4-33   图 4-34

- "T 形闭合"按钮 ⊤：用于将第 1 条多线修剪或延伸到与第 2 条多线的相交处，在两条多线之间创建闭合的"T"形交点。利用该工具对多线进行编辑，如图 4-36 所示。
- "T 形打开"按钮 ⊤：用于将多线修剪或延伸到与另一条多线的相交处，在两条多线之间创建打开的"T"形交点，效果如图 4-37 所示。

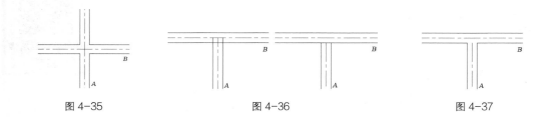

图 4-35   图 4-36   图 4-37

- "T 形合并"按钮 ⊤：用于将多线修剪或延伸到与另一条多线的相交处，在两条多线之间创建合并的"T"形交点，效果如图 4-38 所示。
- "角点结合"按钮 ∟：用于将多线修剪或延伸到它们的交点处，在多线之间创建角点。利用该工具对多线进行编辑，如图 4-39 所示。

图 4-38   图 4-39

- "添加顶点"按钮 ‖⟩：用于在多线上添加一个顶点。利用该工具在 A 点处添加顶点，如图 4-40 所示。
- "删除顶点"按钮 ⟩‖：用于从多线上删除一个顶点。利用该工具将 A 点处的顶点删除，如图 4-41 所示。
- "单个剪切"按钮 ‖‖：用于剪切多线上选定的元素。利用该工具将 AB 段线条删除，如图 4-42 所示。
- "全部剪切"按钮 ‖‖：用于将多线剪切为两个部分。利用该工具将 A、B 点之间的所有多线删除，如图 4-43 所示。
- "全部接合"按钮 ‖‖：用于将已被剪切的多线线段重新接合起来。利用该工具可将多线连接起来，如图 4-44 所示。

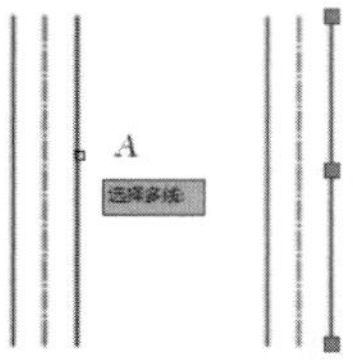

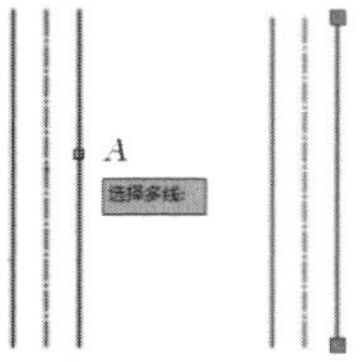

图 4-40   图 4-41

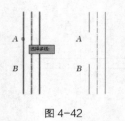
图 4-42

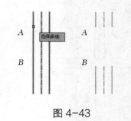
图 4-43

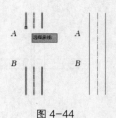
图 4-44

<table>
<tr><td>**4.3**</td><td>**绘制多段线**</td></tr>
</table>

4.3.1　课堂案例——绘制会议室用椅图形

案例学习目标

掌握"多段线"命令。

案例知识要点

利用"多段线"命令绘制会议室用椅图形，效果如图 4-45 所示。

效果文件所在位置

云盘/Ch04/DWG/会议室用椅。

（1）创建图形文件。选择"文件 > 新建"命令，弹出"选择样板"对话框，单击"打开"按钮，创建新的图形文件。

（2）绘制外轮廓线。单击"多段线"按钮 ，绘制会议室用椅的外轮廓线，如图 4-46 所示。

微课

绘制会议室用椅
图形

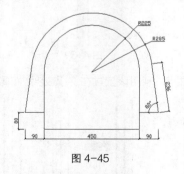
图 4-45

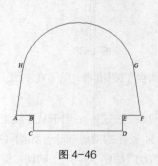
图 4-46

命令提示窗口中的操作步骤如下。

命令：_pline　　　　　　　　　　　　　//单击"多段线"按钮 ⬚

指定起点：　　　　　　　　　　　　　　//单击确定 A 点

当前线宽为 0.0000

指定下一个点或 [圆弧(A)/半宽(H)/长度(L)/放弃(U)/宽度(W)]：　<正交 开> 90

　　　　　　　　　　　　　　　　//打开"正交"开关，输入线段 AB 的长度值

指定下一点或 [圆弧(A)/闭合(C)/半宽(H)/长度(L)/放弃(U)/宽度(W)]: 80 　　//输入线段 *BC* 的

//长度值

指定下一点或 [圆弧(A)/闭合(C)/半宽(H)/长度(L)/放弃(U)/宽度(W)]: 450 　　//输入线段 *CD* 的

//长度值

指定下一点或 [圆弧(A)/闭合(C)/半宽(H)/长度(L)/放弃(U)/宽度(W)]: 80 　　//输入线段 *DE* 的

//长度值

指定下一点或 [圆弧(A)/闭合(C)/半宽(H)/长度(L)/放弃(U)/宽度(W)]: 90 　　//输入线段 *EF* 的

//长度值

指定下一点或 [圆弧(A)/闭合(C)/半宽(H)/长度(L)/放弃(U)/宽度(W)]: ＜正交 关＞ @236<98

//关闭"正交"开关，输入 *G* 点的相对极坐标

指定下一点或 [圆弧(A)/闭合(C)/半宽(H)/长度(L)/放弃(U)/宽度(W)]: A 　　//选择"圆弧"选项

指定圆弧的端点或

[角度(A)/圆心(CE)/闭合(CL)/方向(D)/半宽(H)/直线(L)/半径(R)/第二个点(S)/放弃(U)/宽度(W)]: R

//选择"半径"选项

指定圆弧的半径: 285 　　　　　　　　　　　　//输入半径值

指定圆弧的端点或 [角度(A)]: A 　　　　　　　//选择"角度"选项

指定包含角: 164 　　　　　　　　　　　　　//输入包含角度值

指定圆弧的弦方向 ＜98＞: 180 　　　　　　//输入圆弧弦方向的角度值

指定圆弧的端点或

[角度(A)/圆心(CE)/闭合(CL)/方向(D)/半宽(H)/直线(L)/半径(R)/第二个点(S)/放弃(U)/宽度(W)]: L

//选择"直线"选项

指定下一点或 [圆弧(A)/闭合(C)/半宽(H)/长度(L)/放弃(U)/宽度(W)]: C //选择"闭合"选项

（3）绘制内轮廓线。单击"多段线"按钮，绘制会议室用椅的内轮廓线，完成后的效果如图 4-47 所示。

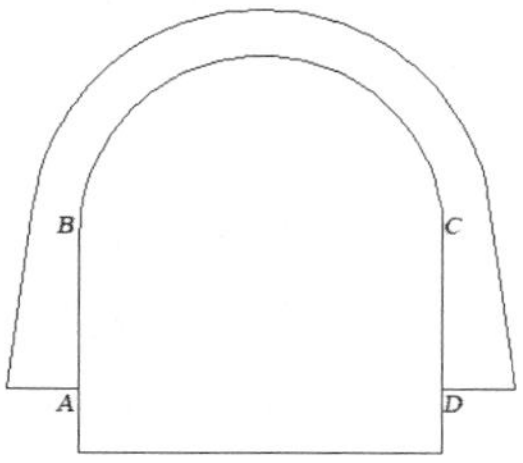

命令提示窗口中的操作步骤如下。

命令: _pline 　　　　　　　　　//单击"多段线"按钮

指定起点: 　　　　　　　　　　//捕捉 *A* 点的位置

当前线宽为 0.0000

指定下一个点或 [圆弧(A)/半宽(H)/长度(L)/放弃(U)/宽度(W)]: 195

//输入线段 *AB* 的长度值

图 4-47

指定下一点或 [圆弧(A)/闭合(C)/半宽(H)/长度(L)/放弃(U)/宽度(W)]: A //选择"圆弧"选项

指定圆弧的端点或

[角度(A)/圆心(CE)/闭合(CL)/方向(D)/半宽(H)/直线(L)/半径(R)/第二个点(S)/放弃(U)/宽度(W)]: R

//选择"半径"选项

指定圆弧的半径: 225 　　　　　　　　　　//输入圆弧的半径值

指定圆弧的端点或 [角度(A)]: A 　　　　　　//选择"角度"选项

指定包含角: -180 　　　　　　　　　　　//输入包含角度值

指定圆弧的弦方向 ＜90＞: 0 　　　　　　//输入弦方向的角度值

指定圆弧的端点或

[角度(A)/圆心(CE)/闭合(CL)/方向(D)/半宽(H)/直线(L)/半径(R)/第二个点(S)/放弃(U)/宽度(W)]: L

//选择"直线"选项

指定下一点或 [圆弧(A)/闭合(C)/半宽(H)/长度(L)/放弃(U)/宽度(W)]:　//捕捉 D 点的位置

指定下一点或 [圆弧(A)/闭合(C)/半宽(H)/长度(L)/放弃(U)/宽度(W)]:　//按 Enter 键

4.3.2　多段线的绘制

多段线是由线段和圆弧构成的连续线条，是一个单独的图形对象。在绘制过程中，用户可以通过设置不同的线宽来绘制锥形线。

启用命令的方法如下。

* 工具栏：单击"绘图"工具栏中的"多段线"按钮 。
* 菜单命令：在菜单栏中选择"绘图 > 多段线"命令。
* 命令行：在命令提示窗口中输入 PLINE（快捷命令为 PL）。

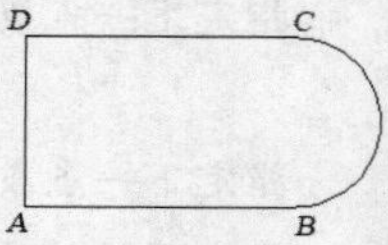

图 4-48

选择"绘图 > 多段线"菜单命令，启用"多段线"命令，绘制图 4-48 所示的图形。命令提示窗口中的操作步骤如下。

命令: _pline　　　　　　　　　　　　　　//选择"绘图 > 多段线"菜单命令

指定起点:　　　　　　　　　　　　　　//单击确定 A 点的位置

当前线宽为 0.0000

指定下一个点或 [圆弧(A)/半宽(H)/长度(L)/放弃(U)/宽度(W)]: @1000,0

//输入 B 点的相对坐标

指定下一点或 [圆弧(A)/闭合(C)/半宽(H)/长度(L)/放弃(U)/宽度(W)]: A

//选择"圆弧"选项

指定圆弧的端点或

[角度(A)/圆心(CE)/闭合(CL)/方向(D)/半宽(H)/直线(L)/半径(R)/第二个点(S)/放弃(U)/宽度(W)]: R

//选择"半径"选项

指定圆弧的半径: 320　　　　　　　　　　//输入半径值

指定圆弧的端点或 [角度(A)]: A　　　　　　//选择"角度"选项

指定包含角: 180　　　　　　　　　　　//输入包含角度值

指定圆弧的弦方向 <0>: 90　　　　　　　//输入圆弧弦方向的角度值

指定圆弧的端点或

[角度(A)/圆心(CE)/闭合(CL)/方向(D)/半宽(H)/直线(L)/半径(R)/第二个点(S)/放弃(U)/宽度(W)]: L

//选择"直线"选项

指定下一点或 [圆弧(A)/闭合(C)/半宽(H)/长度(L)/放弃(U)/宽度(W)]: @-1000,0

//输入 D 点的相对坐标

指定下一点或 [圆弧(A)/闭合(C)/半宽(H)/长度(L)/放弃(U)/宽度(W)]: C

//选择"闭合"选项

4.4 绘制样条曲线

样条曲线是由光滑过渡的多条线段组成的，其形状是由数据点、拟合点及控制点控制的。其中，数据点是在绘制样条曲线时由用户确定的；拟合点及控制点是系统自动产生的，用来编辑样条曲线。下面对样条曲线的绘制和编辑方法进行详细的介绍。

启用命令的方法如下。

- 工具栏：单击"绘图"工具栏中的"样条曲线"按钮 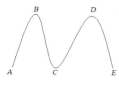。
- 菜单命令：在菜单栏中选择"绘图 > 样条曲线"命令。
- 命令行：在命令提示窗口中输入 SPLINE（快捷命令为 SPL）。

选择"绘图 > 样条曲线"菜单命令，启用"样条曲线"命令，绘制图 4-49 所示的图形。命令提示窗口中的操作步骤如下。

图 4-49

命令：_spline   //选择"绘图 > 样条曲线"菜单命令
指定第一个点或 [方式(M)/节点(K)/对象(O)]：   //单击确定 A 点的位置
输入下一个点或 [起点切向(T)/公差(L)]：   //单击确定 B 点的位置
输入下一点或 [端点相切(T)/公差(L)/放弃(U)]：   //单击确定 C 点的位置
输入下一点或 [端点相切(T)/公差(L)/放弃(U)/闭合(C)]： //单击确定 D 点的位置
输入下一点或 [端点相切(T)/公差(L)/放弃(U)/闭合(C)]： //单击确定 E 点的位置
输入下一点或 [端点相切(T)/公差(L)/放弃(U)/闭合(C)]： //按 Enter 键

部分提示选项说明如下。

- 对象（O）：用于将二维或三维的二次或三次样条拟合多段线转换成等价的样条曲线，并删除多段线。
- 闭合（C）：用于绘制封闭的样条曲线。
- 公差（L）：用于设置拟合公差。拟合公差是样条曲线与数据点之间允许偏移的最大距离。当指定拟合公差时，绘制的样条曲线不一定通过所有数据点。如果拟合公差为 0，则样条曲线通过拟合点；如果拟合公差大于 0，则样条曲线将在指定的公差范围内通过拟合点，如图 4-50 所示。
- "起点切向"与"端点相切"：用于定义样条曲线第一点和最后一点的切向，如图 4-51 所示。

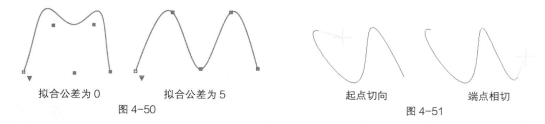

拟合公差为 0   拟合公差为 5   起点切向   端点相切

图 4-50   图 4-51

4.5 绘制剖面线

为了提高用户的绘图工作效率，AutoCAD 2020 中文版提供了图案填充功能，用于绘制剖面线。

　　图案填充是指用某种图案填满图形中的指定封闭区域。AutoCAD 2020 中文版提供了多种标准的填充图案，另外，用户可以根据需要自定义图案。在填充过程中，用户可以通过填充工具来控制图案的疏密或剖面线条的角度等。"图案填充"命令用于创建图案填充或绘制剖面线。

　　启用命令的方法如下。

- 工具栏：单击"绘图"工具栏中的"图案填充"按钮▨。
- 菜单命令：在菜单栏中选择"绘图 > 图案填充"命令。
- 命令行：在命令提示窗口中输入 BHATCH（快捷命令为 BH）。

　　选择"绘图 > 图案填充"菜单命令，启用"图案填充"命令，弹出"图案填充创建"选项卡，单击"选项"面板中的▨按钮，弹出"图案填充和渐变色"对话框，如图 4-52 所示。通过该对话框或"图案填充创建"选项卡可以定义图案填充和渐变填充对象的边界、图案类型、图案特性及其他特性。

图 4-52

4.5.1　课堂案例——绘制前台桌子图形

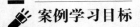 **案例学习目标**

掌握"图案填充"命令。

 案例知识要点

利用"图案填充"命令绘制前台桌子图形，效果如图 4-53 所示。

 效果文件所在位置

云盘/Ch04/DWG/前台桌子。

　　（1）打开图形文件。选择"文件 > 打开"菜单命令，打开云盘文件中的"Ch04 > 素材 > 前台桌子"文件，如图 4-54 所示。

图 4-53

图 4-54

　　（2）选择图案。单击"绘图"工具栏中的"图案填充"按钮▨，弹出"图案填充创建"选项卡，在"图案填充创建"选项卡中单击"图案"面板中的▾按钮，在弹出的下拉列表中选择"AR-SAND"选项，如图 4-55 所示。

　　（3）设置角度和比例。在"特性"面板的"填充图案比例"数值框中输入"5""角度"数值框中输入"0"，如图 4-56 所示。

　　（4）填充图案。单击"边界"面板中的"拾取点"按钮▨，如图 4-57

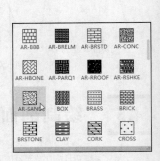

图 4-55

所示。在绘图窗口中拾取要填充的区域,如图 4-58 所示。完成后按 Enter 键确认。前台桌子图形绘制完成。

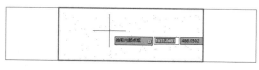

图 4-56　　　　　　　　　图 4-57　　　　　　　　　　　图 4-58

4.5.2　选择填充区域

在"图案填充和渐变色"对话框中,右侧排列的按钮和选项用于选择图案填充的区域。这些按钮与选项的位置是固定的,无论选择哪个选项卡,它们都可以起作用。

"边界"选项组中列出的是选择图案填充区域的方式。

● "添加:拾取点"按钮：用于根据图中现有的对象自动确定填充区域的边界。该方式要求这些对象必须构成一个闭合区域。单击此按钮后,对话框将暂时关闭,系统会提示用户拾取一个点。

单击"添加:拾取点"按钮，关闭"图案填充和渐变色"对话框,在闭合区域内单击,确定图案填充区域的边界,如图 4-59 所示。

确定图案填充区域的边界后,用户可以在绘图窗口内单击鼠标右键,将弹出快捷菜单,如图 4-60 所示。选择"确认"命令,确认图案填充的效果,如图 4-61 所示。

命令提示窗口中的操作步骤如下。

命令: _bhatch　　　　　　　　　　　//单击"图案填充"按钮，在打开的"图案填
　　　　　　　　　　　　　　　　　　　//充创建"选项卡的"边界"面板中单击"拾取
　　　　　　　　　　　　　　　　　　　//点"按钮

拾取内部点或 [选择对象(S)/放弃(U)/设置(T)]://在图形内部单击

正在分析所选数据…

正在分析内部孤岛…

拾取内部点或 [选择对象(S)/放弃(U)/设置(T)]://按 Enter 键,填充图案后的效果如图 4-61 所示

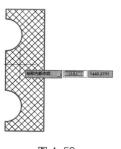

图 4-59　　　　　　　　　图 4-60　　　　　　　　　图 4-61

● "添加:选择对象"按钮：用于选择图案填充的边界对象。该方式需要用户逐一选择图案填充的边界对象,选中的边界对象将变为蓝色,如图 4-62 所示。AutoCAD 2020 中文版将不会自动检测内部对象,如图 4-63 所示。命令提示窗口中的操作步骤如下。

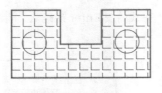

图 4-62

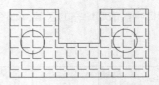

图 4-63

命令：_bhatch   //单击"图案填充"按钮，在弹出的"图案填充创

//建"选项卡中单击"选项"面板中的 按钮，弹出"图

//案填充和渐变色"对话框，单击"添加：选择对象"

//按钮

选择对象或 [拾取内部点(K)/放弃(U)/设置(T)]：找到 1 个   //依次选择图形边界线段

选择对象或 [拾取内部点(K)/放弃(U)/设置(T)]：找到 1 个，总计 2 个

选择对象或 [拾取内部点(K)/放弃(U)/设置(T)]：找到 1 个，总计 3 个

选择对象或 [拾取内部点(K)/放弃(U)/设置(T)]：   //单击鼠标右键，在弹出的快捷菜单中

//选择"确认"命令

● "删除边界"按钮：用于从边界定义中删除以前添加的任何对象。删除边界的图案填充效果
如图 4-64 所示。命令提示窗口中的操作步骤如下。

命令：_bhatch   //单击"图案填充"按钮，在弹出的"图案填充创建"

//选项卡中单击"选项"面板中的 按钮，弹出"图案填

//充和渐变色"对话框，单击"删除边界"按钮

拾取内部点或 [选择对象(S)/放弃(U)/设置(T)]：

选择要删除的边界：   //选择圆，如图 4-65 所示

选择要删除的边界或 [放弃(U)]：   //按 Enter 键，效果如图 4-66 所示

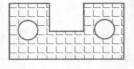

图 4-64

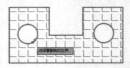

图 4-65

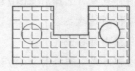

图 4-66

不删除边界的图案填充效果如图 4-67 所示。

● "重新创建边界"按钮：用于围绕选定的图案填充或填充对象创建多段线或面域，并使其与
图案填充对象产生关联（可选）。如果未定义图案填充，则此按钮不可用。

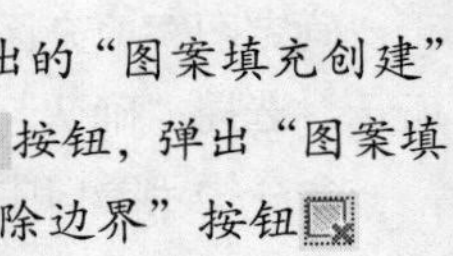

● "查看选择集"按钮：单击此按钮，AutoCAD 2020 中文版将显示
当前选择的填充边界。如果未定义边界，则此按钮不可用。

在"选项"选项组中可以控制几个常用的图案填充或填充选项。

● "注释性"复选框：使用注释性图案填充可以通过符号表示材质（如沙
子、混凝土、钢铁、泥土等）。可以创建单独的注释性填充对象和注释性填充图案。

图 4-67

● "关联"复选框：用于创建关联图案填充。创建关联图案填充后，当用户修改边界时，填充图
案将自动更新。

● "创建独立的图案填充"复选框：用于控制当指定了几个独立的闭合边界时，是创建单个图案

填充对象，还是创建多个图案填充对象。

● "绘图次序"下拉列表框：用于指定填充图案的绘图顺序。填充图案可以放在其他所有对象之后、其他所有对象之前、填充边界之后或填充边界之前。

● "继承特性"按钮 ：用于将指定图案的填充特性填充到指定的边界。单击"继承特性"按钮 ，并选择某个绘制好的图案，AutoCAD 2020 中文版可将对应图案的特性填充到当前填充区域中。

4.5.3 设置图案样式

在"图案填充和渐变色"对话框的"图案填充"选项卡中，"类型和图案"选项组用于选择图案的类型和样式等。"图案"下拉列表框用于选择图案的样式，如图 4-68 所示，所选择的样式将在其下方的"样例"显示框中显示出来。

单击"图案"下拉列表框右侧的 按钮或单击"样例"显示框，会弹出"填充图案选项板"对话框，如图 4-69 所示，其中列出了所有预定义图案的预览图像。

图 4-68

图 4-69

"填充图案选项板"对话框中的选项卡说明如下。

● "ANSI"选项卡：用于显示 AutoCAD 2020 中文版内置的所有 ANSI 标准图案，如图 4-69 所示。

● "ISO"选项卡：用于显示 AutoCAD 2020 中文版内置的所有 ISO 标准图案，如图 4-70 所示。

● "其他预定义"选项卡：用于显示所有其他样式的图案，如图 4-71 所示。

图 4-70

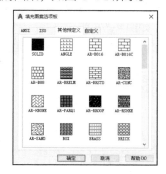

图 4-71

- "自定义"选项卡：用于显示所有已添加的自定义图案。

4.5.4　设置图案的角度和比例

在"图案填充和渐变色"对话框的"图案填充"选项卡中，"角度和比例"选项组用于定义图案的角度和比例等。"角度"下拉列表框用于设置填充图案的角度，用户也可在该下拉列表框中输入其他角度值。设置角度后的图案填充效果如图 4-72 所示。

（a）角度为 0°　　　　　（b）角度为 45°　　　　　（c）角度为 90°

图 4-72

"比例"下拉列表框用于放大或缩小填充图案，用户也可在该下拉列表框中输入其他缩放比例值。设置比例后的图案填充效果如图 4-73 所示。

（a）比例为 0.5　　　　　（b）比例为 1　　　　　（c）比例为 1.5

图 4-73

4.5.5　设置图案填充原点

在"图案填充和渐变色"对话框的"图案填充"选项卡中，"图案填充原点"选项组用来控制填充图案的生成位置，如图 4-74 所示。某些填充图案（例如砖块图案）需要与填充边界上的某个点对齐。默认情况下，所有图案填充原点都为当前的 UCS 原点。

- "使用当前原点"单选按钮：使用存储在系统变量中的设置。默认情况下，原点设置为（0,0）。
- "指定的原点"单选按钮：指定新的图案填充原点。
- "单击以设置新原点"按钮 ⊞：直接指定新的图案填充原点。
- "默认为边界范围"复选框：基于图案填充的矩形范围计算出新原点。可以选择该范围的 4 个角点及其中心点，如图 4-75 所示。
- "存储为默认原点"复选框：将新图案填充原点的值存储在系统变量中。

图 4-74

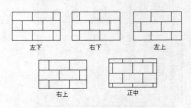

图 4-75

4.5.6 控制"孤岛"

在"图案填充和渐变色"对话框中单击"更多选项"按钮⊙，展开其他选项，使用这些选项可以控制"孤岛"的样式，此时的"图案填充和渐变色"对话框如图 4-76 所示。

在"孤岛"选项组中，可以设置是否进行"孤岛"检测及"孤岛"的显示样式。

● "孤岛检测"复选框：控制是否检测内部闭合边界。

图 4-76

● "普通"单选按钮◉：从外部边界向内填充。如果 AutoCAD 2020 中文版检测到一个内部"孤岛"，它将停止进行图案填充，直到检测到该"孤岛"内的另一个"孤岛"，填充效果如图 4-77 所示。

● "外部"单选按钮◉：从外部边界向内填充。如果 AutoCAD 2020 中文版检测到一个内部"孤岛"，它将停止进行图案填充。选择此单选按钮，将只对结构的最外层进行图案填充，而结构内部保留空白，填充效果如图 4-78 所示。

● "忽略"单选按钮▨：忽略所有内部的对象，填充图案时将填充这些对象，填充效果如图 4-79 所示。

"边界保留"选项组用于控制是否将边界保留为对象，并确定这些对象的类型。

● "保留边界"复选框：用于根据临时图案填充边界创建边界对象，并将它们添加到图形中。

● "对象类型"下拉列表框：用于控制新边界对象的类型，可以是面域或多段线对象。仅当勾选"保留边界"复选框时，此选项才可用。

图 4-77

图 4-78

图 4-79

"边界集"选项组用于定义当从指定点定义边界时要分析的对象集。当使用"新建"按钮定义边界时，选定的边界集无效。

● "新建"按钮：用于选择用来定义边界集的对象。

"允许的间隙"选项组用于设置将对象用作图案填充边界时可以忽略的最大间隙。默认值为 0，此值将指定对象必须构成封闭区域而没有间隙。

● "公差"数值框：按图形单位输入一个值（范围为 0～5000），以设置将对象用作图案填充边界时可以忽略的最大间隙。任何小于或等于指定值的间隙都将被忽略，并将边界视为封闭状态。

使用"继承特性"创建图案填充时，"继承选项"选项组用于控制图案填充原点的位置。

● "使用当前原点"单选按钮：使用当前的图案填充原点设置。

- "用源图案填充原点"单选按钮：使用源图案的图案填充原点设置。

4.5.7　设置渐变色

在"图案填充和渐变色"对话框的"渐变色"选项卡中，可以将填充图案设置为渐变色，此时对话框如图 4-80 所示。

"颜色"选项组用于设置渐变色的颜色。

- "单色"单选按钮：用于指定从较深色调平滑过渡到较浅色调的单色填充。单击█按钮，会弹出"选择颜色"对话框，从中可以选择系统提供的索引颜色、真彩色或配色系统颜色，如图 4-81 所示。

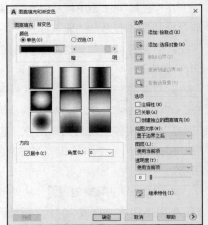

- "暗—明"滑块：用于指定渐变色为选定颜色与白色的混合，或为选定颜色与黑色的混合。

- "双色"单选按钮：用于指定平滑过渡的双色渐变。选择此单选按钮后，会显示带有浏览按钮的"颜色 1"和"颜色 2"样例，如图 4-82 所示。

渐变图案区域列出了 9 种固定的渐变图案图标，单击图标即可选择线状、球状或抛物面状等图案填充方式。

图 4-80

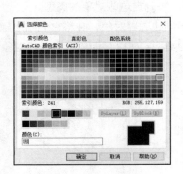

图 4-81

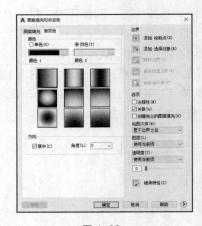

图 4-82

"方向"选项组用于指定渐变色的角度及其是否对称。

- "居中"复选框：用于指定对称的渐变色。如果没有勾选此复选框，渐变色将朝左上方变化，以创建光源在对象左边的图案。

- "角度"下拉列表框：用于指定渐变色的角度（相对于当前 UCS）。此选项与指定给填充图案的角度互不影响。

小提示　　在 AutoCAD 2020 中文版中，可以选择"绘图 > 渐变色"菜单命令或单击"绘图"工具栏中的"渐变色"按钮▦，启用"渐变色"命令。

4.5.8　编辑填充图案

如果对填充图案不满意，可随时进行修改。可以使用编辑工具对填充图案进行编辑，也可以使用
AutoCAD 2020 中文版提供的修改填充图案的工具进行编辑。

启用命令的方法如下。

- 菜单命令：选择菜单栏中的"修改 > 对象 > 图案填充"
命令。

- 命令行：在命令提示窗口中输入 HATCHEDIT。

选择"修改 > 对象 > 图案填充"菜单命令，启用"编辑图
案填充"命令。选择需要编辑的图案填充对象，弹出"图案填充
编辑"对话框，如图 4-83 所示。该对话框中有许多选项都处于
灰色状态，表示不可选择或不可编辑。修改完成后，单击"预览"
按钮进行预览；单击"确定"按钮，确定对图案填充的编辑。

图 4-83

4.6　创建面域

面域是由形成闭环的对象创建的，该闭合可以由多段线、线段、圆弧、圆、椭圆弧、椭圆或样条
曲线等对象构成。面域的外观与平面图形的外观相同，但面域是一个单独的对象，具有面积、周长、
形心等几何特征。由于面域之间可以进行并、差、交等布尔运算，因此常常采用面域来创建边界较为
复杂的图形。

4.6.1　面域的创建

在 AutoCAD 2020 中文版中，用户不能直接绘制面域，而是需要利用现有的封闭对象或者由多
个对象组成的封闭区域和系统提供的"面域"命令来创建面域。

启用命令的方法如下。

- 工具栏：单击"绘图"工具栏中的"面域"按钮◎。
- 菜单命令：在菜单栏中选择"绘图 > 面域"命令。
- 命令行：在命令提示窗口中输入 REGION（快捷命令为 REG）。

选择"绘图 > 面域"菜单命令，启用"面域"命令。选择一个或多个封闭对象，或者选择组成
封闭区域的多个对象，然后按 Enter 键，即可创建面域，效果如图 4-84 示。命令提示窗口中的操作
步骤如下。

命令：_region　　　　　　　　　　　　//选择"绘图 > 面域"菜单命令

选择对象：指定对角点：找到 1 个　　　//利用框选的方式选择图形边界

选择对象：　　　　　　　　　　　　　//按 Enter 键

已创建 1 个面域。

在创建面域之前，图形如图 4-85 所示。创建面域之后，图形如图 4-86 所示。

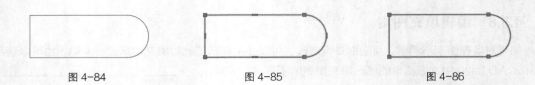

图 4-84　　　　　　　　　图 4-85　　　　　　　　　图 4-86

　　默认情况下，AutoCAD 2020 中文版在创建面域时将删除源对象，如果用户希望保留源
对象，则需要将 DELOBJ 系统变量设置为 0。

4.6.2　编辑面域

用户通过编辑面域可创建边界较为复杂的图形。在 AutoCAD 2020 中文版中，用户可对面域进行 3 种布尔运算操作，即并运算操作、差运算操作和交运算操作，效果如图 4-87 所示。

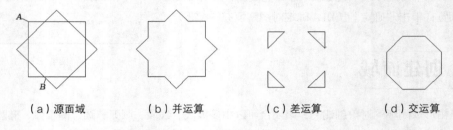

（a）源面域　　　　（b）并运算　　　　（c）差运算　　　　（d）交运算

图 4-87

1. 并运算操作

并运算操作是将所有选中的面域合并为一个面域。利用"并集"命令即可进行并运算操作。
启用命令的方法如下。

- 工具栏：单击"实体编辑"工具栏中的"并集"按钮 。
- 菜单命令：在菜单栏中选择"修改 > 实体编辑 > 并集"命令。
- 命令行：在命令提示窗口中输入 UNION。

选择"修改 > 实体编辑 > 并集"菜单命令，启用"并集"命令，然后选择相应的面域，按 Enter 键，系统会对选中的所有面域进行并运算操作，操作完成后会得到一个新的面域。命令提示窗口中的操作步骤如下。

命令：_region　　　　　　　　　　　　　//单击"面域"按钮 ⊙
选择对象：找到 1 个　　　　　　　　　　//选择图 4-88 中的矩形 A
选择对象：找到 1 个，总计 2 个　　　　　//选择图 4-88 中的矩形 B
选择对象：　　　　　　　　　　　　　　//按 Enter 键
已创建 2 个面域。　　　　　　　　　　　//创建了两个面域
命令：_union　　　　　　　　　　　　　//选择"修改 > 实体编辑 > 并集"菜单命令
选择对象：找到 1 个　　　　　　　　　　//选择图 4-88 中的矩形 A
选择对象：找到 1 个，总计 2 个　　　　　//选择图 4-88 中的矩形 B
选择对象：　　　　　　　　　　　　　　//按 Enter 键，新面域如图 4-89 所示

图 4-88 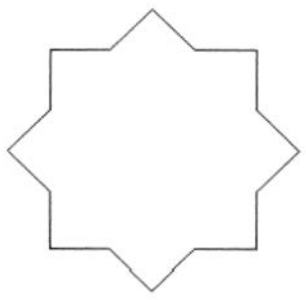 　　　　　　　　　　　　　图 4-89

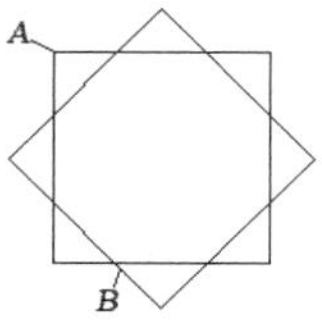

2. 差运算操作

差运算操作是从一个面域中减去一个或多个面域，从而得到一个新的面域。利用"差集"命令即可进行差运算操作。

启用命令的方法如下。

- 工具栏：单击"实体编辑"工具栏中的"差集"按钮 ⬚。
- 菜单命令：在菜单栏中选择"修改 > 实体编辑 > 差集"命令。
- 命令行：在命令提示窗口中输入 SUBTRACT。

选择"修改 > 实体编辑 > 差集"菜单命令，启用"差集"命令，首先选择第一个面域，按 Enter 键，接着依次选择其他要减去的面域，按 Enter 键即可进行差运算操作，操作完成后会得到一个新的面域。命令提示窗口中的操作步骤如下。

命令：_region　　　　　　　　　　　　　//单击"面域"按钮 ⬚

选择对象：指定对角点：找到 2 个　　　　//利用框选的方式选择图 4-90 中的两个矩形

选择对象：　　　　　　　　　　　　　　//按 Enter 键

已创建 2 个面域。　　　　　　　　　　//创建了两个面域

命令：_subtract 选择要从中减去的实体或面域…　//选择"修改 > 实体编辑 > 差集"菜单命令

选择对象：找到 1 个　　　　　　　　　　//选择图 4-90 中的矩形 A

选择对象：　　　　　　　　　　　　　　//按 Enter 键

选择要减去的实体或面域…

选择对象：找到 1 个　　　　　　　　　　//选择图 4-90 中的矩形 B

选择对象：　　　　　　　　　　　　　　//按 Enter 键，新面域如图 4-91 所示

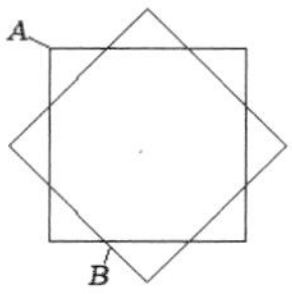

图 4-90 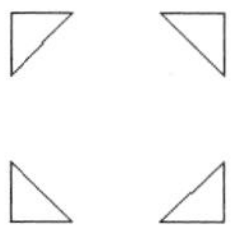 　　　　　　　　　　　　　图 4-91

3．交运算操作

交运算操作将根据选中的面域的公共部分，创建一个新面域。利用"交集"命令即可进行交运算操作。

启用命令的方法如下。

- 工具栏：单击"实体编辑"工具栏中的"交集"按钮 。
- 菜单命令：在菜单栏中选择"修改 > 实体编辑 > 交集"命令。
- 命令行：在命令提示窗口中输入 INTERSECT。

选择"修改 > 实体编辑 > 交集"菜单命令，启用"交集"命令，然后依次选择相应的面域，按 Enter 键即可对所有选中的面域进行交运算操作，操作完成后会得到公共部分的面域。命令提示窗口中的操作步骤如下。

命令：_region   //单击"面域"按钮 🔲
选择对象：找到 1 个，总计 2 个   //利用框选的方式选择图 4-92 中的两个矩形
选择对象：   //按 Enter 键
已创建 2 个面域。   //创建了两个面域
命令：_intersect   //选择"修改 > 实体编辑 > 交集"菜单命令
选择对象：指定对角点：找到 2 个   //利用框选的方式选择图 4-92 中的两个矩形
选择对象：   //按 Enter 键，新面域如图 4-93 所示

图 4-92

图 4-93

🔒 **小提示**　　若用户选取的面域未相交，AutoCAD 2020 中文版将删除所有选中的面域。

4.7　创建边界

边界是一条封闭的多段线，可以由多段线、线段、圆弧、圆、椭圆弧、椭圆或样条曲线等对象构成。利用"边界"命令，可以在任意封闭的区域中创建一个边界。此外，还可以利用"边界"命令创建面域。

启用命令的方法如下。

- 菜单命令：在菜单栏中选择"绘图 > 边界"命令。
- 命令行：在命令提示窗口中输入 BOUNDARY。

选择"绘图 > 边界"菜单命令，启用"边界"命令，弹出"边界创建"对话框，如图 4-94 所示。单击"拾取点"按钮 🔳，然后在绘图窗口中单击确定一点，系统会自动对该点所在区域进行分析，若该区域是封闭的，

图 4-94

则根据该区域的边界线生成一条多段线作为边界。命令提示窗口中的操作步骤如下。

命令：_boundary   //选择"绘图 > 边界"菜单命令，弹出"边界创建"

                 //对话框，单击"拾取点"按钮▦

选择内部点：正在选择所有对象…   //在图 4-95 中的 A 点位置单击

正在分析内部孤岛…

选择内部点：   //按 Enter 键

BOUNDARY 已创建 1 个多段线   //创建了一条多段线作为边界

创建边界之前的图形如图 4-96 所示，可见图形中的线条是相互独立的；创建边界之后的图形如图 4-97 所示，可见其边界为一条多段线。

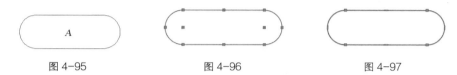

图 4-95   图 4-96   图 4-97

"边界创建"对话框中的选项说明如下。

- "拾取点"按钮▦：用于根据围绕指定点构成封闭区域的现有对象来确定边界。
- "孤岛检测"复选框：用于控制是否检测内部闭合边界，该边界称为"孤岛"。

在"边界保留"选项组中，"多段线"选项为默认的对象类型，用于创建一条多段线作为某区域的边界。选择"面域"选项后，可以利用"边界"命令创建面域。

在"边界集"选项组中单击"新建"按钮✛，可以选择新的边界集。

小提示

> 边界与面域的外观相同，但两者是有区别的。面域是一个二维区域，具有面积、周长、形心等几何特征；边界只是一条多段线。

4.8   课堂练习——绘制墙体图形

微课

绘制墙体图形

练习知识要点

利用"多线"命令绘制墙体图形，效果如图 4-98 所示。

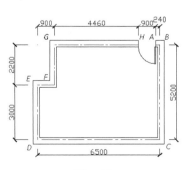

图 4-98

效果文件所在位置

云盘/Ch04/DWG/墙体。

4.9 　**课后习题——绘制钢琴平面图形**

 习题知识要点

利用"多段线"命令绘制钢琴平面图形，效果如图 4-99 所示。

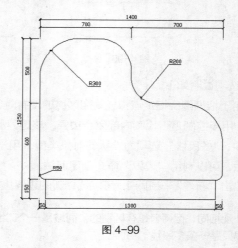

图 4-99

 效果文件所在位置

云盘/Ch04/DWG/钢琴。

05

第5章
编辑建筑图形

本章介绍

　　本章主要介绍如何对建筑图形进行选择和编辑，如复制图形对象、调整图形对象的位置、调整图形对象的大小和形状，以及编辑图形对象的其他操作和倒角操作等。通过本章的学习，读者可以对基本建筑图形进行编辑，具备处理图形的技能，从而能够完成一些复杂的建筑工程图的绘制。

学习目标

- 掌握选择和快速选择图形对象的方法。
- 掌握图形对象的复制、镜像、偏移、阵列、移动和旋转方法。
- 掌握"缩放""拉伸""拉长"命令的应用方法。
- 掌握"修剪""延伸""打断""合并""分解""删除"命令的应用方法。
- 掌握倒棱角和倒圆角操作。
- 掌握利用夹点拉伸、移动或复制、旋转、镜像和缩放图形对象的方法。
- 掌握图形对象属性的修改与匹配方法。

技能目标

- 掌握复印机图形的绘制方法。
- 掌握会议桌布置图形的绘制方法。
- 掌握双人沙发图形的绘制方法。
- 掌握电脑桌图形的绘制方法。

素养目标

- 使学生秉持不惧困难的学习态度。

5.1 选择图形对象

AutoCAD 2020 中文版提供了多种选择对象的方法，对于不同的图形、不同位置的对象，可使用不同的选择方法。下面详细介绍几种选择图形对象的方法。

5.1.1 选择图形对象的方法

AutoCAD 2020 中文版提供了多种选择图形对象的方法，在通常情况下，可以通过鼠标逐个点选图形对象，也可以利用矩形框、交叉矩形框选择图形对象，同时还可以利用多边形、交叉多边形和折线等选择图形对象。

1．选择单个图形对象

选择单个图形对象的方法叫作点选，又叫作单选。点选是最简单、最常用的选择图形对象的方法。

● 利用十字光标直接选择图形对象。

利用十字光标选择图形对象，被选中的图形对象以带有夹点的形式高亮显示，如图 5-1 所示。如果需要连续选择多个图形对象，可以继续单击需要选择的图形对象。

● 利用拾取框选择图形对象。

当启用某个命令后，如单击"修改"工具栏中的"旋转"按钮 ⟳，十字光标会变成一个小方框，这个小方框叫作拾取框。命令提示窗口中出现"选择对象："字样时，用拾取框单击要选择的图形对象，

被选中的图形对象会高亮显示，如图 5-2 所示。如果需要连续选择多个图形对象，可以继续单击要选择的图形对象。

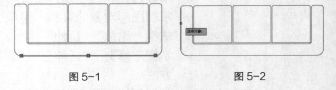

图 5-1　　　　　　图 5-2

2．利用矩形框选择图形对象

在要选择的多个图形对象的左上角或左下角单击，并向右下角或右上角方向移动十字光标，系统将显示一个背景为淡蓝色的矩形框，当矩形框将需要选择的图形对象包围后，单击，包含在矩形框中的所有图形对象就会被选中，如图 5-3 所示，被选中的图形对象以带有夹点的形式高亮显示。

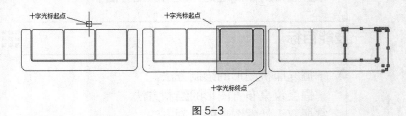

图 5-3

3．利用交叉矩形框选择图形对象

在需要选择的图形对象右上角或右下角单击，并向左下角或左上角方向移动十字光标，系统将显示一个背景为绿色的矩形虚线框，当虚线框将需要选择的图形对象包围后，单击，被虚线框包围和与虚线框相交的所有图形对象均会被选中，如图 5-4 所示，被选中的图形对象以带有夹点的形式高亮显示。

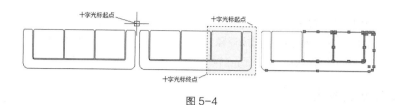

图 5-4

🔒 **小提示**　　利用矩形框选择图形对象时，与矩形框边线相交的图形对象不会被选择；而利用交叉矩形框选择图形对象时，与矩形虚线框边线相交的图形对象会被选择。

4. 利用多边形选择图形对象

当 AutoCAD 2020 中文版提示"选择对象:"时，在命令提示窗口中输入"wp"并按 Enter 键，用户可以通过绘制一个封闭的多边形来选择图形对象，凡是包含在多边形内的图形对象都将被选中。

下面通过"复制"命令来讲解这种方法，如图 5-5 所示。命令提示窗口中的操作步骤如下。

命令: _copy　　　　　　　　　　　　//单击"复制"按钮 ⌗

选择对象: wp　　　　　　　　　　　　//输入"wp"，按 Enter 键

第一个圈围点或拾取/拖动光标:　　　　//在 A 点处单击

指定直线的端点或 [放弃(U)]:　　　　//在 B 点处单击

指定直线的端点或 [放弃(U)]:　　　　//在 C 点处单击

指定直线的端点或 [放弃(U)]:　　　　//在 D 点处单击

指定直线的端点或 [放弃(U)]:　　　　//在 E 点处单击

指定直线的端点或 [放弃(U)]:　　　　//将十字光标移至 F 点处并单击，按 Enter 键

找到 1 个

选择对象:　　　　　　　　　　　　　//按 Enter 键

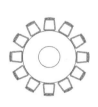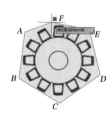

图 5-5

5. 利用交叉多边形选择图形对象

当 AutoCAD 2020 中文版提示"选择对象:"时，在命令提示窗口中输入"cp"并按 Enter 键，用户可以通过绘制一个封闭的多边形来选择图形对象，凡是包含在多边形内及与多边形相交的图形对象都将被选中。

6. 利用折线选择图形对象

当 AutoCAD 2020 中文版提示"选择对象:"时，在命令提示窗口中输入"f"并按 Enter 键，用户可以连续单击以绘制一条折线，绘制完折线后按 Enter 键，此时所有与折线相交的图形对象都将被选中。

7. 选择最后创建的图形对象

当 AutoCAD 2020 中文版提示"选择对象:"时，在命令提示窗口中输入"l"并按 Enter 键，用户可以选择最后创建的图形对象。

5.1.2 快速选择图形对象

利用快速选择功能，可以快速地将指定类型的图形对象或具有特定属性值的图形对象选中。

启用命令的方法如下。

- 菜单命令：在菜单栏中选择"工具 > 快速选择"命令。
- 命令行：在命令提示窗口中输入 QSELECT。

选择"工具 > 快速选择"菜单命令，启用"快速选择"命令，弹出"快速选择"对话框，如图 5-6 所示。通过该对话框可以快速选择图形对象。

图 5-6

小提示

在绘图窗口内单击鼠标右键，弹出快捷菜单，选择"快速选择"命令，也可以打开"快速选择"对话框。

5.2   复制图形对象的方法

建筑工程图中经常存在结构相同或相似的图形对象。在 AutoCAD 2020 中文版中，不需要对这些图形对象进行重复绘制，因为 AutoCAD 2020 中文版提供了多种复制图形对象的命令。

5.2.1 课堂案例——绘制复印机图形

案例学习目标

掌握"阵列"命令。

案例知识要点

利用"阵列"命令绘制复印机图形，效果如图 5-7 所示。

效果文件所在位置

云盘/Ch05/DWG/复印机。

微课

绘制复印机图形

（1）打开图形文件。选择"文件 > 打开"菜单命令，打开云盘文件中的"Ch05 > 素材 > 复印机"文件，如图 5-8 所示。

（2）阵列线段。单击"修改"工具栏中的"矩形阵列"按钮 ，对线段进行阵列操作。命令提示窗口中的操作步骤如下。

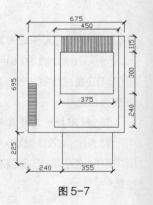

图 5-7

命令: _arrayrect   //单击"矩形阵列"按钮

选择对象: 找到 1 个   //选择线段, 如图 5-9 所示

选择对象: //按 Enter 键

类型 = 矩形   关联 = 是

选择夹点以编辑阵列或 [关联(AS)/基点(B)/计数(COU)/间距(S)/列数(COL)/行数(R)/层数(L)/退
出(X)] <退出>: COL   //选择"列数"选项

输入列数数或 [表达式(E)] <4>: 1   //输入列数值

指定列数之间的距离或 [总计(T)/表达式(E)] <82.5>:   //按 Enter 键

选择夹点以编辑阵列或 [关联(AS)/基点(B)/计数(COU)/间距(S)/列数(COL)/行数(R)/层数(L)/退
出(X)] <退出>: R   //选择"行数"选项

输入行数数或 [表达式(E)] <3>: 31   //输入行数值

指定行数之间的距离或 [总计(T)/表达式(E)] <1>: 10   //输入行间距值

指定行数之间的标高增量或 [表达式(E)] <0>:   //按 Enter 键

选择夹点以编辑阵列或 [关联(AS)/基点(B)/计数(COU)/间距(S)/列数(COL)/行数(R)/层数(L)/退
出(X)] <退出>:   //按 Enter 键, 效果如图 5-10 所示

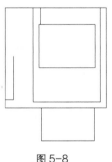

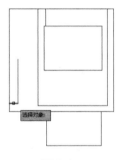

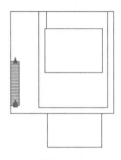

图 5-8   图 5-9   图 5-10

（3）阵列线段。单击"修改"工具栏中的"矩形阵列"按钮，对线段进行阵列操作。命令提示
窗口中的操作步骤如下。

命令: _arrayrect   //单击"矩形阵列"按钮

选择对象: 找到 1 个   //选择线段, 如图 5-11 所示

选择对象: //按 Enter 键

类型 = 矩形   关联 = 是

选择夹点以编辑阵列或 [关联(AS)/基点(B)/计数(COU)/间距(S)/列数(COL)/行数(R)/层数(L)/退
出(X)] <退出>: R   //选择"行数"选项

输入行数数或 [表达式(E)] <3>: 1   //输入行数值

指定行数之间的距离或 [总计(T)/表达式(E)] <172.5>:   //按 Enter 键

指定行数之间的标高增量或 [表达式(E)] <0>:   //按 Enter 键

选择夹点以编辑阵列或 [关联(AS)/基点(B)/计数(COU)/间距(S)/列数(COL)/行数(R)/层数(L)/退
出(X)] <退出>: COL   //选择"列数"选项

输入列数数或 [表达式(E)] <4>: 36   //输入列数值

指定列数之间的距离或 [总计(T)/表达式(E)] <1>：10　　　　　//输入列间距值

选择夹点以编辑阵列或 [关联(AS)/基点(B)/计数(COU)/间距(S)/列数(COL)/行数(R)/层数(L)/退

出(X)] <退出>：　　　　　　　　　　　　　　　　　//按 Enter 键，效果如图 5-12 所示

（4）复印机图形绘制完成，效果如图 5-13 所示。

| 图 5-11 | 图 5-12 | 图 5-13 |

5.2.2　复制图形对象

在绘图过程中，经常会遇到需要绘制相同图形对象的情况，这时可以启用"复制"命令，将图形对象复制到图中相应的位置。

启用命令的方法如下。

- 工具栏：单击"修改"工具栏中的"复制"按钮 ⧉。
- 菜单命令：在菜单栏中选择"修改 > 复制"命令。
- 命令行：在命令提示窗口中输入 COPY（快捷命令为 CO）。

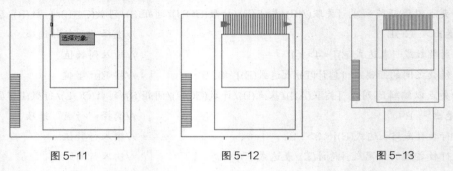

图 5-14

选择"修改 > 复制"菜单命令，启用"复制"命令，复制图形对象，如图 5-14 所示。命令提示窗口中的操作步骤如下。

命令：_copy　　　　　　　　　　　　　//选择"修改 > 复制"菜单命令

选择对象：找到 1 个　　　　　　　　　　//选择矩形

选择对象：　　　　　　　　　　　　　　//按 Enter 键

指定基点或 [位移(D)/模式(O)] <位移>：

指定第二个点或 <使用第一个点作为位移>：

　　　　　　　　　　　　　　　　//单击矩形与线段的交点作为基点

指定第二个点或 [阵列(A)] <使用第一个点作为位移>：　//单击确定图形复制的第二个点

指定第二个点或 [阵列(A)/退出(E)/放弃(U)] <退出>：　//按 Enter 键

> **小提示**　　进行复制操作的时候，当提示指定第二个点时，可以利用鼠标单击指定，也可以通过输入坐标来指定。

5.2.3　镜像图形对象

在绘制图形的过程中，经常会遇到需要绘制对称图形的情况，这时可以利用"镜像"命令来绘制对称图形。启用"镜像"命令时，可以任意定义两点指定镜像线来镜像图形对象，同时还可以选择删

除或保留原来的图形对象。

启用命令的方法如下。

- 工具栏：单击"修改"工具栏中的"镜像"按钮 ⚠。
- 菜单命令：在菜单栏中选择"修改 > 镜像"命令。
- 命令行：在命令提示窗口中输入 MIRROR（快捷命令为 MI）。

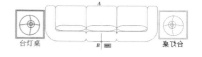

选择"修改 > 镜像"命令，启用"镜像"命令，绘制图 5-15 所示的图形。命令提示窗口中的操作步骤如下。

图 5-15

命令：_mirror	//选择"修改 > 镜像"菜单命令
选择对象：指定对角点：找到 2 个	//选择台灯桌图形对象
选择对象：	//按 Enter 键
指定镜像线的第一点：<对象捕捉 开>	//打开"对象捕捉"开关，捕捉沙发的中点 A
指定镜像线的第二点：	//捕捉沙发的中点 B
是否删除源对象？ [是(Y)/否(N)] <N>：	//按 Enter 键

提示选项说明如下。

- 是（Y）：在进行图形镜像时，删除源图形对象，如图 5-16 所示。
- 否（N）：在进行图形镜像时，不删除源图形对象。

对文字进行镜像操作时，会出现前后颠倒的现象。如果不需要文字前后颠倒，用户需将系统变量 MIRRTEXT 的值设置为"0"，效果如图 5-17 所示。命令提示窗口中的操作步骤如下。

命令：_mirrtext	//输入命令"mirrtext"
输入 MIRRTEXT 的新值 <1>：0	//输入新值

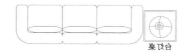

图 5-16

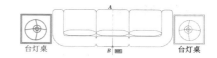

图 5-17

5.2.4　偏移图形对象

利用"偏移"命令可以绘制一个与原图形相似的新图形。在 AutoCAD 2020 中文版中，可以进行偏移操作的图形对象有线段、圆弧、圆、二维多段线、椭圆、椭圆弧、构造线、射线和样条曲线等。

启用命令的方法如下。

- 工具栏：单击"修改"工具栏中的"偏移"按钮 ⊂。
- 菜单命令：在菜单栏中选择"修改 > 偏移"命令。
- 命令行：在命令提示窗口中输入 OFFSET（快捷命令为 O）。

选择"修改 > 偏移"菜单命令，启用"偏移"命令，偏移图形对象，如图 5-18 所示。命令提示窗口中的操作步骤如下。

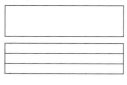

图 5-18

命令：_offset　　　　　　　　　　　　　　//选择"修改 > 偏移"菜单命令
当前设置：删除源=否　图层=源　OFFSETGAPTYPE=0

指定偏移距离或 [通过(T)/删除(E)/图层(L)] <通过>: 80　　//输入偏移距离值

选择要偏移的对象，或 [退出(E)/放弃(U)] <退出>:　　　　　//选择图 5-18 中的矩形上边

指定要偏移的那一侧上的点，或 [退出(E)/多个(M)/放弃(U)] <退出>: M

　　　　　　　　　　　　　　　　　　　　　　　　　//选择"多个"选项

指定要偏移的那一侧上的点，或 [退出(E)/放弃(U)] <下一个对象>: //单击偏移图形对象的下方

指定要偏移的那一侧上的点，或 [退出(E)/放弃(U)] <下一个对象>: //单击偏移图形对象的下方

指定要偏移的那一侧上的点，或 [退出(E)/放弃(U)] <下一个对象>: //按 Enter 键

选择要偏移的对象，或 [退出(E)/放弃(U)] <退出>:　　　　　//按 Enter 键

用户也可用通过点的方式来确定偏移距离。命令提示窗口中的操作步骤如下。

命令: _offset　　　　　　　　　　　　　　　//选择"修改 > 偏移"菜单命令

当前设置: 删除源=否　图层=源　OFFSETGAPTYPE=0

指定偏移距离或 [通过(T)/删除(E)/图层(L)] <通过>: T　//选择"通过"选项

选择要偏移的对象，或 [退出(E)/放弃(U)] <退出>:　　　　//选择图 5-19 中的上侧水平线段

指定通过点或 [退出(E)/多个(M)/放弃(U)] <退出>:　　　　//单击 A 点

选择要偏移的对象，或 [退出(E)/放弃(U)] <退出>:　　　　//选择偏移后的水平线段

指定通过点或 [退出(E)/多个(M)/放弃(U)] <退出>:　　　　//单击 B 点

选择要偏移的对象，或 [退出(E)/放弃(U)] <退出>:　　　　//按 Enter 键，效果如图 5-20 所示

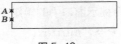

图 5-19

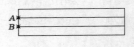

图 5-20

5.2.5　阵列图形对象

利用"阵列"命令可以绘制多个相同的图形对象，"阵列"工具栏如图 5-21 所示。对于矩形阵列，用户需要指定行和列的数目、行或列之间的距离，效果如图 5-22 所示；对于路径阵列，用户需要指定阵列曲线、复制图形对象的数目及方向，效果如图 5-23 所示；对于环形阵列，用户需要指定复制图形对象的数目及图形对象是否旋转，效果如图 5-24 所示。

图 5-21

启用命令的方法如下。

- 菜单命令：在菜单栏中选择"修改 > 阵列"命令。
- 命令行：在命令提示窗口中输入 ARRAY（快捷命令为 AR）。

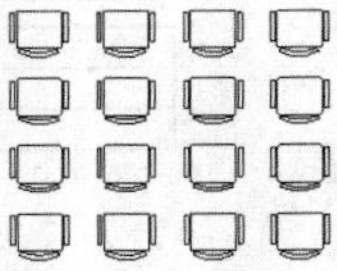

图 5-22

图 5-23

图 5-24

5.3 调整图形对象的位置

在绘制建筑工程图的过程中，有时需要对所绘制的图形对象进行移动、旋转和对齐等操作。下面分别介绍相关命令。

微课

绘制会议桌布置图形

5.3.1 课堂案例——绘制会议桌布置图形

案例学习目标

掌握调整图形对象的各种命令。

案例知识要点

综合运用“复制”命令、“旋转”命令、“移动”命令、“镜像”命令绘制会议桌布置图形，效果如图 5-25 所示。

图 5-25

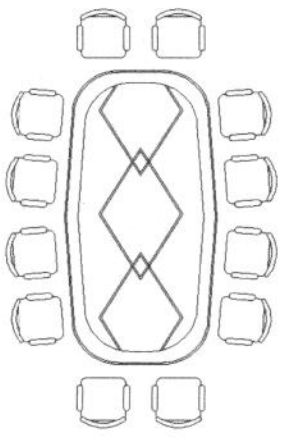

效果文件所在位置

云盘/Ch05/DWG/会议桌布置图形。

（1）打开图形文件。选择“文件 > 打开”菜单命令，打开云盘文件中的“Ch05 > 素材 > 会议桌布置图形”文件，如图 5-26 所示。

（2）编辑会议椅图形。单击“修改”工具栏中的“复制”按钮，打开“对象捕捉”和“对象捕捉追踪”开关，复制会议椅图形，效果如图 5-27 所示。单击“修改”工具栏中的“旋转”按钮，旋转会议椅图形。单击“修改”工具栏中的“移动”按钮，移动旋转后的会议椅图形，效果如图 5-28 所示。最后单击“复制”按钮，复制会议椅图形，效果如图 5-29 所示。命令提示窗口中的操作步骤如下。

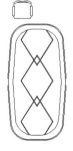

图 5-26

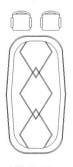

图 5-27

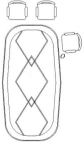

图 5-28

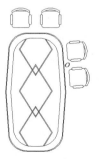

图 5-29

命令: _copy　　//单击“复制”按钮
选择对象: 找到 1 个　　//选择会议椅图形
选择对象:　　//按 Enter 键
指定基点或 [位移(D)/模式(O)] <位移>:　　//单击会议椅底边的中点

指定第二个点或 [阵列(A)]<使用第一个点作为位移>: _from 基点: <偏移>: @325,120

//单击"捕捉自"按钮，单击会议桌
//上边的中点，输入偏移值

指定第二个点或 [阵列(A)] <使用第一个点作为位移>: _from 基点: <偏移>: @-325,120

//单击"捕捉自"按钮，单击会议桌
//下边的中点，输入偏移值

指定第二个点或 [退出(E)/放弃(U)] <退出>: //按 Enter 键

命令: _rotate //单击"旋转"按钮

UCS 当前的正角方向: ANGDIR=逆时针 ANGBASE=0

选择对象: 找到 1 个 //选择插入的会议椅图形

选择对象: //按 Enter 键

指定基点: //单击会议椅底边的中点

指定旋转角度，或 [复制(C)/参照(R)] <0>:-86 //输入旋转角度值

命令: _move //单击"移动"按钮

选择对象: 找到 1 个 //选择旋转后的会议椅图形

选择对象: //按 Enter 键

指定基点或 [位移(D)] <位移>: //单击会议椅底边的中点

指定第二个点或 <使用第一个点作为位移>: _from 基点: <偏移>: @58,429

//单击"捕捉自"按钮，单击会议桌
//侧边的点 O，输入偏移值

命令: _copy //单击"复制"按钮

选择对象: 找到 1 个 //选择刚刚移动的会议椅图形

选择对象: //按 Enter 键

指定基点或 [位移(D)] <位移>: //单击会议椅底边的中点

指定第二个点或 <使用第一个点作为位移>: _from 基点: <偏移>: @107,-165

//单击"捕捉自"按钮，单击会议桌
//侧边的点 O，输入偏移值

指定第二个点或 [退出(E)/放弃(U)] <退出>: //按 Enter 键

（3）镜像会议椅图形。单击"修改"工具栏中的"镜像"按钮，镜像会议椅图形，效果如图 5-30、图 5-31 所示。命令提示窗口中的操作步骤如下。会议桌布置图形绘制完成。

图 5-30

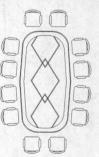

图 5-31

命令: _mirror	//单击"镜像"按钮
选择对象: 指定对角点: 找到 2 个	//选择会议桌上方的两个会议椅图形
选择对象: 指定对角点: 找到 2 个, 总计 4 个	//选择会议桌右侧的两个会议椅图形
选择对象: 指定镜像线的第一点: 指定镜像线的第二点:	//按 Enter 键, 然后分别单击会议
	//桌两侧的顶点 *A* 和 *B*
要删除源对象吗? [是(Y)/否(N)] <N>:	//按 Enter 键
命令: _mirror	//单击"镜像"按钮
选择对象: 指定对角点: 找到 4 个	//选择会议桌右侧的 4 个会议椅图形
选择对象: 指定镜像线的第一点: 指定镜像线的第二点:	//按 Enter 键, 然后分别单击会议
	//桌上边和下边的中点
要删除源对象吗? [是(Y)/否(N)] <N>:	//按 Enter 键

5.3.2　移动图形对象

利用"移动"命令可平移所选的图形对象, 而且不改变图形对象的方向和大小。若想将图形对象精确地移动到指定位置, 可以使用对象捕捉工具栏中的工具进行辅助, 再输入具体坐标进行定位。

启用命令的方法如下。

- 工具栏: 单击"修改"工具栏中的"移动"按钮 。
- 菜单命令: 选择菜单栏中的"修改 > 移动"命令。
- 命令行: 在命令提示窗口中输入 MOVE（快捷命令为 M）。

选择"修改 > 移动"菜单命令, 启用"移动"命令, 将床头柜移动到墙角位置, 如图 5-32 所示。命令提示窗口中的操作步骤如下。

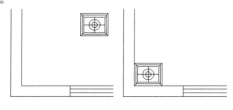

图 5-32

命令: _move	//选择"修改 > 移动"菜单命令
选择对象: 找到 13 个	//用矩形框框选床头柜
选择对象:	//按 Enter 键
指定基点或 [位移(D)] <位移>: <对象捕捉 开>	//打开"对象捕捉"开关, 捕捉床头柜左下
	//角的点
指定第二个点或 <使用第一个点作为位移>:	//捕捉墙角处的交点

5.3.3　旋转图形对象

利用"旋转"命令可以将图形对象绕着某一基点旋转, 从而改变图形对象的方向。用户可以通过指定基点, 然后输入旋转角度的方式来转动图形对象; 也可以以某个方位作为参照, 然后选择一个新图形对象或输入一个新角度值, 来指明所选的图形对象要旋转到的位置。

启用命令的方法如下。

- 工具栏: 单击"修改"工具栏中的"旋转"按钮 。
- 菜单命令: 选择菜单栏中的"修改 > 旋转"命令。
- 命令行: 在命令提示窗口中输入 ROTATE（快捷命令为 RO）。

选择"修改 > 旋转"菜单命令，启用"旋转"命令，将图形沿顺时针方向旋转 45°，如图 5-33 所示。命令提示窗口中的操作步骤如下。

命令：_rotate　　　　　　　　　　　　　　//选择"修改 > 旋转"菜单命令

UCS 当前的正角方向：ANGDIR=逆时针　ANGBASE=0

选择对象：找到 1 个　　　　　　　　　　//选择休闲椅

选择对象：　　　　　　　　　　　　　　//按 Enter 键

指定基点：<对象捕捉 开><对象捕捉追踪 开>　　//打开"对象捕捉""对象捕捉追踪"

　　　　　　　　　　　　　　　　　　//开关，捕捉休闲椅上方边的中点

指定旋转角度，或 [复制(C)/参照(R)] <0>：-45　　//输入旋转角度值

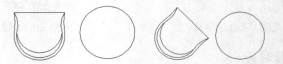

图 5-33

提示选项说明如下。

- 指定旋转角度：指定旋转基点并且输入绝对旋转角度来旋转对象。若输入的旋转角度为正值，则选定图形对象沿逆时针方向旋转；否则选定图形对象沿顺时针方向旋转。
- 复制（C）：旋转并复制指定图形对象，如图 5-34 所示。
- 参照（R）：指定某个方向作为参照，然后选择一个新图形对象以指定源图形对象要旋转到的位置；也可以输入新角度值来确定源图形对象要旋转到的位置，如图 5-35 所示，选择 A、B 两点连线的方向作为参照旋转门图形。

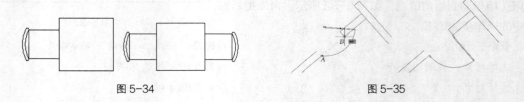

图 5-34　　　　　　　　　　　　　　　　　　　　　图 5-35

5.3.4　对齐图形对象

利用"对齐"命令可以将图形对象移动、旋转或按比例缩放，使之与指定的图形对象对齐。

启用命令的方法如下。

- 菜单命令：在菜单栏中选择"修改 > 三维操作 > 对齐"命令。
- 命令行：在命令提示窗口中输入 ALIGN。

选择"修改 > 三维操作 > 对齐"菜单命令，启用"对齐"命令，将门图形与墙体图形对齐，如图 5-36 所示。命令提示窗口中的操作步骤如下。

命令：_align　　　　　　　　　　　　　　//选择"修改 > 三维操作 > 对齐"菜单命令

选择对象：找到 1 个　　　　　　　　　　//用矩形框框选门图形

选择对象：　　　　　　　　　　　　　　//按 Enter 键

指定第一个源点：<对象捕捉 开>　　　　　//捕捉第一个源点 A

指定第一个目标点：	//捕捉第一个目标点 C
指定第二个源点：	//捕捉第二个源点 B
指定第二个目标点：	//捕捉第二个目标点 D
指定第三个源点或 <继续>：	//按 Enter 键
是否基于对齐点缩放对象? [是(Y)/否(N)] <否>：	//按 Enter 键

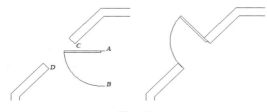

图 5-36

5.4 调整图形对象的大小或形状

　　AutoCAD 2020 中文版提供了多种命令来调整图形对象的大小或形状。下面介绍调整图形对象大小或形状的方法。

5.4.1 课堂案例——绘制双人沙发图形

案例学习目标

掌握调整图形对象的各种命令。

案例知识要点

综合利用"拉伸"命令、"移动"命令、"复制"命令绘制双人沙发图形，效果如图 5-37 所示。

效果文件所在位置

云盘/Ch05/DWG/双人沙发。

　　（1）打开图形文件。选择"文件 > 打开"菜单命令，打开云盘文件中的"Ch05 > 素材 > 沙发"文件，如图 5-38 所示。

　　（2）移动沙发坐垫图形。单击"修改"工具栏中的"移动"按钮 ✛，将沙发坐垫图形移动到沙发靠背外侧，如图 5-39 所示。

微课

绘制双人沙发
图形

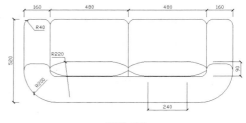

图 5-37

图 5-38

图 5-39

（3）拉伸沙发图形。单击"修改"工具栏中的"拉伸"按钮 ⬚，打开"正交模式"开关，拉伸沙发靠背。命令提示窗口中的操作步骤如下。

命令：_stretch　　　　　　　　　　　　　　//单击"拉伸"按钮 ⬚

以交叉窗口或交叉多边形选择要拉伸的对象…

选择对象：指定对角点：找到 9 个　　　　　//用交叉矩形框选择靠背，如图 5-40 所示

选择对象：　　　　　　　　　　　　　　　//按 Enter 键

指定基点或 [位移(D)] <位移>：　　　　　　//单击沙发图形中的一点

指定第二个点或 <使用第一个点作为位移>：480　//将十字光标向右移动，输入相对于第一点

　　　　　　　　　　　　　　　　　　　　//的距离值，效果如图 5-41 所示

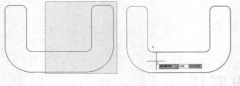

图 5-40　　　　　　　　　　　　　　　　图 5-41

（4）移动并复制沙发坐垫图形。分别单击"修改"工具栏中的"移动"按钮 ✛ 和"复制"按钮 ❀，将沙发坐垫图形移回原位置，并复制出另外一个沙发坐垫图形，效果如图 5-42 所示。

（5）绘制线段。单击"绘图"工具栏中的"直线"按钮 ╱，在沙发坐垫图形之间绘制线段，效果如图 5-43 所示。双人沙发图形绘制完成。

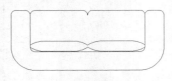
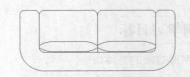

图 5-42　　　　　　　　　　　　　　图 5-43

5.4.2　拉长图形对象

利用"拉长"命令可以延伸或缩短线段、圆弧、非闭合多段线、椭圆弧和非闭合样条曲线等图形对象，也可以改变圆弧的角度。

启用命令的方法如下。

● 菜单命令："修改 > 拉长"。

● 命令行：LENGTHEN（快捷命令 LEN）。

选择"修改 > 拉长"菜单命令，启用"拉长"命令，拉长线段 AC、BD，如图 5-44 所示。命令提示窗口中的操作步骤如下。

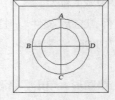
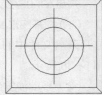

图 5-44

命令：_lengthen　　　　　　　　　　　　//选择"修改 > 拉长"菜单命令

选择要测量的对象或 [增量(DE)/百分数(P)/总计(T)/动态(DY)] <增量(DE)>：DE

　　　　　　　　　　　　　　　　　　　//选择"增量"选项

输入长度增量或 [角度(A)] <0.0000>：5　　//输入长度增量值

选择要修改的对象或 [放弃(U)]:	//在 A 点附近单击线段 AC
选择要修改的对象或 [放弃(U)]:	//在 B 点附近单击线段 BD
选择要修改的对象或 [放弃(U)]:	//在 C 点附近单击线段 AC
选择要修改的对象或 [放弃(U)]:	//在 D 点附近单击线段 BD
选择要修改的对象或 [放弃(U)]:	//按 Enter 键

提示选项说明如下。

- 对象：系统的默认项，用于查看所选图形对象的长度。
- 增量（DE）：以指定的增量值修改图形对象的长度，该增量从距离选择点最近的端点处开始测量；此外，还可以修改圆弧的角度。若输入的增量值为正值，则增长图形对象；若输入负值，则缩短图形对象。
- 百分数（P）：通过指定占图形对象总长度的百分比来改变图形对象的长度。
- 总计（T）：通过输入新的总长度来设置选定图形对象的长度，也可以按照指定的总角度设置选定圆弧的包含角。
- 动态（DY）：通过动态拖曳模式改变图形对象的长度。

5.4.3　拉伸图形对象

利用"拉伸"命令可以在一个方向上按用户指定的尺寸拉伸、缩短和移动图形对象。"拉伸"命令通过改变端点的位置来拉伸或缩短图形对象，编辑过程中，除被拉伸、缩短的图形对象之外，其他图形对象间的几何关系将保持不变。

可进行拉伸的图形对象有圆弧、椭圆弧、线段、多段线、二维实体、射线和样条曲线等。

启用命令的方法如下。

- 工具栏：单击"修改"工具栏中的"拉伸"按钮。
- 菜单命令：在菜单栏中选择"修改 > 拉伸"命令。
- 命令行：在命令提示窗口中输入 STRETCH（快捷命令为 S）。

选择"修改 > 拉伸"菜单命令，启用"拉伸"命令，将沙发图形拉伸，如图 5-45 所示。命令提示窗口中的操作步骤如下。

命令：_stretch	//选择"修改 > 拉伸"菜单命令
以交叉窗口或交叉多边形选择要拉伸的对象…	
选择对象：指定对角点：找到 9 个	//用交叉矩形框选择要拉伸的图形对象，如图 5-46 所示
选择对象：	
指定基点或 [位移(D)] <位移>:	//单击确定 A 点的位置
指定第二个点或 <使用第一个点作为位移>：　1000	//输入距离值，确定 B 点的位置

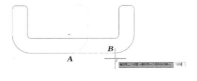

图 5-45

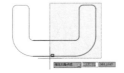

图 5-46

在选择图形对象时，若整个图形对象均在交叉矩形框内，则执行命令的结果是对齐移动；若图形对象一端在交叉矩形框内，另一端在外，则有以下拉伸规则。

线段：框外端点不动，框内端点移动。

圆弧：框外端点不动，框内端点移动，并且在圆弧的改变过程中，圆弧的弦高保持不变，由此来调整圆心的位置。

多段线：与线段或圆弧相似，但多段线的两端宽度、切线方向及曲线拟合信息都不变。

圆、矩形、块、文本：如果其定义点位于交叉矩形框内，则对象移动；否则不移动。其中圆的定义点为圆心，块的定义点为插入点，文本的定义点为字符串基线的左端点。

5.4.4　缩放图形对象

使用"缩放"命令可以将图形对象按指定的比例因子相对于基点放大或缩小。"缩放"命令是一个非常有用的命令，熟练使用该命令可以节省绘图时间。

启用命令的方法如下。

- 工具栏：单击"修改"工具栏中的"缩放"按钮 □ 。
- 菜单命令：在菜单栏中选择"修改 > 缩放"命令。
- 命令行：在命令提示窗口中输入 SCALE（快捷命令为 SC）。

选择"修改 > 缩放"菜单命令，启用"缩放"命令，将图形对

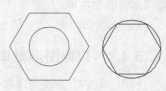

图 5-47

象缩小，如图 5-47 所示。命令提示窗口中的操作步骤如下。

命令：_scale　　　　　　　　　　　　　　　//选择"修改 > 缩放"菜单命令

选择对象:找到 1 个　　　　　　　　　　　　//选择正六边形

选择对象:　　　　　　　　　　　　　　　　//按 Enter 键

指定基点:＜对象捕捉 开＞　　　　　　　　　//打开"对象捕捉"开关，捕捉圆心

指定比例因子或 [复制(C)/参照(R)] <1.0000>：　0.5　　//输入缩放比例因子

小提示　　当输入的比例因子大于 1 时，图形对象放大；当输入的比例因子小于 1 时，图形对象缩小。比例因子必须为大于 0 的数值。

提示选项说明如下。

- 指定比例因子：指定旋转基点并且输入比例因子来缩放图形对象。
- 复制（C）：复制并缩放指定图形对象，如图 5-48 所示。
- 参照（R）：以参照方式缩放图形对象。当用户输入参考长度和新长度时，系统会把新长度和参考长度作为比例因子对图形对象进行缩放，如图 5-49 所示，以 *AB* 边的长度作为参照，并输入新的长度值。

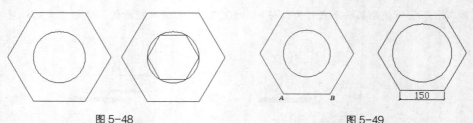

图 5-48　　　　　　　　　　　　　　　　　　图 5-49

5.5 编辑图形对象

在 AutoCAD 2020 中文版中绘制复杂的工程图时，一般先绘制出图形的基本形状，然后再使用编辑工具对图形对象进行编辑，如修剪、延伸、打断、合并、分解，以及删除一些线段等。

5.5.1 修剪图形对象

在编辑图形对象时，"修剪"命令是比较常用的。在绘制图形时，一般会先粗略绘制一些图形对象，然后利用"修剪"命令将多余的线段修剪掉。

启用命令的方法如下。

- 工具栏：单击"修改"工具栏中的"修剪"按钮 ✂ 。
- 菜单命令：在菜单栏中选择"修改 > 修剪"命令。
- 命令行：在命令提示窗口中输入 TRIM（快捷命令为 TR）。

选择"修改 > 修剪"菜单命令，启用"修剪"命令，修剪图形对象，如图 5-50 所示。命令提示窗口中的操作步骤如下。

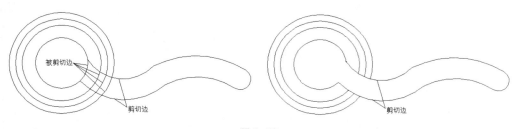

图 5-50

命令：_trim   //选择"修改 > 修剪"菜单命令

当前设置：投影=UCS，边=无

选择剪切边…

选择对象或 <全部选择>： 指定对角点：找到 2 个   //用交叉矩形框选择圆弧作为剪切边

选择对象：   //按 Enter 键

选择要修剪的对象或按住 Shift 键选择要延伸的对象，或者

[栏选(F)/窗交(C)/投影(P)/边(E)/删除(R)]：   //依次选择要修剪的线段

选择要修剪的对象或按住 Shift 键选择要延伸的对象，或者

[栏选(F)/窗交(C)/投影(P)/边(E)/删除(R)/放弃(U)]：

选择要修剪的对象或按住 Shift 键选择要延伸的对象，或者

[栏选(F)/窗交(C)/投影(P)/边(E)/删除(R)/放弃(U)]：

选择要修剪的对象或按住 Shift 键选择要延伸的对象，或者

[栏选(F)/窗交(C)/投影(P)/边(E)/删除(R)/放弃(U)]：

选择要修剪的对象或按住 Shift 键选择要延伸的对象，或者

[栏选(F)/窗交(C)/投影(P)/边(E)/删除(R)/放弃(U)]：   //按 Enter 键

提示选项说明如下。

● 栏选（F）：选择与栏选相交的所有对象。使用"修剪"命令修剪与线段 *AB*、*CD* 相交的多条线段，如图 5-51 所示。命令提示窗口中的操作步骤如下。

命令：_trim   //选择"修改 > 修剪"菜单命令

选择剪切边...

选择对象或 <全部选择>：指定对角点：找到 1 个，总计 2 个

                                      //用交叉矩形框选择线段 *AB*、*CD* 作为剪切边

选择对象：   //按 Enter 键

选择要修剪的对象或按住 Shift 键选择要延伸的对象，或者

[栏选(F)/窗交(C)/投影(P)/边(E)/删除(R)]：F   //选择"栏选"选项

指定第一栏选点或拾取/拖动光标：   //在线段 *AB*、*CD* 中间多条线段的上方单击

指定下一个栏选点或 [放弃(U)]：   //在下方单击，使栏选线穿过需要修剪的线段

指定下一个栏选点或 [放弃(U)]：   //按 Enter 键

选择要修剪的对象或按住 Shift 键选择要延伸的对象，或者

[栏选(F)/窗交(C)/投影(P)/边(E)/删除(R)/放弃(U)]：   //按 Enter 键

图 5-51

● 窗交（C）：选择矩形区域的内部与之相交的对象。使用"修剪"命令修剪与圆相交的多条线段，如图 5-52 所示。命令提示窗口中的操作步骤如下。

图 5-52

命令：_trim   //选择"修改 > 修剪"菜单命令

选择剪切边...

选择对象或：找到 1 个，总计 2 个   //选择两段圆弧作为剪切边

选择对象：   //按 Enter 键

选择要修剪的对象或按住 Shift 键选择要延伸的对象，或者

[栏选(F)/窗交(C)/投影(P)/边(E)/删除(R)]：C   //选择"窗交"选项

指定第一个角点：指定对角点：   //单击确定窗交矩形的第一点和对角点

选择要修剪的对象或按住 Shift 键选择要延伸的对象，或者

[栏选(F)/窗交(C)/投影(P)/边(E)/删除(R)/放弃(U)]：   //按 Enter 键

🔒 **小提示**　　当某些要修剪的图形对象交叉选择不确定时,"修剪"命令将沿着窗交矩形从第一个点以顺时针方向选择遇到的第一个图形对象。

- 投影(P):指定修剪对象时 AutoCAD 2020 中文版使用的投影模式。输入字母"P",按 Enter 键,命令提示窗口中的提示如下。

输入投影选项 [无(N)/UCS(U)/视图(V)] <UCS>:

其中,输入字母"N",按 Enter 键,表示按三维方式修剪,该选项对只在三维空间相交的图形对象有效;输入字母"U",按 Enter 键,表示在当前 UCS 的 xy 平面上修剪,也可以在 xy 平面上按投影关系修剪在三维空间中没有相交的图形对象;输入字母"V",按 Enter 键,表示在当前视图平面上修剪。

- 边(E):用于确定修剪方式。输入字母"E",按 Enter 键,命令提示窗口中的提示如下。

输入隐含边延伸模式 [延伸(E)/不延伸(N)] <延伸>:

其中,输入字母"E",按 Enter 键,系统按照延伸方式修剪,如果剪切边界没有与被剪切边相交,AutoCAD 2020 中文版会将剪切边界延长(假设情况,并未实际延长),然后再进行修剪;输入字母"N",按 Enter 键,系统按照剪切边界与剪切边的实际相交情况修剪。如果被剪切边与剪切边没有相交,则不进行剪切。

- 放弃(U):输入字母"U",按 Enter 键,放弃上一次的操作。

利用"修剪"命令编辑图形对象时,按住 Shift 键进行选择,系统将执行"延伸"命令,将选择的图形对象延伸到剪切边界,如图 5-53 所示。

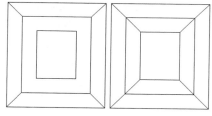

图 5-53

5.5.2　延伸图形对象

利用"延伸"命令可以将线段、曲线等图形对象延伸到一个边界对象,使其与边界对象相交。有时边界对象可能是隐含边界,这时图形对象延伸后并不与边界对象直接相交,而是与边界对象的隐含部分相交。

启用命令的方法如下。

- 工具栏:单击"修改"工具栏中的"延伸"按钮 →/。
- 菜单命令:在菜单栏中选择"修改 > 延伸"命令。
- 命令行:在命令提示窗口中输入 EXTEND(快捷命令为 EX)。

选择"修改 > 延伸"菜单命令,启用"延伸"命令,将线段 A 延伸到线段 B,如图 5-54 所示。命令提示窗口中的操作步骤如下。

命令:_extend　　　　　　　　　　　　　　//选择"修改 > 延伸"菜单命令

当前设置:投影=UCS,边=无

选择边界的边...

选择对象或 <全部选择>:　找到 1 个　　　//选择线段 B 作为延伸边

选择对象:　　　　　　　　　　　　　　//按 Enter 键

选择要延伸的对象或按住 Shift 键选择要修剪的对象,或者

[栏选(F)/窗交(C)/投影(P)/边(E)]:　　　//在 A 点处单击线段 A

选择要延伸的对象，或按住 Shift 键选择要修剪的对象，或

[栏选(F)/窗交(C)/投影(P)/边(E)/放弃(U)]：   //按 Enter 键

若线段 A 延伸后并不与线段 B 直接相交，而是与线段 B 的延长线相交，如图 5-55 所示，则对应命令提示窗口中的操作步骤如下。

命令：_extend   //选择"修改 > 延伸"菜单命令

当前设置：投影=UCS，边=无

选择边界的边…

选择对象：找到 1 个   //选择线段 B 作为延伸边

选择对象：   //按 Enter 键

选择要延伸的对象，或按住 Shift 键选择要修剪的对象，或

[栏选(F)/窗交(C)/投影(P)/边(E)]：E   //选择"边"选项

输入隐含边延伸模式 [延伸(E)/不延伸(N)] <不延伸>：E   //选择"延伸"选项

选择要延伸的对象，或按住 Shift 键选择要修剪的对象，或

[栏选(F)/窗交(C)/投影(P)/边(E)/放弃(U)]：   //在 A 点处单击线段 A

选择要延伸的对象，或按住 Shift 键选择要修剪的对象，或

[栏选(F)/窗交(C)/投影(P)/边(E)/放弃(U)]：   //按 Enter 键

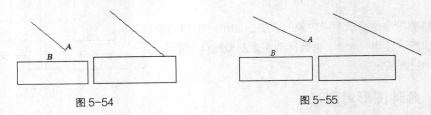

图 5-54   图 5-55

 小提示   在使用"延伸"命令编辑图形对象时，按住 Shift 键进行选择，系统将执行"修剪"命令，将选择的图形对象修剪掉。

5.5.3 打断图形对象

AutoCAD 2020 中文版提供了两种打断图形对象的命令："打断"命令和"打断于点"命令。可以进行打断操作的图形对象有线段、圆、圆弧、多段线、椭圆和样条曲线等。

1."打断"命令

"打断"命令用于将图形对象打断，并删除所选图形对象的一部分，从而将其分为两个部分。

启用命令的方法如下。

- 工具栏：单击"修改"工具栏中的"打断"按钮 。
- 菜单命令：在菜单栏中选择"修改 > 打断"命令。
- 命令行：在命令提示窗口中输入 BREAK（快捷命令为 BR）。

选择"修改 > 打断"菜单命令，启用"打断"命令，将矩形的边打断，如图 5-56 所示。命令提示窗口中的操

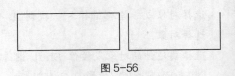

图 5-56

作步骤如下。

命令：_break

选择对象：   //选择"修改 > 打断"菜单命令，单击矩形的一个端点

指定第二个打断点 或 [第一点(F)]： //在另一个端点上单击

提示选项说明如下。

* "指定第二个打断点"选项：在图形对象上选取第二个打断点后，系统会将第一个打断点与第二个打断点之间的部分删除。

* "第一点（F）"选项：默认情况下，在选择图形对象时确定的点即第一个打断点，若需要另外选择一点作为第一个打断点，则可以选择该选项，再单击确定第一个打断点。

2. "打断于点"命令

"打断于点"命令用于打断所选的图形对象，使之变为两个图形对象，但不删除图形对象的任意部分。

单击"修改"工具栏中的"打断于点"按钮□，启用"打断于点"命令，将多段线打断，如图 5-57 所示。命令提示窗口中的操作步骤如下。

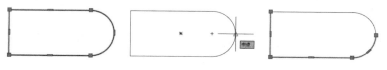

图 5-57

命令：_break

选择对象：   //单击"打断于点"按钮□，选择多段线

指定第二个打断点 或 [第一点(F)]：F

指定第一个打断点：<对象捕捉 开> //在圆弧中点处单击确定打断点

指定第二个打断点：@

命令：   //在多段线的上方单击，可发现多段线被分为两个部分

5.5.4 合并图形对象

利用"合并"命令可以将多个图形对象（如线段、多段线、圆弧、椭圆弧或样条曲线等）合并为一个图形对象。

启用命令的方法如下。

* 工具栏：单击"修改"工具栏中的"合并"按钮⊶。
* 菜单命令：在菜单栏中选择"修改 > 合并"命令。
* 命令行：在命令提示窗口中输入 JOIN（快捷命令为 J）。

选择"修改 > 合并"菜单命令，启用"合并"命令，将多段线合并，如图 5-58 所示。命令提示窗口中的操作步骤如下。

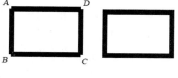

图 5-58

命令：_join   //选择"修改 > 合并"菜单命令

选择源对象或要一次合并的多个对象： 找到 1 个 //选择多段线 *AB*

选择要合并的对象： 找到 1 个，总计 2 个 //选择多段线 *BC*

选择要合并的对象：找到 1 个，总计 3 个　　　//选择多段线 CD

选择要合并的对象：找到 1 个，总计 4 个　　　//选择多段线 AD

选择要合并到源的对象：　　　　　　　　　　//按 Enter 键

> 🔒 **小提示**　合并两条或多条圆弧或椭圆弧时，将从源图形对象开始沿逆时针方向合并圆弧或椭圆弧。

5.5.5　分解图形对象

利用"分解"命令可以把复杂的图形对象或用户定义的块分解成简单的基本图形对象，以便使用编辑工具做进一步操作。

启用命令的方法如下。

- 工具栏：单击"修改"工具栏中的"分解"按钮 🗗。
- 菜单命令：在菜单栏中选择"修改 > 分解"命令。
- 命令行：在命令提示窗口中输入 EXPLODE（快捷命令为 X）。

选择"修改 > 分解"菜单命令，启用"分解"命令，分解图形对象，如图 5-59 所示。命令提示窗口中的操作步骤如下。

命令：_explode　　　　　　　　　　//选择"修改 > 分解"菜单命令

选择对象：　　　　　　　　　　　　//选择正六边形

选择对象：　　　　　　　　　　　　//按 Enter 键

正六边形在分解前是一个独立的图形对象，在分解后是由 6 条线段组成的图形对象。

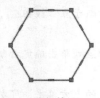
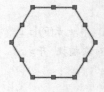

分解前　　　　　　　　　　　　　分解后

图 5-59

5.5.6　删除图形对象

利用"删除"命令，用户可以删除多余的图形对象。

启用命令的方法如下。

- 工具栏：单击"修改"工具栏中的"删除"按钮 ✐。
- 菜单命令：在菜单栏中选择"修改 > 删除"命令。
- 命令行：在命令提示窗口中输入 ERASE（快捷命令为 DEL）。

选择"修改 > 删除"菜单命令，启用"删除"命令，删除图形对象。命令提示窗口中的操作步骤如下。

命令：_erase　　　　　　　　　　　//选择"修改 > 删除"菜单命令

选择对象：找到 1 个　　　　　　　　//选择要删除的图形对象

选择对象：　　　　　　　　　　　　//按 Enter 键

用户也可以先选择要删除的图形对象，然后单击"修改"工具栏中的"删除"按钮 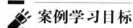 或按 Delete 键。

5.6 倒角操作

倒角操作包括倒棱角和倒圆角。倒棱角是利用一条斜线连接两个图形对象，倒圆角是利用指定半径的圆弧平滑地连接两个图形对象。

5.6.1 课堂案例——绘制电脑桌图形

✎ 案例学习目标

掌握"圆角"命令。

🔒 案例知识要点

利用"直线"命令和"圆角"命令绘制电脑桌图形，效果如图 5-60 所示。

◎ 效果文件所在位置

云盘/Ch05/DWG/电脑桌。

（1）创建图形文件。选择"文件 > 新建"菜单命令，弹出"选择样板"对话框，单击"打开"按钮，创建一个新的图形文件。

（2）绘制图形。单击"直线"按钮 ，打开"正交模式"开关，绘制电脑桌图形，效果如图 5-61 所示。命令提示窗口中的操作步骤如下。

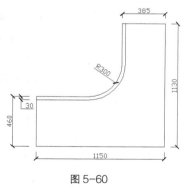

图 5-60

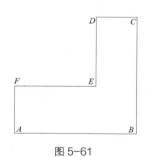

图 5-61

命令：_line

指定第一个点：   //单击"直线"按钮 ，单击确定 A 点

指定下一点或 [放弃(U)]：1150   //将十字光标放在 A 点右侧，输入距离值，
                                                   //确定 B 点

指定下一点或 [退出(E)/放弃(U)]：1130   //将十字光标放在 B 点上方，输入距离值，
                                                   //确定 C 点

指定下一点或 [关闭(C)/退出(X)/放弃(U)]: 385　　　　//将十字光标放在 *C* 点左侧，输入距离值，
　　　　　　　　　　　　　　　　　　　　　　　　　//确定 *D* 点

指定下一点或 [关闭(C)/退出(X)/放弃(U)]: 670　　　　//将十字光标放在 *D* 点下方，输入距离值，
　　　　　　　　　　　　　　　　　　　　　　　　　//确定 *E* 点

指定下一点或 [关闭(C)/退出(X)/放弃(U)]: 765　　　　//将十字光标放在 *E* 点左侧，输入距离值，
　　　　　　　　　　　　　　　　　　　　　　　　　//确定 *F* 点

指定下一点或 [关闭(C)/退出(X)/放弃(U)]: C　　　　　//选择"关闭"选项

（3）倒圆角。单击"修改"工具栏中的"圆角"按钮，进行倒圆角操作，圆角半径为 300，效果如图 5-62 所示。命令提示窗口中的操作步骤如下。

命令：_fillet　　　　　　　　　　　　　　　　　　　//单击"圆角"按钮

当前设置：模式 = 修剪，半径 = 0.0000

选择第一个对象或 [放弃(U)/多段线(P)/半径(R)/修剪(T)/多个(M)]: R　　//选择"半径"选项

指定圆角半径 <0.0000>: 300　　　　　　　　　　　　//输入圆角半径

选择第一个对象或 [放弃(U)/多段线(P)/半径(R)/修剪(T)/多个(M)]:　　//单击图 5-61 中的线
　　　　　　　　　　　　　　　　　　　　　　　　　//段 *DE*

选择第二个对象，或按住 Shift 键选择要应用角点或[半径(R)]:　　//单击图 5-61 中的线
　　　　　　　　　　　　　　　　　　　　　　　　　//段 *EF*

（4）偏移轮廓线。单击"修改"工具栏中的"偏移"按钮，偏移轮廓线，偏移距离均是 30，效果如图 5-63 所示。命令提示窗口中的操作步骤如下。电脑桌图形绘制完成。

命令：_offset　　　　　　　　　　　　　　　　　　　//单击"偏移"按钮

当前设置：删除源=否　图层=源　OFFSETGAPTYPE=0

指定偏移距离或 [通过(T)/删除(E)/图层(L)] <20.0000>: 30　　//输入偏移距离

选择要偏移的对象，或 [退出(E)/放弃(U)] <退出>:　　　//选择要偏移的线段 *AB*

指定要偏移的那一侧上的点，或 [退出(E)/多个(M)/放弃(U)] <退出>:　　//单击线段 *AB* 的下方

选择要偏移的对象，或 [退出(E)/放弃(U)] <退出>:　　　//选择圆弧 *BC*

指定要偏移的那一侧上的点，或 [退出(E)/多个(M)/放弃(U)] <退出>:　　//单击圆弧 *BC* 的下方

选择要偏移的对象，或 [退出(E)/放弃(U)] <退出>:　　　//选择要偏移的线段 *CD*

指定要偏移的那一侧上的点，或 [退出(E)/多个(M)/放弃(U)] <退出>:　　//单击线段 *CD* 的右侧

选择要偏移的对象，或 [退出(E)/放弃(U)] <退出>:　　　//按 Enter 键

图 5-62

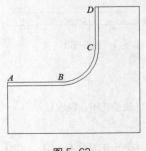

图 5-63

5.6.2 倒棱角

在 AutoCAD 2020 中文版中，利用"倒角"命令可以进行倒棱角操作。

启用命令的方法如下。

- 工具栏：单击"修改"工具栏中的"倒角"按钮。
- 菜单命令：在菜单栏中选择"修改 > 倒角"命令。
- 命令行：在命令提示窗口中输入 CHAMFER（快捷命令为 CHA）。

选择"修改 > 倒角"菜单命令，启用"倒角"命令，然后在线段 AB 与 AD 之间绘制倒角，如图 5-64 所示。命令提示窗口中的操作步骤如下。

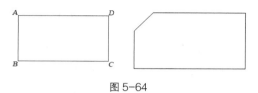

图 5-64

命令：_chamfer   //选择"修改 > 倒角"菜单命令

（"修剪"模式）当前倒角距离 1 = 0.0000，距离 2 = 0.0000

选择第一条直线或 [放弃(U)/多段线(P)/距离(D)/角度(A)/修剪(T)/方式(E)/多个(M)]: D

//选择"距离"选项

指定第一个倒角距离 <0.0000>: 2   //输入第一条边的倒角距离值

指定第二个倒角距离 <2.0000>:   //按 Enter 键

选择第一条直线或 [放弃(U)/多段线(P)/距离(D)/角度(A)/修剪(T)/方式(E)/多个(M)]:

//单击线段 AB

选择第二条直线，或按住 Shift 键选择直线以应用角点或[距离(D)/角度(A)/方法(M)]:

//单击线段 AD

提示选项说明如下。

- 放弃（U）：用于放弃当前操作，恢复至上一个操作。
- 多段线（P）：用于对多段线每个顶点处的相交线段进行倒棱角操作，多段线中将新增一条线段；如果多段线中包含的线段的长度小于倒角距离，则不对这些线段进行倒棱角操作。
- 距离（D）：用于设置倒角与选定边端点的距离。如果将两个倒角距离都设置为 0，AutoCAD 2020 中文版将延伸或修剪相应的两条线段，使二者相交于一点。
- 角度（A）：通过设置第一条线的倒角距离与第一条线的倒角角度来进行倒棱角操作。
- 修剪（T）：用于控制倒棱角操作是否修剪对象。
- 方式（E）：用于控制倒棱角的方式，即选择是通过设置两个倒角距离还是通过设置一个倒角长度和一个倒角角度的方式来创建倒角。
- 多个（M）：用于对多个图形对象进行倒棱角操作，此时 AutoCAD 2020 中文版将重复显示提示，可以按 Enter 键结束。

1. 根据两个倒角距离绘制倒角

根据两个倒角距离可以绘制一个距离不等的倒角，如图 5-65 所示。命令提示窗口中的操作步骤如下。

命令：_chamfer   //选择"修改 > 倒角"菜单命令

（"修剪"模式）当前倒角距离 1 = 2.0000，距离 2 = 2.0000

选择第一条直线或 [放弃(U)/多段线(P)/距离(D)/角度(A)/修剪(T)/方式(E)/多个(M)]: D

//选择"距离"选项

指定第一个倒角距离 <0.0000>: 2　　　　　　　　　//输入第一条线的倒角距离值

指定第二个倒角距离 <2.0000>: 4　　　　　　　　　//输入第二条线的倒角距离值

选择第一条直线或 [放弃(U)/多段线(P)/距离(D)/角度(A)/修剪(T)/方式(E)/多个(M)]:

//选择左边的竖直线段

选择第二条直线，或按住 Shift 键选择直线以应用角点或[距离(D)/角度(A)/方法(M)]:

//选择上方的水平线段

2. 根据一个倒角长度和一个倒角角度绘制倒角

根据倒角的特点，有时需要通过设置第一条线的倒角长度与第一条线的倒角角度来绘制倒角，如图 5-66 所示。命令提示窗口中的操作步骤如下。

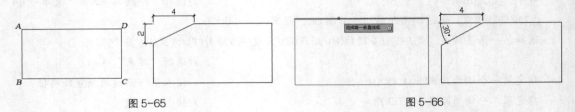

图 5-65　　　　　　　　　　　　　　　　　　　　图 5-66

命令: _chamfer　　　　　　　　　　　　　　　　//选择"修改 > 倒角"菜单命令

（"修剪"模式）当前倒角距离 1 = 2.0000，距离 2 = 4.0000

选择第一条直线或 [多段线(P)/距离(D)/角度(A)/修剪(T)/方式(M)/多个(U)]: A

//选择"角度"选项

指定第一条直线的倒角长度 <0.0000>: 4　　　　　//输入第一条线的倒角长度值

指定第一条直线的倒角角度 <0>: 30　　　　　　//输入第一条线的倒角角度值

选择第一条直线或 [放弃(U)/多段线(P)/距离(D)/角度(A)/修剪(T)/方式(E)/多个(M)]:

//选择上方的水平线段

选择第二条直线，或按住 Shift 键选择直线以应用角点或[距离(D)/角度(A)/方法(M)]:

//选择左边的竖直线段

5.6.3　倒圆角

通过倒圆角操作可以方便、快速地在两个图形对象之间绘制平滑的过渡圆弧。在 AutoCAD 2020 中文版中，利用"圆角"命令即可进行倒圆角操作。

启用命令的方法如下。

- 工具栏：单击"修改"工具栏中的"圆角"按钮 。
- 菜单命令：在菜单栏中选择"修改 > 圆角"命令。
- 命令行：在命令提示窗口中输入 FILLET（快捷命令为 F）。

选择"修改 > 圆角"菜单命令，启用"圆角"命令，在线段 AB 与线段 BC 之间绘制圆角，如图 5-67 所示。命令提示窗口中的操作步

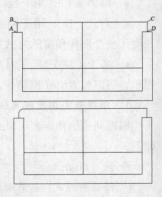

图 5-67

骤如下。

命令：_fillet   //选择"修改 > 圆角"

                                                                //菜单命令

当前设置：模式 = 修剪，半径 = 0.0000

选择第一个对象或 [放弃(U)/多段线(P)/半径(R)/修剪(T)/多个(M)]：R   //选择"半径"选项

指定圆角半径 <0.0000>：50   //输入圆角半径值

选择第一个对象或 [放弃(U)/多段线(P)/半径(R)/修剪(T)/多个(M)]：   //选择线段 *AB*

选择第二个对象，或按住 Shift 键选择对象以应用角点或[半径(R)]：   //选择线段 *BC*

提示选项说明如下。

- 多段线（P）：用于在多段线的每个顶点处进行倒圆角操作，效果如图 5-68 所示。如果多段线中包含的线段的长度小于圆角的半径，将不进行倒圆角操作。命令提示窗口中的操作步骤如下。

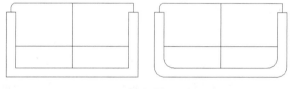

图 5-68

命令：_fillet   //选择"修改 > 圆角"

                                                                //菜单命令

当前设置：模式 = 修剪，半径 = 50.0000

选择第一个对象或 [放弃(U)/多段线(P)/半径(R)/修剪(T)/多个(M)]：R   //选择"半径"选项

指定圆角半径 <50.0000>：110   //输入圆角半径值

选择第一个对象或 [放弃(U)/多段线(P)/半径(R)/修剪(T)/多个(M)]：P   //选择"多段线"选项

选择二维多段线或[半径(R)]：   //选择多段线

4 条直线已被圆角   //显示被倒圆角的线段

                                                                //的数量

- 半径（R）：用于设置圆角的半径。
- 修剪（T）：用于控制倒圆角操作是否修剪对象。设置修剪对象时，圆角如图 5-69 中的 *A* 处所示；设置不修剪对象时，圆角如图 5-69 中的 *B* 处所示。命令提示窗口中的操作步骤如下。

命令：_fillet   //选择"修改 > 圆角"

                                                                //菜单命令

当前设置：模式 = 修剪，半径 = 110.0000

选择第一个对象或 [放弃(U)/多段线(P)/半径(R)/修剪(T)/多个(M)]：R   //选择"半径"选项

指定圆角半径 <110.0000>：50   //输入圆角半径值

选择第一个对象或 [放弃(U)/多段线(P)/半径(R)/修剪(T)/多个(M)]：T   //选择"修剪"选项

输入修剪模式选项 [修剪(T)/不修剪(N)] <修剪>：N   //选择"不修剪"选项

选择第一个对象或 [放弃(U)/多段线(P)/半径(R)/修剪(T)/多个(M)]：   //单击上方的水平线段

选择第二个对象，或按住 Shift 键选择对象以应用角点或[半径(R)]：   //单击右边的竖直线段

小提示 按住 Shift 键选择两条线段，可以快速创建零距离倒角或零半径圆角。

● 多个（M）：用于对多个图形对象进行倒圆角操作，此时 AutoCAD 2020 中文版将重复显示提示，可以按 Enter 键结束。

用户还可以在两条平行线之间绘制圆角，选择"修改>圆角"菜单命令之后，依次选择这两条平行线，如图 5-70 所示。

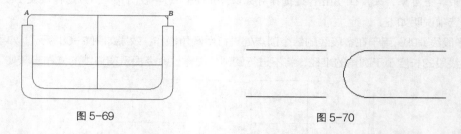

图 5-69   图 5-70

小提示 对平行线倒圆角时，圆角的半径取决于平行线之间的距离，而与所设置的圆角半径无关。

5.7 利用夹点编辑图形对象

夹点是一些实心的小方形。使用定点工具指定图形对象时，图形对象的关键位置将出现夹点。拖曳这些夹点可以快速拉伸、移动、旋转、镜像或缩放图形对象。

5.7.1 利用夹点拉伸图形对象

利用夹点拉伸图形对象与利用"拉伸"命令拉伸图形对象的效果相似。在操作过程中，用户选中的夹点即图形对象的拉伸点。

当被选中的夹点是线条的端点时，用户将选中的夹点移动到新位置即可拉伸图形对象，如图 5-71 所示，此时命令提示窗口中的提示如下。

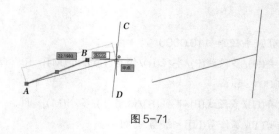

图 5-71

命令：   //选择线段 AB
命令：   //选择夹点 B

** 拉伸 **   //进入拉伸模式

指定拉伸点或 [基点(B)/复制(C)/放弃(U)/退出(X)]:   //将夹点 *B* 拉伸

                                         //到线段 *CD* 的

                                       //中点处

利用夹点编辑图形对象时，选中夹点后，系统默认的操作为拉伸，按 Enter 键可以在拉伸、移动、旋转、缩放和镜像模式之间切换。此外，也可以选中夹点后单击鼠标右键，弹出快捷菜单，如图 5-72 所示，选择相应的命令进行编辑操作。

图 5-72

小提示 打开"正交模式"开关后就可以利用夹点拉伸方式快速地改变水平或竖直线段的长度。

小提示 操作文字、块参照、线段中点、圆心和点图形对象上的夹点时，将移动图形对象而不是拉伸图形对象。

5.7.2 利用夹点移动或复制图形对象

利用夹点移动、复制图形对象与使用"移动"命令和"复制"命令移动、复制图形对象的效果相似。在操作过程中，用户选中的夹点即图形对象的移动点，用户也可以指定其他点作为移动点。

利用夹点移动、复制图形对象，如图 5-73 所示。命令提示窗口中的操作步骤如下。

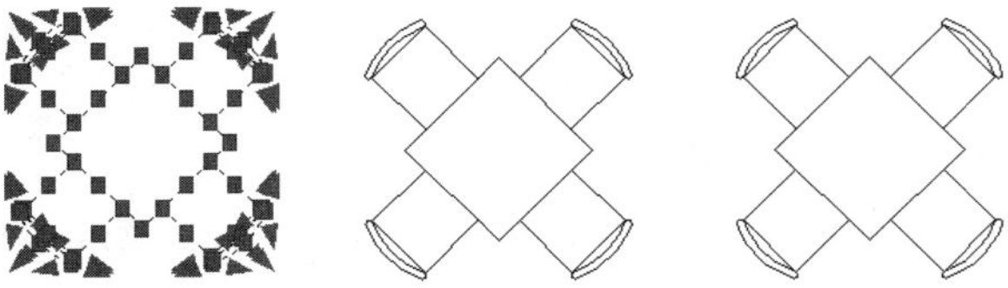

图 5-73

命令：指定对角点或[栏选(F)/圈围(WP)/圈交(CP)]:   //用矩形框选择桌椅图形

命令：   //选择任意夹点

** 拉伸 **

指定拉伸点或 [基点(B)/复制(C)/放弃(U)/退出(X)]:   //单击鼠标右键，在弹出的快捷菜单中

                                      //选择"移动"命令

** 移动 **

指定移动点或 [基点(B)/复制(C)/放弃(U)/退出(X)]: C   //选择"复制"选项

** 移动 (多个) **

指定移动点或 [基点(B)/复制(C)/放弃(U)/退出(X)]:   //单击确定复制的位置

** 移动 (多个) **

指定移动点或 [基点(B)/复制(C)/放弃(U)/退出(X)]:X   //选择"退出"选项

命令：*取消*   //按 Esc 键

5.7.3　利用夹点旋转图形对象

利用夹点旋转图形对象与利用"旋转"命令旋转图形对象的效果相似。在操作过程中，用户选中的夹点即图形对象的旋转中心，用户也可以指定其他点作为旋转中心。

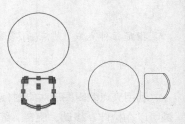

图 5-74

利用夹点旋转图形对象，如图 5-74 所示。命令提示窗口中的操作步骤如下。

命令：指定对角点或[栏选(F)/圈围(WP)/圈交(CP)]：　//用交叉矩形框选择椅子图形

命令：　//选择任意夹点

** 拉伸 **

指定拉伸点或 [基点(B)/复制(C)/放弃(U)/退出(X)]：

　　//单击鼠标右键，弹出快捷菜

　　//单，选择"旋转"命令

** 旋转 **

指定旋转角度或 [基点(B)/复制(C)/放弃(U)/参照(R)/退出(X)]：B　//选择"基点"选项

指定基点：　//捕捉桌子的圆心

** 旋转 **

指定旋转角度或 [基点(B)/复制(C)/放弃(U)/参照(R)/退出(X)]：90　//输入旋转角度值

命令：*取消*　//按 Esc 键

5.7.4　利用夹点镜像图形对象

利用夹点镜像图形对象与使用"镜像"命令镜像图形对象的效果相似。在操作过程中，用户选中的夹点是镜像线的第一点，在选取第二点后，即可形成一条镜像线。

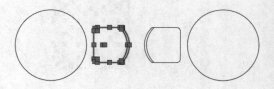

图 5-75

利用夹点镜像图形对象，如图 5-75 所示。命令提示窗口中的操作步骤如下。

命令：指定对角点或[栏选(F)/圈围(WP)/圈交(CP)]：　//用交叉矩形框选择椅子图形

命令：　//选择任意夹点

** 拉伸 **

指定拉伸点或 [基点(B)/复制(C)/放弃(U)/退出(X)]：

　　//单击鼠标右键，弹出快捷菜单，

　　//选择"镜像"命令

** 镜像 **

指定第二点或 [基点(B)/复制(C)/放弃(U)/退出(X)]：B　//选择"基点"选项

指定基点：　//单击桌子上方水平线段的中点

** 镜像 **

指定第二点或 [基点(B)/复制(C)/放弃(U)/退出(X)]：　//单击桌子下方水平线段的中点

命令：*取消*　//按 Esc 键

5.7.5 利用夹点缩放图形对象

利用夹点缩放图形对象与使用"缩放"命令缩放图形对象的效果相似。在操作过程中，用户选中的夹点是缩放图形对象的基点。

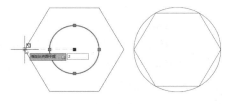

图 5-76

利用夹点缩放图形对象，如图 5-76 所示。命令提示窗口中的操作步骤如下。

命令：	//选择圆
命令：	//选择圆心处的夹点
** 拉伸 **	
指定拉伸点或 [基点(B)/复制(C)/放弃(U)/退出(X)]：	//单击鼠标右键，弹出快捷菜
	//单，选择"缩放"命令
** 比例缩放 **	
指定比例因子或 [基点(B)/复制(C)/放弃(U)/参照(R)/退出(X)]：2	//输入比例因子
命令：*取消*	//按 Esc 键

5.8 编辑图形对象的属性

图形对象属性是指 AutoCAD 2020 中文版赋予图形对象的颜色、线型、图层、高度和文字样式等属性。例如，线段包含图层、线型和颜色等属性，而文本则具有图层、颜色、字体和字高等属性。要编辑图形对象的属性一般可以利用"特性"命令，启用该命令后，会弹出"特性"选项板，通过此选项板可以编辑图形对象的各项属性。

编辑图形对象属性的另一种方法是利用"特性匹配"命令，使用该命令可以使被编辑图形对象的某些属性与指定图形对象的某些属性完全相同。

5.8.1 修改图形对象的属性

"特性"选项板中会列出选定图形对象或图形对象集的属性的当前设置。

启用命令的方法如下。

- 工具栏：单击"标准"工具栏中的"特性"按钮 🖾 。
- 菜单命令：在菜单栏中选择"工具 > 选项板 > 特性"或"修改 > 特性"命令。
- 命令行：在命令提示窗口中输入 PROPERTIES（快捷命令为 CH/MO）。

下面通过一个简单的例子说明修改图形对象属性的操作过程。在本例中，需要增大中心线的线型比例，如图 5-77 所示。

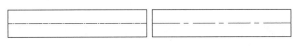

图 5-77

具体操作步骤如下。

（1）选择要进行属性编辑的中心线。

（2）单击"标准"工具栏中的"特性"按钮 ，弹出"特性"选项板，如图 5-78 所示。

根据所选图形对象不同，"特性"选项板中显示的属性也不同，但有一些属性几乎是所有图形对象都拥有的，如颜色、图层和线型等。

当用户在绘图窗口中选择单个图形对象时，"特性"选项板中显示的是被选中图形对象的属性设置；若用户选择的是多个图形对象，则"特性"选项板中显示的是这些图形对象的共同属性。

（3）在绘图窗口中选择中心线，然后在"特性"选项板中单击"线型比例"选项，在其右侧的数值框中设置线型比例因子为"5"，并按 Enter 键确认，绘图窗口中的中心线会立即更新。

图 5-78

5.8.2　匹配图形对象的属性

"特性匹配"命令是一个非常有用的编辑命令，利用此命令可将源图形对象的属性（如颜色、线型、图层等）传递给目标图形对象。

启用命令的方法如下。

- 工具栏：单击"标准"工具栏中的"特性匹配"按钮 。
- 菜单命令：在菜单栏中选择"修改 > 特性匹配"命令。
- 命令行：在命令提示窗口中输入 MATCHPROP（快捷命令为 MA）。

选择"修改 > 特性匹配"菜单命令，启用"特性匹配"命令，编辑图形对象，如图 5-79 所示。命令提示窗口中的操作步骤如下。

命令：'_matchprop　　　　　　　　　　　　//单击"特性匹配"按钮

选择源对象：　　　　　　　　　　　　　　//选择中心线

当前活动设置：颜色 图层 线型 线型比例 线宽 透明度 厚度 打印样式 标注 文字 填充图案 多段线 视口 表格材质 多重引线中心对象

选择目标对象或 [设置(S)]：　　　　　　　//选择线段

选择目标对象或 [设置(S)]：　　　　　　　//按 Enter 键

选择源图形对象后，鼠标指针将变成类似"刷子"的形状 ，此时可以选取接受属性匹配的目标图形对象。

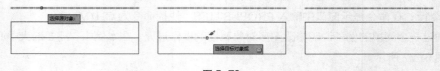

图 5-79

若用户仅想使目标图形对象的部分属性与源图形对象相同，可在命令提示窗口中出现"选择目标对象或 [设置(S)]："时，输入字母"S"（选择"设置"选项），按 Enter 键，弹出"特性设置"对话框，如图 5-80 所示。在该对话框中进行设置即可将源图形对象的部分属性传递给目标图形对象。

图 5-80

微课

绘制衣柜图形

5.9 课堂练习——绘制衣柜图形

 练习知识要点

利用"矩形"命令、"矩形阵列"命令、"旋转"命令完成衣柜图形的绘制，效果如图 5-81 所示。

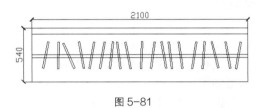

图 5-81

效果文件所在位置

云盘/Ch05/DWG/衣柜。

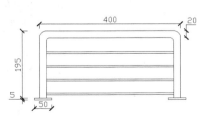
微课

绘制浴巾架图形

5.10 课后习题——绘制浴巾架图形

 习题知识要点

利用"直线"命令、"矩形"命令、"偏移"命令、"圆角"命令完成浴巾架图形的绘制，效果如图 5-82 所示。

效果文件所在位置

云盘/Ch05/DWG/浴巾架。

图 5-82

06

第 6 章
输入文字与应用表格

本章介绍

　　本章主要介绍文字和表格的创建方法及编辑技巧。通过本章的学习，读者可以掌握如何在绘制好的图形上添加文字标注和文字说明，以表达一些图形无法表达的信息。

学习目标

- ✔ 掌握文字的基本概念。
- ✔ 掌握设置文字的字体和效果的方法。
- ✔ 掌握创建单行文字、输入特殊字符和设置文字的对正方式的方法。
- ✔ 掌握创建多行文字，以及输入分数与公差的方法。
- ✔ 掌握单行文字的修改方法。
- ✔ 掌握表格样式的创建、重命名、修改和删除方法。
- ✔ 掌握创建表格、在表格中输入文字和插入块的方法。
- ✔ 掌握编辑表格的特性、表格中的文字内容、表格中的块、表格的行与列的方法。

技能目标

- ✔ 掌握输入文字说明的方法。
- ✔ 掌握制作灯具明细表的方法。

素养目标

- ✔ 培养学生严谨的工作作风。

6.1　文字样式

在图形中输入文字时，当前的文字样式会决定输入文字的字体、字号、倾斜角度、方向和其他特征。

6.1.1　文字的基本概念

在学习文字的输入方法之前，首先需要掌握文字的一些基本概念。

- 文字的样式。

文字样式是用来定义文字的各种参数的，如文字的字体、大小和倾斜角度等。在 AutoCAD 2020 中，图形中的所有文字都有与之关联的文字样式，默认情况下使用的文字样式是"Standard"，用户可以根据需要自定义文字样式。

- 文字的字体。

文字的字体是指文字的不同书写格式。在建筑工程图中，汉字通常采用仿宋体。

- 文字的字号。

文字的字号即文字的大小。工程图中通常采用 20 号、14 号、10 号、7 号、5 号、3.5 号和 2.5 号这 7 种字号（字体的号数即字体的高度）。

- 文字的效果。

在 AutoCAD 2020 中文版中，用户可以控制文字的显示效果，如将文字上下颠倒、左右反向和垂直排列显示等。

- 文字的倾斜角度。

一般情况下，工程图中的阿拉伯数字、罗马数字、拉丁字母和希腊字母采用斜体表示，即将文字倾斜一定的角度，通常是文字的字头向右倾斜，与水平线约成 75°。

- 文字的对齐方式。

为了清晰、美观，文字要尽量对齐，在 AutoCAD 2020 中文版中，用户可以根据需要指定各种文字对齐方式来对齐输入的文字。

- 文字的位置。

在 AutoCAD 2020 中文版中，用户可以指定文字的位置，即文字在工程图中的位置。通常文字应该与其所描述的图形对象平行，放置在图形对象外部，并尽量不与图形的其他部分相交，可用引线将文字引出。

6.1.2　创建文字样式

AutoCAD 2020 中文版图形中的所有文字都有与之关联的文字样式。默认情况下使用的文字样式为系统提供的"Standard"样式，根据绘图的要求可以修改文字样式或创建一种新的文字样式。

当在图形中输入文字时，AutoCAD 2020 中文版将使用当前的文字样式来设置文字的字体、字号、倾斜角度和方向等。如果用户需要使用其他文字样式来创建文字，则需要将其设置为当前的文字样式。

AutoCAD 2020 中文版提供的"文字样式"命令可用来创建文字样式。启动"文字样式"命令，弹出"文字样式"对话框，在该对话框中可以创建新的文字样式或调用已有的文字样式。在创建新的文字样式时，可以根据需要设置文字样式的名称等。

启用命令的方法如下。

- 工具栏：单击"样式"工具栏中的"文字样式"按钮 **A**。
- 菜单命令：在菜单栏中选择"格式 > 文字样式"命令。
- 命令行：在命令提示窗口中输入 STYLE。

选择"格式 > 文字样式"菜单命令，启用"文字样式"命令，弹出"文字样式"对话框，如图 6-1 所示。

单击"新建"按钮，弹出"新建文字样式"对话框，如图 6-2 所示。可以在"样式名"文本框中输入新样式的名称，最多可输入 255 个字符，包括字母、数字和特殊字符（如下划线"_"、连字符"-"等）。

图 6-1   图 6-2

单击"确定"按钮，返回"文字样式"对话框，新样式的名称会出现在"样式"列表框中。此时可设置新样式的属性，如文字的字体、字号和效果等，设置完成后单击"应用"按钮，可将其设置为当前文字样式。

1. 设置字体

在"字体"选项组中，用户可以设置字体的各种属性。勾选"使用大字体"复选框，对字体进行设置，如图 6-3 所示。

- "SHX 字体"下拉列表框：单击"SHX 字体"下拉列表框，弹出下拉列表，如图 6-4 所示，从该下拉列表中可以选择合适的字体。

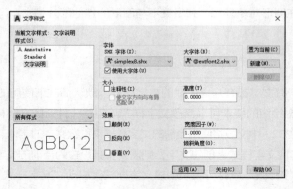

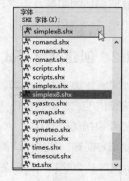

图 6-3   图 6-4

● "使用大字体"复选框：在"字体名"下拉列表中选择"txt.shx"选项后，"使用大字体"复选框就会被激活，处于可勾选状态。此时若勾选"使用大字体"复选框，则"字体名"下拉列表框会变为"SHX 字体"下拉列表框，"字体样式"下拉列表框会变为"大字体"下拉列表框，这时可以选择大字体的样式。

"大小"选项组用于设置文字的高度。

有时输入的汉字会显示为乱码或符号"？"，出现此现象的原因是用户选取的字体不恰当，该字体无法显示汉字，此时用户可在"字体名"下拉列表中选择合适的字体，将其显示出来。

2．设置效果

"效果"选项组用于控制文字的效果。

● "颠倒"复选框：勾选该复选框，可将文字上下颠倒显示，如图 6-5 所示。该复选框仅作用于单行文字。

● "反向"复选框：勾选该复选框，可将文字左右反向显示，如图 6-6 所示。该复选框仅作用于单行文字。

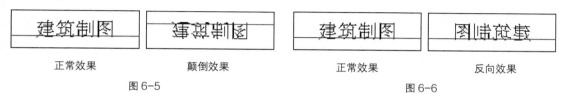

正常效果	颠倒效果	正常效果	反向效果

图 6-5

图 6-6

● "垂直"复选框：用于显示垂直方向的字符，如图 6-7 所示，文字效果如图 6-8 所示。

图 6-7

图 6-8

● "宽度因子"数值框：用于设置字符宽度。输入小于 1 的值时，文字将被压缩；输入大于 1 的值时，文字将被放大，如图 6-9 所示。

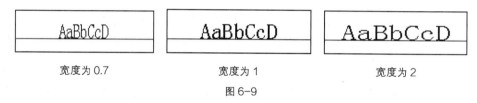

宽度为 0.7

宽度为 1

宽度为 2

图 6-9

● "倾斜角度"数值框：用于设置文字的倾斜角度，可以输入-85～85 的值，如图 6-10 所示。

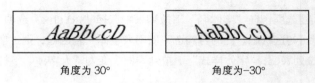

角度为30°　　　　　　　角度为-30°

图 6-10

6.2　单行文字

单行文字是指 AutoCAD 将输入的每行文字作为一个对象来处理，主要用于一些不需要多种字体的简短输入。

6.2.1　创建单行文字

利用"单行文字"命令可以创建单行或多行文字，按 Enter 键可换行。每行文字都是独立的对象，可以重新定位、调整格式或进行其他修改操作。

启用命令的方法如下。

- 工具栏：单击"文字"工具栏中的"单行文字"按钮 **A**。
- 菜单命令：在菜单栏中选择"绘图 > 文字 > 单行文字"命令。
- 命令行：在命令提示窗口中输入 TEXT 或 DTEXT。

选择"绘图 > 文字 > 单行文字"菜单命令，启用"单行文字"命令，在绘图窗口中单击以确定文字的插入点，然后设置文字的高度和倾斜角度，当插入点变成"│"形式时，直接输入文字，效果如图 6-11 所示。命令提示窗口中的操作步骤如下。

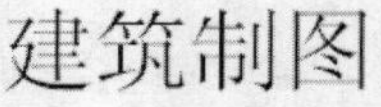

建筑制图

图 6-11

```
命令:_dtext                              //选择"绘图 > 文字 > 单行文字"菜单命令
当前文字样式:  Standard  文字高度: 2.5000 注释性: 否  对正: 左
指定文字的起点或 [对正(J)/样式(S)]:     //单击确认文字的插入点
指定高度 <2.5000>:                       //按 Enter 键
指定文字的旋转角度 <0>:                   //按 Enter 键, 输入文字,
                                         //按 Ctrl+Enter 组合键退出
```

提示选项说明如下。

- 对正（J）：用于控制文字的对正方式。在命令提示窗口中输入字母"J"，按 Enter 键，命令提示窗口中会出现多种文字对正方式，用户可以从中选择合适的一种。下一小节将详细讲解文字的对正方式。
- 样式（S）：用于控制文字的样式。在命令提示窗口中输入字母"S"，按 Enter 键，命令提示窗口中会出现"输入样式名或 [?] <Standard>:"，此时可以输入要使用的样式的名称，或者输入符号"?"列出所有文字样式及其参数。

小提示　在默认情况下，利用"单行文字"命令输入文字时使用的文字样式是"Standard"、字体是"txt.shx"。若需要使用其他字体，可先创建或选择适当的文字样式，再输入文字。

6.2.2 设置对正方式

AutoCAD 2020 中文版为文字定义了 4 条定位线——顶线、中线、基线、底线，以便确定文字的对齐位置，如图 6-12 所示。

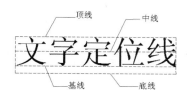

图 6-12

在创建单行文字的过程中，当命令提示窗口中出现"指定文字的起点或[对正(J)/样式(S)]:"时，若输入字母"J"（选择"对正"选项），按 Enter 键，则可指定文字的对正方式，此时命令提示窗口中出现如下信息。

"输入选项[左(L)/居中(C)/右(R)/对齐(A)/中间(M)/布满(F)/左上(TL)/中上(TC)/右上(TR)/左中(ML)/正中(MC)/右中(MR)/左下(BL)/中下(BC)/右下(BR)]:"

提示选项说明如下。

- 左（L）：在由用户给出的点指定的基线上左对正文字。
- 居中（C）：根据基线的水平中心对正文字，此基线是由用户给出的点指定的。
- 右（R）：在由用户给出的点指定的基线上右对正文字。
- 对齐（A）：通过指定文字的开始点、结束点来设置文字的高度和方向，文字将均匀地排列于开始点与结束点之间，文字的高度将按比例自动调整，如图 6-13 所示。
- 中间（M）：文字在基线的水平中点和指定高度的垂直中点上对正，中间对正的文字不保持在基线上。
- 布满（F）：需要指定文字的开始点、结束点和高度，文字将均匀地排列于开始点与结束点之间，文字的高度保持不变，如图 6-14 所示。

以下各选项只适用于水平方向上的文字。

- 左上（TL）：以指定为文字顶点的点左对正文字。
- 中上（TC）：以指定为文字顶点的点居中对正文字。
- 右上（TR）：以指定为文字顶点的点右对正文字。
- 左中（ML）：以指定为文字中间点的点左对正文字。
- 正中（MC）：以指定为文字中间点的点居中对正文字。
- 右中（MR）：以指定为文字中间点的点右对正文字。
- 左下（BL）：以指定为基线的点左对正文字。
- 中下（BC）：以指定为基线的点居中对正文字。
- 右下（BR）：以指定为基线的点右对正文字。

各基点的位置如图 6-15 所示。

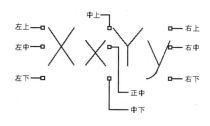

图 6-13   图 6-14   图 6-15

6.2.3　输入特殊字符

创建单行文字时，用户还可以在文字中输入特殊字符，例如直径符号"φ"、百分号"%"、正负号"±"、上划线和下划线等，但是这些特殊符号一般不能从键盘直接输入，为此系统提供了专用的代码。这些代码是由"%%"与一个字符组成的，如"%%C""%%D""%%P"等。表 6-1 所示是系统提供的特殊字符的代码。

表 6-1

代码	对应字符	输入效果举例
%%O	上划线	名称
%%U	下划线	名称
%%D	度数符号"°"	60°
%%P	正负号"±"	±60
%%C	圆直径标注符号"Ø"	Ø 60
%%%	百分号"%"	60%

6.3　多行文字

对于带有内部格式的较长的文字，可以利用"多行文字"命令来输入。利用"多行文字"命令输入文字时，可以指定文字分布的宽度，也可以在多行文字中单独设置其中某个字符或某一部分文字的属性。

6.3.1　课堂案例——输入文字说明

案例学习目标

掌握"多行文字"命令。

案例知识要点

利用"多行文字"命令输入文字说明，效果如图 6-16 所示。

效果文件所在位置

云盘/Ch06/DWG/文字说明。

（1）创建图形文件。选择"文件 > 新建"命令，弹出"选择样板"对话框，单击"打开"按钮，创建一个新的图形文件。

（2）设置文字样式。单击"样式"工具栏中的"文字样式"按钮 **A**，弹出"文字样式"对话框。单击"新建"按钮，弹出"新建文字样式"对

户型经济技术指标

标准层建筑面积	549.28m²
阳台面积	81.34m²
使用系数	69.3%

A型　三室一厅一卫
建筑面积	92.29m²
使用面积	63.96m²
阳台面积	7.74m²

B型　一室一厅一卫
建筑面积	55.08m²
使用面积	38.17m²
阳台面积	2.09m²

图 6-16

话框，输入新文字样式的名称，如图 6-17 所示。单击"确定"按钮，返回"文字样式"对话框，新的文字样式会显示在"样式"列表框中；取消勾选"使用大字体"复选框，在"字体名"下拉列表中选择"仿宋_GB2312"选项，如图 6-18 所示。单击"置为当前"按钮，单击"关闭"按钮，完成文字样式的定义。

图 6-17 图 6-18

（3）输入文字说明。单击"绘图"工具栏中的"多行文字"按钮 A，在绘图窗口中的适当位置单击，绘制文字区域，弹出"文字编辑器"选项卡，绘图窗口中出现了顶部带有标尺的文字输入框（多行文字编辑器），在其中输入文字，如图 6-19 所示。

（4）输入数字和单位。将插入点移动到"标准层建筑面积"后，按 Tab 键空出一段距离，输入"549.28 m 2^"，选中"2^"，如图 6-20 所示。单击"文字编辑器"选项卡"格式"面板中的"堆叠"按钮，文字变成"549.28 m²"，效果如图 6-21 所示。

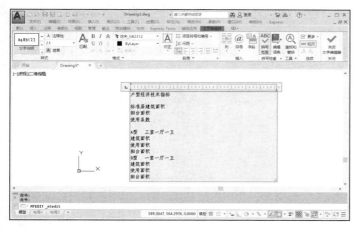

图 6-19 图 6-20

（5）参考步骤（4），依次输入其余数字和单位。完成后的效果如图 6-22 所示。

（6）更改文字高度。在文字输入框中选中文字"户型经济技术指标"，在"文字编辑器"选项卡"样式"面板的"文字高度"数值框中输入新的高度值"4.5"，完成后的效果如图 6-23 所示。单击"文字编辑器"选项卡"关闭"面板中的"关闭文字编辑器"按钮。

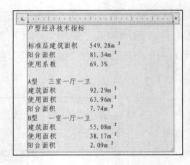

图 6-21　　　　　　　　　　　图 6-22

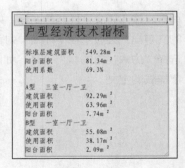

图 6-23

6.3.2　创建多行文字

AutoCAD 2020 中文版提供了"多行文字"命令来输入多行文字。

启用命令的方法如下。

- 工具栏：单击"绘图"工具栏中的"多行文字"按钮 A。
- 菜单命令：在菜单栏中选择"绘图 > 文字 > 多行文字"命令。
- 命令行：在命令提示窗口中输入 MTEXT（快捷命令为 T/MT）。

选择"绘图 > 文字 > 多行文字"菜单命令，启用"多行文字"命令，鼠标指

针变为"┼bc"形状。在绘图窗口中单击指定一点并向右下方拖曳鼠标，绘制出一个

矩形框，如图 6-24 所示。

图 6-24

 该矩形框用于指定多行文字的输入位置与大小，其箭头指示输入文字的方向。

拖曳鼠标到适当的位置后单击，打开"文字编辑器"选项卡，绘图窗口中出现了文字输入框，如图 6-25 所示。

图 6-25

在文字输入框中输入需要的文字，当文字到达边框的边界时会自动换行，如图 6-26 所示。输入完毕后，单击"关闭文字编辑器"按钮，此时文字在用户指定的位置显示，如图 6-27 所示。

建筑制图

办公室桌椅布置图与公文
室布置图

图 6-26　　　　　　　　　　　图 6-27

6.3.3 在位文字编辑器

在位文字编辑器用于创建或修改多行文字对象，它包括一个文字输入框和一个"文字编辑器"选项卡，如图 6-28 所示。当选定表格单元进行编辑时，在位文字编辑器还将显示列字母和行号。

默认情况下，在位文字编辑器是透明的，因此用户在创建文字时可以观察文字是否与其他对象发生了重叠。

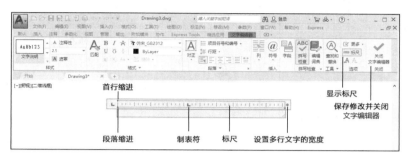

图 6-28

6.3.4 设置文字的字体与高度

"文字编辑器"选项卡用于控制多行文字对象的文字样式和选定文字的字符格式。

选项卡中的面板说明如下。

- "样式"面板：在该面板中可以设置或修改文字样式、文字高度、注释性和遮罩等。
- "格式"面板：在该面板中可以设置文字的字体、颜色、粗细、正斜体、下划线、上划线，以及堆叠文字、上标和下标等。
- "段落"面板：在该面板中可以设置对正方式、行距、段落对齐方式、项目符号和编号等。
- "插入"面板：在该面板中可以设置列、符号和字段等。
- "拼写检查"面板：在该面板中可以进行拼写检查和编辑字典等。
- "工具"面板：在该面板中可以进行查找和替换等。
- "选项"面板：在该面板中可以设置标尺的显示样式，进行放弃和重做操作等。
- "关闭"面板：可以保存修改和关闭文字编辑器。

6.3.5 以选择方式输入特殊字符

利用"多行文字"命令还可以输入相应的特殊字符。

单击"文字编辑器"选项卡"插入"面板中的"符号"按钮 @，或者在文字输入框中单击鼠标右键，弹出快捷菜单，"符号"子菜单中将列出多种特殊符号供用户选择，如图 6-29 所示。每个命令右侧都标明了符号的输入方法，其表示方式与在单行文字中输入特殊字符的表示方式相同。

如果没有找到需要的符号，可以选择"其他"命令，此时会弹出"字符映射表"对话框，列表框中显示了各种符号，如图 6-30 所示。

利用"字符映射表"对话框输入字符的操作步骤如下。

（1）在对话框的"字体"下拉列表中选择需要的字符字体。

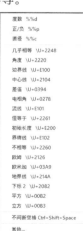

图 6-29

（2）在列表框内选择需要的字符，单击"选择"按钮，所选字符将会出现在"复制字符"文本框中，如图 6-31 所示。

（3）单击"复制"按钮，复制所选的字符。单击绘图窗口，返回到文字输入框，在需要插入字符的位置单击，按 Ctrl+V 组合键，将字符粘贴在需要的位置，效果如图 6-32 所示。

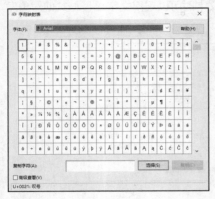

图 6-30

图 6-31

图 6-32

（4）在 AutoCAD 2020 中文版中，关闭在位文字编辑器后，"字符映射表"对话框不会关闭，单击对话框右上角的"关闭"按钮可以将其关闭。

6.3.6 输入分数与公差

"文字编辑器"选项卡"格式"面板中的"堆叠"按钮 用于设置分数、公差等形式的文字。通常可使用"/"、"^"或"#"等符号设置文字的堆叠形式。

文字的堆叠形式如下。

● 分数形式：使用符号"/"或"#"连接分子与分母，然后选择分数文字，单击"堆叠"按钮 ，即可将其转换为分数的形式，效果如图 6-33 所示。

● 上标形式：使用符号"^"标识文字，将符号"^"放在文字之后，然后将其与相应文字选中，并单击"堆叠"按钮 ，即可设置所选文字为上标字符，效果如图 6-34 所示。

● 下标形式：将符号"^"放在文字之前，然后将其与相应文字选中，并单击"堆叠"按钮 ，即可设置所选文字为下标字符，效果如图 6-35 所示。

● 公差形式：将符号"^"放在文字之间，然后将其与相应文字选中，并单击"堆叠"按钮 ，即可将所选文字设置为公差形式，效果如图 6-36 所示。

$1/3 \rightarrow \frac{1}{3}$ $1\#3 \rightarrow \frac{1}{3}$ $50M2^{\wedge} \rightarrow 50M^2$ $50^{\wedge}2 \rightarrow 50_2$ $50+0.01^{\wedge}-0.05 \rightarrow 50^{+0.01}_{-0.05}$

图 6-33   图 6-34   图 6-35   图 6-36

小提示

当需要修改分数、公差等形式的文字时，可选择已堆叠的文字，单击鼠标右键，在弹出的快捷菜单中选择"堆叠特性"命令，弹出"堆叠特性"对话框，如图 6-37 所示。对需要修改的选项进行修改，然后单击"确定"按钮确认修改。

图 6-37

6.4 修改文字

当用户发现图形中的文字存在错误时，可以对文字进行修改。AutoCAD 2020 中文版提供了用于修改文字的命令。

6.4.1 修改单行文字

对于利用"单行文字"命令输入的文字，用户可以对文字的内容、样式和对正方式等属性进行修改，也可以利用删除、复制和旋转等编辑工具对其进行编辑。

1. 修改单行文字的内容

启用命令的方法如下。

- 菜单命令：在菜单栏中选择"修改 > 对象 > 文字 > 编辑"命令。

启用单行文字的编辑命令后，可直接修改文字内容，修改完成后按修改 Enter 键确认。

小提示　　直接双击要修改的单行文字对象，也可以启用单行文字的编辑命令。

2. 缩放文字

选择"修改 > 对象 > 文字 > 比例"菜单命令，鼠标指针变为拾取框，选择要修改的文字对象并进行确定。命令提示窗口中会提示用户确定基点，然后输入数值对文字进行缩放，效果如图 6-38 所示。

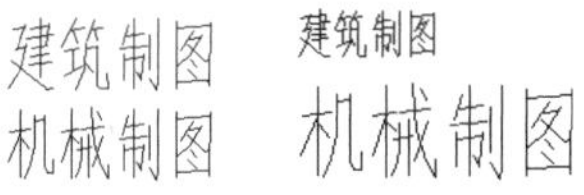

建筑制图　建筑制图
机械制图　机械制图

图 6-38

命令提示窗口中的操作步骤如下。

命令：_scaletext　　　　　　　　　　//选择"修改 > 对象 > 文字 > 比例"菜单命令
选择对象：找到 1 个　　　　　　　　　//选择文字"建筑制图"
选择对象：　　　　　　　　　　　　　//按 Enter 键
输入缩放的基点选项
[现有(E)/左对齐(L)/居中(C)/中间(M)/右对齐(R)/左上(TL)/中上(TC)/右上(TR)/左中(ML)/
正中(MC)/右中(MR)/左下(BL)/中下(BC)/右下(BR)] <现有>：　　　　//按 Enter 键
指定新模型高度或 [图纸高度(P)/匹配对象(M)/比例因子(S)] <0.2>：0.1　//输入新高度值

小提示　　当输入数值比默认数值小时，文字将缩小；当输入数值比默认数值大时，文字将放大。提示选项中显示的默认值即设置文字样式时文字的高度值。

3. 修改文字的对正方式

选择"修改 > 对象 > 文字 > 对正"菜单命令，鼠标指针变为拾取框，选择要修改的文字对象并进行确定。命令提示窗口中会显示对正方式，选择需要的对正方式即可，效果如图 6-39 所示。

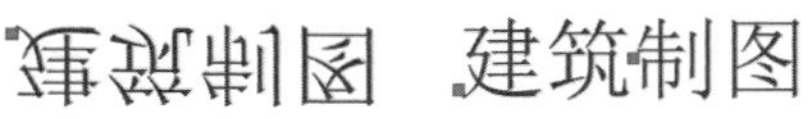

建筑制图　建筑制图

图 6-39

命令提示窗口中的操作步骤如下。

命令: _justifytext   //选择"修改 > 对象 > 文字 > 对正"菜单命令
选择对象: 找到 1 个   //选择文字对象
选择对象: //按 Enter 键
输入对正选项

[左对齐(L)/对齐(A)/布满(F)/居中(C)/中间(M)/右对齐(R)/左上(TL)/中上(TC)/右上(TR)/左中(ML)/正中(MC)/右中(MR)/左下(BL)/中下(BC)/右下(BR)] <左对齐>: MC   //选择"正中"选项

小提示　文字对象的基线左下角和对齐点处有夹点，可用于移动、缩放和旋转文字对象。

4. 使用对象特性管理器编辑文字

打开"特性"选项板，选择文字时，该选项板中会显示与所选文字相关的信息，如图 6-40 所示。用户可以直接在该选项板中修改文字内容、文字样式、文字对正方式和高度等，如图 6-41 所示。

图 6-40　　　　　　　　　　　　　　　图 6-41

6.4.2　修改多行文字

可以利用在位文字编辑器来修改多行文字的内容。

启用命令的方法如下。

● 菜单命令：在菜单栏中选择"修改 > 对象 > 文字 > 编辑"命令。

选择"修改 > 对象 > 文字 > 编辑"菜单命令，启用多行文字的编辑命令，打开"文字编辑器"选项卡和文字输入框，如图 6-42 所示。在文字输入框内可对文字的内容进行修改，在"文字编辑器"选项卡中可以对文字的字体、高度和颜色特性等进行修改。

图 6-42

小提示　　直接双击要修改的多行文字对象，也可打开在位文字编辑器，从而对多行文字对象进行修改。

6.5　表格的应用

6.5.1　课堂案例——制作灯具明细表

 案例学习目标

掌握"表格"命令。

案例知识要点

制作灯具明细表，效果如图 6-43 所示。

效果文件所在位置

云盘/Ch06/DWG/灯具明细表。

（1）打开图形文件。选择"文件 > 打开"菜单命令，打开云盘文件中的"Ch06 > 素材 > 灯具明细表"文件，如图 6-44 所示。

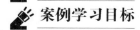

图 6-43

图 6-44

（2）在标题单元格中输入文字。双击标题单元格，打开"文字编辑器"选项卡，同时显示表格的列字母和行号，鼠标指针变成光标，如图 6-45 所示。在"文字编辑器"选项卡中设置文字的样式、字体和颜色等，这时可以在标题单元格中输入相应的文字"灯具明细表"，如图 6-46 所示。

图 6-45

图 6-46

（3）在列标题单元格中输入文字。按 Tab 键换行，在单元格中输入文字"代号"，如图 6-47 所示。

（4）按照步骤（3）的方法，输入其余列标题单元格和数据单元格中的文字，效果如图 6-48 所示。

图 6-47

图 6-48

（5）插入块。选择"图标"列的第一个单元格，单击鼠标右键，弹出快捷菜单，选择"插入点 > 块"命令，如图 6-49 所示。弹出"在表格单元中插入块"对话框，设置块名称为"L1"，并将"全局单元对齐"设置为"正中"，如图 6-50 所示。单击"确定"按钮，完成块的插入，效果如图 6-51 所示。

图 6-49

图 6-50

（6）插入其余块。按照步骤（5）的方法，依次插入其余灯具图标的块，完成后的效果如图 6-52 所示。

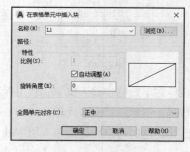

图 6-51

图 6-52

6.5.2　表格样式

利用 AutoCAD 2020 中文版中的表格功能，可以方便、快速地创建图样所需的表格，如会签栏、标题栏等。

在创建表格之前，用户需要启用"表格样式"命令来设置表格的样式，按照一定的标准进行表格的创建。

启用命令的方法如下。

- 工具栏："样式"工具栏中的"表格样式"按钮▦。
- 菜单命令："格式 > 表格样式"。
- 命令行：TABLESTYLE。

选择"格式 > 表格样式"菜单命令，启用"表格样式"命令，弹出"表格样式"对话框，如图 6-53 所示。

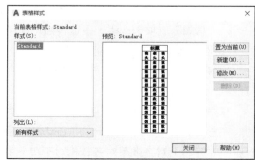

图 6-53

对话框中的选项说明如下。

- "样式"列表框：用于显示所有的表格样式。默认的表格样式为"Standard"。
- "列出"下拉列表框：用于控制表格样式在"样式"列表框中显示的条件。
- "预览"框：用于预览选择的表格样式。
- "置为当前"按钮：用于将选择的表格样式设置为当前表格样式。
- "新建"按钮：用于创建新的表格样式。
- "修改"按钮：用于编辑选择的表格样式。
- "删除"按钮：用于删除选择的表格样式。

1.　创建新的表格样式

在"表格样式"对话框中单击"新建"按钮，弹出"创建新的表格样式"对话框，在"新样式名"文本框中输入新表格样式的名称，单击"继续"按钮，弹出"新建表格样式"对话框，如图 6-54 所示。

对话框中的选项说明如下。

"起始表格"选项组用于在图形中指定一个表格作为样例来设置此表格样式的格式。

- "选择一个表格用作此表格样式的起始表格"按钮▣：单击此按钮回到绘图窗口，选择表格后，可以指定要从该表格复制到表格样式的结构和内容。
- "从此表格样式中删除起始表格"按钮▣：用于将表格从当前指定的表格样式中删除。

"常规"选项组用于更改表格方向。

- "表格方向"下拉列表框：用于设置表格方

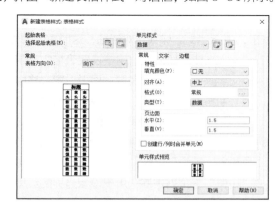

图 6-54

向。"向上"选项用于创建由上至下读取的表格，即行标题行和列标题行位于表格的顶部；"向下"选项用于创建由下至上读取的表格，即行标题行和列标题行位于表格的底部。

"单元样式"选项组用于定义新的单元样式或修改现有单元样式。

● "单元样式"下拉列表框：用于选择表格中的单元样式。单击"创建新单元样式"按钮 🖺，弹出"创建新单元样式"对话框，在"新样式名"文本框中输入新单元样式的名称，单击"继续"按钮，返回"新建表格样式"对话框，此时可以对新建的单元样式进行各项设置；单击"'管理单元样式'对话框"按钮 🖺，弹出"管理单元样式"对话框，如图 6-55 所示，在此对话框中可以对"单元样式"列表框中的已有样式进行操作，也可以新建单元样式。

● "常规"选项卡：用于设置表格特性和页边距，如图 6-56 所示。

"特性"选项组的选项说明如下。

"填充颜色"下拉列表框：用于指定表格单元的背景色，默认为"无"。

"对齐"下拉列表框：用于设置表格单元中文字的对齐方式。文字相对于单元的顶部边框和底部边框居中对齐、上对齐或下对齐，相对于单元的左边框和右边框居中对正、左对正或右对正。

图 6-55   图 6-56

"格式"选项：用于为表格中的各行设置数据类型和格式。单击右侧的 ⋯ 按钮，弹出"表格单元格式"对话框，在其中可以进一步定义格式选项。

"类型"下拉列表框：用于将单元样式指定为"标签"或"数据"。

"页边距"选项组用于控制单元边界和单元内容之间的距离。

"水平"数值框：用于设置单元中的文字或块与左右单元边界之间的距离。

"垂直"数值框：用于设置单元中的文字或块与上下单元边界之间的距离。

"创建行/列时合并单元"复选框：将使用当前单元样式创建的所有新行或新列合并为一个单元。可以使用此复选框在表格的顶部创建标题行。

● "文字"选项卡用于设置文字的特性，如图 6-57 所示，其中的选项说明如下。

"文字样式"下拉列表框：用于设置表格内文字的样式。若表格内的文字显示为符号"？"，则需要设置文字的样式。单击"文字样式"下拉列表框右侧的 ⋯ 按钮，弹出"文字样式"对话框。在"字体"选项组的"字体名"下拉列表中选择"仿宋_GB2312"选项，并依次单击"应用"按钮和"关闭"按钮，关闭"文字样式"对话框，这时左侧的预览框中可显示文字样式。

"文字高度"数值框：用于设置表格中文字的高度。

"文字颜色"下拉列表框：用于设置表格中文字的颜色。

"文字角度"数值框：用于设置表格中文字的倾斜角度。

● "边框"选项卡用于设置边框的特性，如图 6-58 所示，其中的选项说明如下。

"线宽"下拉列表框：用于设置边界的线宽。

"线型"下拉列表框：用于设置边界的线型。

"颜色"下拉列表框：用于设置边界的颜色。

"双线"复选框：勾选此复选框，则表格的边界显示为双线，同时激活"间距"数值框。

"间距"数值框：用于设置双线边界的间距。

图 6-57   图 6-58

"所有边框"按钮⊞：将边界特性设置应用于所有数据单元、列标题单元或行标题单元的所有边界。

"外边框"按钮▢：将边界特性设置应用于所有数据单元、列标题单元或行标题单元的外部边界。

"内边框"按钮╬：将边界特性设置应用于除标题单元外的所有数据单元或列标题单元的内部边界。

"底部边框"按钮⊞：将边界特性设置应用于指定单元样式的底部边界。

"左边框"按钮⊞：将边界特性设置应用于指定单元样式的左边界。

"上边框"按钮⊤：将边界特性设置应用于指定单元样式的上边界。

"右边框"按钮⊣：将边界特性设置应用于指定单元样式的右边界。

"无边框"按钮⊞：隐藏数据单元、列标题单元或行标题单元的边界。

- "单元样式预览"框：用于显示当前设置的表格样式。

2. 重命名表格样式

在"表格样式"对话框的"样式"列表框中，用鼠标右键单击要重新命名的表格样式，并在弹出的快捷菜单中选择"重命名"命令，如图 6-59 所示。此时表格样式的名称将变为可编辑状态，输入新的名称，按 Enter 键完成操作，如图 6-60 所示。

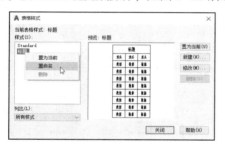

图 6-59

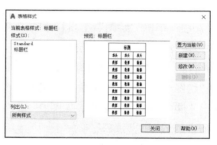

图 6-60

3. 将表格样式设置为当前样式

在"表格样式"对话框的"样式"列表框中选择一种表格样式，单击"置为当前"按钮，可将该表格样式设置为当前的表格样式。

用户也可以用鼠标右键单击"样式"列表框中的一种表格样式，在弹出的快捷菜单中选择"置为当前"命令，将对应的表格样式设置为当前的表格样式。

完成后单击"关闭"按钮，保存设置并关闭对话框。

4. 修改已有的表格样式

若需要对表格的样式进行修改，可以选择"格式 > 表格样式"菜单命令，弹出"表格样式"对话框。在"样式"列表框内选择要修改的表格样式，单击"修改"按钮，弹出"修改表格样式"对话框，如图 6-61 所示，在其中可修改表格的各项属性。完成修改后，单击"确定"按钮，完成表格样式的修改。

5. 删除表格样式

在"表格样式"对话框的"样式"列表框中选择一种表格样式，单击"删除"按钮，此时系统会弹出提示信息，要求用户确认删除操作，如图 6-62 所示。单击"删除"按钮，即可将选择的表格样式删除。

小提示　**不可删除当前的表格样式与系统提供的"Standard"表格样式。**

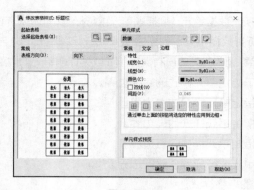

图 6-61

图 6-62

6.5.3　创建表格

利用"表格"命令可以方便、快速地创建图样所需的表格。

启用命令的方法如下。

- 工具栏：单击"绘图"工具栏中的"表格"按钮 ▦。
- 菜单命令：在菜单栏中选择"绘图 > 表格"命令。
- 命令行：在命令提示窗口中输入 TABLE。

选择"绘图 > 表格"菜单命令，启用"表格"命令，弹出"插入表格"对话框，如图 6-63 所示。对话框中的选项说明如下。

- "表格样式"下拉列表框：用于设置要使用的表格样式。单击右侧的 ◳ 按钮，弹出"表格样式"对话框，可以创建表格样式。

"插入选项"选项组用于指定插入表格的方式。

- "从空表格开始"单选按钮：用于创建可以手动填充数据的空表格。

图 6-63

- "自数据链接"单选按钮：基于外部电子表格中的数据创建表格，单击右侧的"启动'数据链接管理器'对话框"按钮 ▦，弹出"选择数据链接"对话框，在该对话框中可以创建新的表格数据或是选择已有的表格数据。

- "自图形中的对象数据（数据提取）"单选按钮：选择该单选按钮后，单击"确定"按钮，可以开启"数据提取"向导，用于从图形中提取对象数据，这些数据可输出到表格或外部文件中。

"插入方式"选项组用于确定表格的插入方式。

- "指定插入点"单选按钮：用于设置表格左上角的位置。如果表格样式将表格的方向设置为由下至上读取，则插入点位于表格的左下角。

- "指定窗口"单选按钮：用于设置表格的大小和位置。选择此单选按钮后，表格的行数、列数、列宽和行高取决于窗口的大小以及列和行的设置。

"列和行设置"选项组用于指定表格的列数、列宽、行数、行高。

- "列数"数值框：用于指定列数。

- "列宽"数值框：用于指定列的宽度。
- "数据行数"数值框：用于指定行数。
- "行高"数值框：用于指定行的高度。

"设置单元样式"选项组用于为那些不包含起始表格的表格样式指定新表格中行的单元格式。

- "第一行单元样式"下拉列表框：用于指定表格中第一行的单元样式。其下拉列表中包含"标题""表头""数据"3 个选项。默认情况下使用"标题"单元样式。
- "第二行单元样式"下拉列表框：用于指定表格中第二行的单元样式。其下拉列表中包含"标题""表头""数据"3 个选项。默认情况下使用"表头"单元样式。
- "所有其他行单元样式"下拉列表框：用于指定表格中所有其他行的单元样式。其下拉列表中包含"标题""表头""数据"3 个选项。默认情况下使用"数据"单元样式。

根据表格的需要设置相应的参数，单击"确定"按钮，关闭"插入表格"对话框，返回到绘图窗口，此时鼠标指针变为图 6-64 所示的形状。

图 6-64

在绘图窗口中单击，指定表格的插入位置，并打开"文字编辑器"选项卡。标题单元格中出现光标，如图 6-65 所示。

 绘制表格时，可以通过输入数值来确定表格的大小，列和行将自动调整其数量，以适应表格的大小。

图 6-65

若在输入文字之前直接单击"文字编辑器"选项卡"关闭"面板中的"关闭文字编辑器"按钮，则可以退出表格的文字输入状态，创建没有文字的表格，如图 6-66 所示。

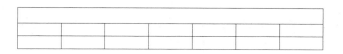

图 6-66

6.5.4 填写表格

表格单元中的内容可以是文字或块。创建完表格后，可以在其单元格内输入文字或者插入块。

1. 输入文字

创建表格后，其中的第一个单元格（标题单元格）会高亮显示，并打开"文字编辑器"选项卡，表格的列字母和行号也会显示出来，如图 6-67 所示，这时可以输入文字来确定标题的内容。输入完成后，按 Tab 键确认并转至下一行，如图 6-68 所示，继续输入文字。在输入文字的过程中，用户可以在"文字编辑器"选项卡中设置文字的样式、字体和颜色等。

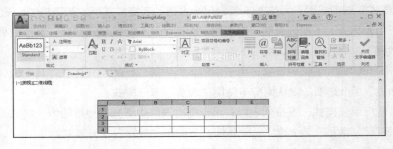

图 6-67

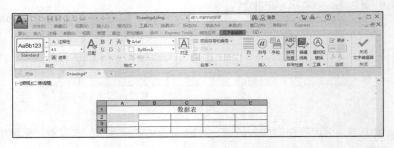

图 6-68

按 Tab 键是从左到右以一个单元格为单位进行跳转，至表格右侧边界后，会自动转到下一行左侧的第一个单元格。如果在最后一个单元格中进行跳转，系统将在表格最下方添加一行。当光标位于单元格中文字的开始或结束位置时，按方向键可以将光标移动到相邻的单元格。

在已创建好的表格中添加文字的步骤如下。

（1）在表格单元内双击，高亮显示相应单元格，并打开"文字编辑器"选项卡，表格的列字母和行号也会显示出来，这时可以开始输入文字。

（2）在单元格中，按方向键在文字中移动光标，可以将光标移动到指定的位置并对输入的文字进行编辑和修改。

（3）选择单元格中的文字，在"文字编辑器"选项卡中设置文字的样式和字体等。

在单元格中，如果需要创建换行符，可按 Alt+Enter 组合键。当输入文字的行数太多时，单元格的行高会增大以适应输入文字的行数。

2. 插入块

在表格单元中插入块时，块可以自动适应表格单元的大小，用户也可以调整表格单元以匹配块的大小。

在表格中插入块的步骤如下。

（1）在表格单元内单击，将要插入块的单元格选中，单击鼠标右键，弹出快捷菜单，选择"插入点 > 块"命令，如图 6-69 所示。弹出"在表格单元中插入块"对话框，如图 6-70 所示。

图 6-69

图 6-70

（2）在"在表格单元中插入块"对话框中，可以设置要插入的块的名称，或者浏览已创建的图形。也可以指定块的特性，如单元对齐、比例和旋转角度。

对话框中的选项说明如下。

- "名称"下拉列表框：用于输入或选择需要插入的块的名称。

- "浏览"按钮：单击此按钮，弹出"选择图形文件"对话框，如图 6-71 所示；选择相应的图形文件，单击"打开"按钮，即可将对应文件中的图形作为块插入当前图形中。

- "比例"数值框：当取消勾选"自动调整"复选框时，可以通过输入值的方式指定块参照的比例。

图 6-71

- "自动调整"复选框：用于缩放块以适应选定的表格单元。

- "旋转角度"数值框：用于指定块的旋转角度。

- "全局单元对齐"下拉列表框：用于指定块在表格单元中的对齐方式。块相对于上、下单元边框居中对齐、上对齐或下对齐，相对于左、右单元边框居中对齐、左对齐或右对齐。

（3）单击"确定"按钮，即可将块插入表格单元中。

6.5.5 修改表格

通过调整表格的样式，可以对表格的特性进行编辑；通过"文字编辑器"选项卡，可以对表格中的文字进行编辑；在表格中插入块，可以对块进行编辑；通过编辑夹点，可以调整表格中行与列的大小。

1. 编辑表格的特性

在编辑表格特性时，可以对表格中栅格的线宽、颜色等特性进行编辑，也可以对表格中文字的高度和颜色等特性进行编辑。

2. 编辑表格中的文字内容

在编辑表格特性时，对表格中文字样式的某些修改不能应用在表格中，这时可以单独对表格中的文字进行编辑。表格文字的大小会决定表格单元的大小，如果表格某行中的一个单元格的大小发生变化，那么该单元格所在行的大小也会发生变化。

在表格中双击单元格中的文字，如双击表格内的文字"名称"，打开"文字编辑器"选项卡，此时可以对单元格中的文字进行编辑，如图 6-72 所示。

单元格中出现了光标，此时可以修改文字内容，也可以继续输入其他字符。在每个标题文字之间插入空格，效果如图 6-73 所示。使用这种方法可以修改表格中的所有文字内容。

图 6-72

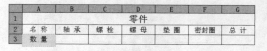
图 6-73

按 Tab 键切换到下一个单元格，如图 6-74 所示，此时即可对文字进行编辑。依次按 Tab 键，可切换到相应的单元格，完成编辑后单击"关闭文字编辑器"按钮。

图 6-74

 小提示　　**按 Tab 键切换单元格时，若单元格中插入的是块，则会跳过相应单元格。**

3. 编辑表格中的块

在表格中双击单元格中的块，如双击表格内的块" "，弹出"在表格单元中编辑块"对话框，此时可以对单元格中的块的特性进行编辑，如图 6-75 所示。

在该对话框中，可以对表格中的块进行更改，或者指定块的新特性。

4. 编辑表格的行与列

在利用"表格"命令 创建表格时，行与列的间距都是均匀的，这就使得表格中存在大部分空白区域，增加了表格的大小。如果要使表格中行与列的间距适合文字的宽度和高度，可以通过调整夹点来实现。

当选中整个表格时，表格上会出现夹点，如图 6-76 所示，拖曳夹点即可调整表格，使表格更加简明、美观。

图 6-75

图 6-76

调整表格的操作步骤如下。

（1）选中整个表格，表格的栅格上会显示一些用于控制表格的夹点，此时选择"名称"列右侧的夹点，将鼠标指针移动到适当的位置，如图 6-77 所示，单击以修改列的宽度。完成后按 Esc 键，取消表格的选中状态，效果如图 6-78 所示。

图 6-77

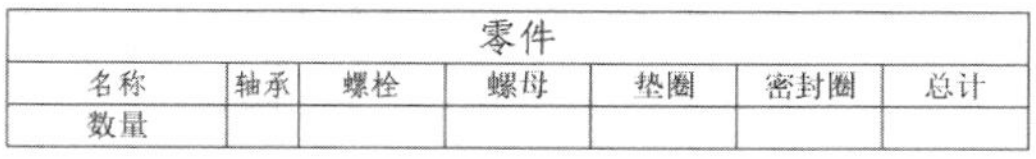

零件

名称	轴承	螺栓	螺母	垫圈	密封圈	总计
数量						

图 6-78

（2）调整表格中行的高度。选中整个表格时，只能均匀调整表格中包括标题行在内的所有行的高度。单击表格左下方的"统一拉伸表格高度"夹点，如图 6-79 所示，移动夹点到新的位置并单击确认。按 Esc 键，取消表格的选择状态，效果如图 6-80 所示。

图 6-79

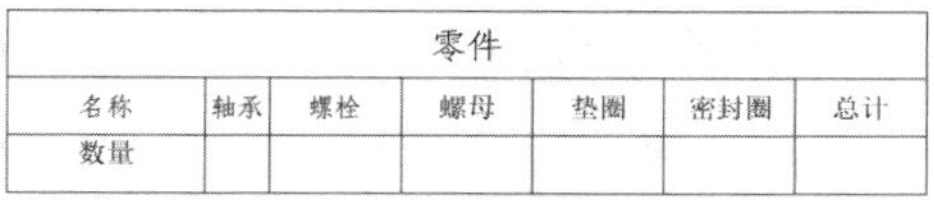

零件

名称	轴承	螺栓	螺母	垫圈	密封圈	总计
数量						

图 6-80

 小提示 要选中整个表格，须将表格的单元格全部选中或者单击表格单元的边框。若在表格的单元格内部单击，则只能选中相应单元格。

编辑表格中某个单元格的大小可以调整该单元格所在的行与列的大小。

在表格的单元格中单击，夹点将位于所选单元格的边界，如图 6-81 所示。选择夹点并进行拖曳，即可改变单元格所在行或列的大小，效果如图 6-82 所示。

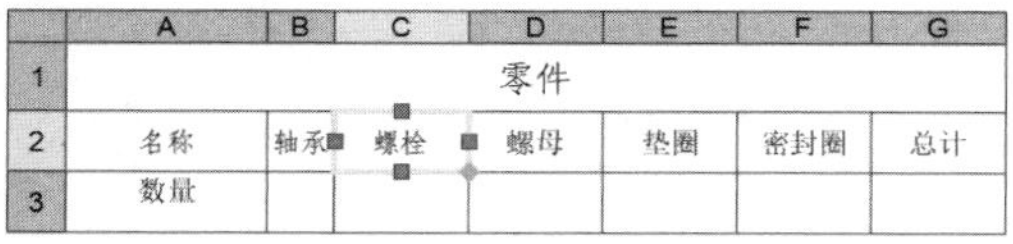

图 6-81

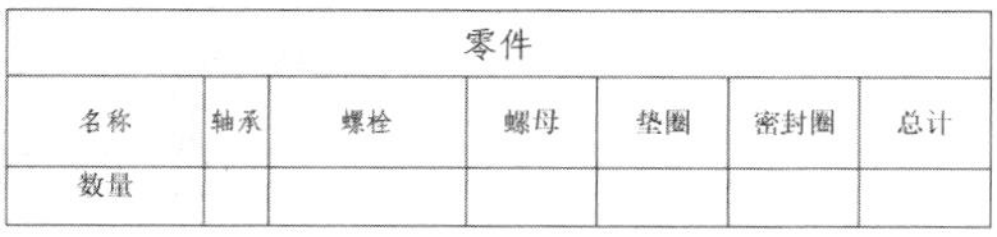

零件

名称	轴承	螺栓	螺母	垫圈	密封圈	总计
数量						

图 6-82

6.6 **课堂练习——制作结构设计总说明**

 练习知识要点

利用"多行文字"命令或"单行文字"命令制作结构设计总说明，效果如图 6-83 所示。

 效果文件所在位置

云盘/Ch06/DWG/结构设计总说明。

微课

制作结构设计
总说明

结构设计总说明

本工程地质报告由甲方委托重庆南江地质工程勘察院提供，甲方必须通知勘察单位进行地基验槽。

所注尺寸除标高以米为单位外，其余均以毫米为单位。

施工时如发现图纸上有遗漏或不明确之处，请及时与本院联系。

1. 标高：±0.000对应的绝对标高为　326.000m

2. 设计依据：

　　抗震设防裂度6度，抗震等级四级，Ⅰ类场地，B类地面，安全等级二级。

　　基本风压：0.3KN/m²

　　活载荷：厨房、卫生间、厅、卧室：2.0kN/m²　　挑阳台：2.5kN/m²

　　　　　　坡地面：　　　　　　　　0.7kN/m²　　屋顶花园：15.0kN/m²

图 6-83

6.7 课后习题——制作天花图例表

 习题知识要点

使用"表格"命令制作天花图例表，效果如图 6-84 所示。

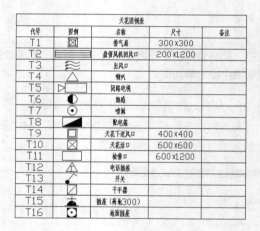

图 6-84

 效果文件所在位置

云盘/Ch06/DWG/天花图例表。

07

第 7 章
尺寸标注

本章介绍

本章主要介绍尺寸的标注方法与技巧。根据建筑工程图施工时是以图内标注尺寸的数值为准的。尺寸标注在建筑工程图中是一项非常重要的内容。通过本章的学习，读者可以掌握在绘制好的图形上添加尺寸标注和材料标注等的方法，以表达一些图形无法表达的信息。

学习目标

- 掌握尺寸标注的基本元素。
- 掌握标注样式的创建方法。
- 掌握在水平、竖直及倾斜方向上标注尺寸的方法。
- 掌握创建圆、圆弧、两条非平行线之间和 3 点之间的角度标注的方法。
- 掌握常用的标注形式及创建直径标注和半径标注的方法。
- 掌握创建连续尺寸标注和基线尺寸标注的方法。
- 掌握创建引线标注、圆心标记和公差标注的方法。
- 掌握进行拉伸尺寸标注和倾斜尺寸标注的方法。
- 掌握编辑标注文字和标注特性的方法。

技能目标

- 掌握标注高脚椅的方法。
- 掌握清洗池平面图的制作方法。
- 掌握标注写字台大样图中的材料名称的方法。

素养目标

- 培养学生细致的工作作风。

7.1 标注样式

标注样式用来控制标注的外观，如箭头样式等。用户可以创建标注样式，以快速指定标注的格式，并确保标注符合行业或项目标准。

7.1.1 尺寸标注的元素

标注具有以下几种独特的元素：标注文字、尺寸线、尺寸界线和箭头，如图 7-1 所示。

- 标注文字

标注文字是用于表示测量值的字符串。标注文字还可以包含前缀、后缀和公差，用户可对其进行编辑。

- 尺寸线

尺寸线用于指示标注的方向和范围。尺寸线通常为线段，但对于角度和弧长标注，尺寸线是一段圆弧。

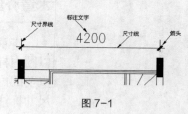

图 7-1

- 尺寸界线

尺寸界线指从被标注的对象延伸到尺寸线的线段，它指定了尺寸线的起点与终点。通常，尺寸界线应从图形的轮廓线、轴线、对称中心线引出，同时，轮廓线、轴线、对称中心线也可以作为尺寸界线。

- 箭头

箭头用于标记尺寸线的两端。

- 圆心标记

圆心标记指标记圆或圆弧中心的小十字。

- 中心线

中心线指标记圆或圆弧中心的虚线。

7.1.2 创建标注样式

默认情况下，在 AutoCAD 2020 中文版中创建尺寸标注时使用的标注样式是"ISO-25"，用户可以根据需要修改或创建一种新的标注样式。

AutoCAD 2020 中文版提供的"标注样式"命令用于创建标注样式。启用"标注样式"命令后，将弹出"标注样式管理器"对话框，在其中可以创建新的标注样式或调用已有的标注样式。在创建新的标注样式时，用户需要设置标注样式的名称与相应的属性。

启用命令的方法如下。

- 工具栏：单击"样式"工具栏中的"标注样式"按钮 ⤶。
- 菜单命令：在菜单栏中选择"格式 > 标注样式"命令。
- 命令行：在命令提示窗口中输入 DIMSTYLE。

选择"格式 > 标注样式"菜单命令，启用"标注样式"命令，创建标注样式，操作步骤如下。

（1）启用"标注样式"命令，弹出"标注样式管理器"对话框，"样式"列表框中列出了当前图形中已存在的标注样式，如图 7-2 所示。

（2）单击"新建"按钮，弹出"创建新标注样式"对话框。在"新样式名"文本框中输入新标注样式的名称；在"基础样式"下拉列表中选择新标注样式是基于哪一种标注样式创建的；在"用于"下拉列表中选择标注样式的应用范围，如应用于所有标注、半径标注等，如图 7-3 所示。

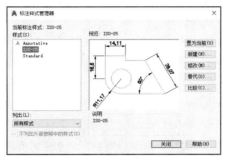

图 7-2   图 7-3

（3）单击"继续"按钮，弹出"新建标注样式 建筑"对话框，如图 7-4 所示，在该对话框中对 7 个选项卡中的选项进行设置。

（4）单击"确定"按钮，创建新的标注样式，其名称显示在"标注样式管理器"对话框的"样式"列表框中，如图 7-5 所示。

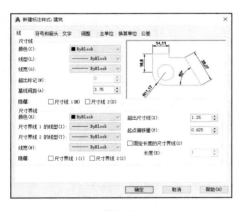

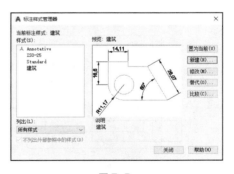

图 7-4   图 7-5

（5）在"样式"列表框内选择刚创建的标注样式，单击"置为当前"按钮，将该样式设置为当前的标注样式。

（6）单击"关闭"按钮，关闭"标注样式管理器"对话框，返回绘图窗口。

7.2 创建线性尺寸标注

利用线性尺寸标注可以对水平、垂直和倾斜等方向的对象进行标注。
标注线性尺寸一般可以使用以下方法。

- 通过在标注对象上指定尺寸线的起点和终点来创建线性尺寸标注。
- 按 Enter 键，鼠标指针变为拾取框，直接选取要进行标注的对象。

7.2.1 标注水平、竖直及倾斜方向上的尺寸

利用"线性"命令标注对象尺寸时，可以直接对水平或竖直方向的对象进行标注。如果要标注倾斜对象，则可以选择"旋转"选项，使尺寸标注适合倾斜对象。

启用命令的方法如下。

- 工具栏："标注"工具栏中的"线性"按钮┠。
- 菜单命令："标注 > 线性"。
- 命令行：DIMLINEAR（快捷命令 DLI）。

1. 标注水平和竖直方向的线性尺寸

单击"标注"工具栏中的"线性"按钮┠，启用"线性"命令，然后标注水平方向的线性尺寸，操作步骤如下。

（1）选择"文件 > 打开"菜单命令，打开云盘文件中的"Ch07 > 素材 > 床头柜"文件，如图 7-6 所示。

（2）在"图层"工具栏中单击"图层特性管理器"按钮，在弹出的"图层特性管理器"选项板中选择用于进行标注的图层，并将其置为当前图层。在"样式"工具栏的"标注样式控制"下拉列表中选择需要的标注样式，并将其置为当前标注样式。

（3）单击"标注"工具栏中的"线性"按钮┠，打开"对象捕捉"开关，捕捉图形的端点并标注其长度和高度，如图 7-7 所示。命令提示窗口中的操作步骤如下。

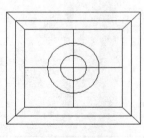

图 7-6

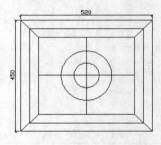

图 7-7

命令：_dimlinear	//单击"线性"按钮┠
指定第一个尺寸界线原点或 <选择对象>：	//单击床头柜左下角的端点
指定第二条尺寸界线原点：	//单击床头柜左上角的端点
指定尺寸线位置或	
[多行文字(M)/文字(T)/角度(A)/水平(H)/垂直(V)/旋转(R)]：	//移动十字光标，单击确定尺寸线
	//的位置
标注文字 = 450	
命令：_dimlinear	//单击"线性"按钮┠
指定第一个尺寸界线原点或 <选择对象>：	//单击床头柜左上角的端点

指定第二条尺寸界线原点：　　　　　　　　　　//单击床头柜右上角的端点

指定尺寸线位置或

[多行文字(M)/文字(T)/角度(A)/水平(H)/垂直(V)/旋转(R)]：　　//移动十字光标，单击确定尺寸线
　　　　　　　　　　　　　　　　　　　　　　//的位置

标注文字 ＝ 520

提示选项说明如下。

● 多行文字（M）：用于打开"文字编辑器"选项卡和文字输入框，如图 7-8 所示。标注的文字
是自动测量得到的数值。

小提示　　如果需要给生成的测量值添加前缀或后缀，可在测量值前后输入前缀或后缀；若要编辑或
替换生成的测量值，可先删除测量值，再输入新的标注文字，输入完成后单击"关闭文字编辑
器"按钮。

图 7-8

● 文字（T）：用于设置尺寸标注中的文本。
● 角度（A）：用于设置尺寸标注中文本的倾斜角度。
● 水平（H）：用于创建水平线性标注。
● 垂直（V）：用于创建垂直线性标注。
● 旋转（R）：用于创建旋转了一定角度的尺寸标注。

2. 标注倾斜方向的线性尺寸

选择"标注 > 线性"菜单命令，启用"线性"命令，标注倾斜方向的线性尺
寸，如图 7-9 所示。命令提示窗口中的操作步骤如下。

图 7-9

命令：_dimlinear　　　　　　　　　　　　//选择标注"线性"菜单命令

指定第一个尺寸界线原点或 <选择对象>：　　//单击 A 点

指定第二条尺寸界线原点：　　　　　　　　//单击 B 点

指定尺寸线位置或

[多行文字(M)/文字(T)/角度(A)/水平(H)/垂直(V)/旋转(R)]：R　　//选择"旋转"选项

指定尺寸线的角度 <0>：98　　　　　　　　//输入旋转角度值

指定尺寸线位置或

[多行文字(M)/文字(T)/角度(A)/水平(H)/垂直(V)/旋转(R)]：　　//移动十字光标，单击确定尺寸线
　　　　　　　　　　　　　　　　　　　　//的位置

标注文字 ＝ 236

7.2.2　标注对齐尺寸

对倾斜的对象进行标注时，可以使用"对齐"命令。对齐尺寸标注的特点是尺寸线平行于倾斜的

标注对象。

启用命令的方法如下。

- 工具栏：单击"标注"工具栏中的"对齐"按钮。
- 菜单命令：在菜单栏中选择"标注 > 对齐"命令。
- 命令行：在命令提示窗口中输入 DIMALIGNED（快捷命令为 DAL）。

选择"标注 > 对齐"菜单命令，启用"对齐"命令，标注倾斜方向的线性尺寸，如图 7-9 所示。命令提示窗口中的操作步骤如下。

命令：_dimaligned　　　　　　　　　　　　//选择"标注 > 对齐"菜单命令
指定第一个尺寸界线原点或 <选择对象>：　　//在 A 点处单击
指定第二条尺寸界线原点：　　　　　　　　//在 B 点处单击
指定尺寸线位置或
[多行文字(M)/文字(T)/角度(A)]：　　　　//移动十字光标，单击确定尺寸线的位置
标注文字 =236

利用"对齐"命令标注图形尺寸时，命令提示窗口中的提示选项的含义与"线性"命令中所介绍的选项含义相同。

7.3　创建角度标注

角度标注用于标注圆或圆弧的角度、两条非平行线之间的角度和 3 点之间的角度。AutoCAD 2020 中文版提供了"角度"命令，用于创建角度标注。

启用命令的方法如下。

- 工具栏：单击"标注"工具栏中的"角度"按钮。
- 菜单命令：在菜单栏中选择"标注 > 角度"命令。
- 命令行：在命令提示窗口中输入 DIMANGULAR（快捷命令为 DAN）。

1. 圆或圆弧的角度标注

选择"标注 > 角度"菜单命令，启用"角度"命令。在圆上单击，选择圆的同时，确定角度第一个端点的位置，再单击确定角度的第二个端点，在圆上测量出指定角度的大小，如图 7-10 和图 7-11 所示。命令提示窗口中的操作步骤如下。

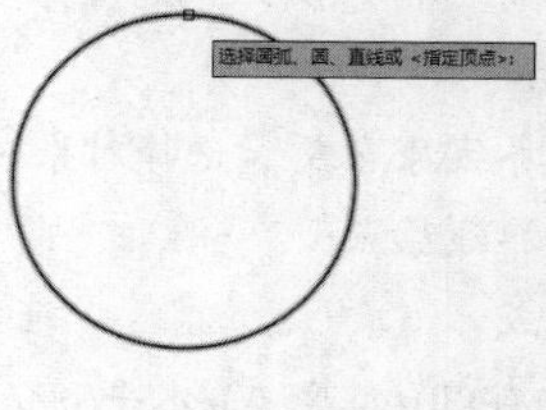

图 7-10 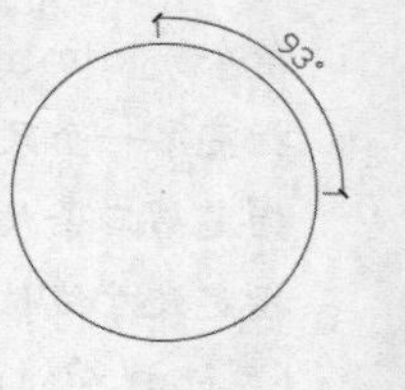　　　　图 7-11

命令：_dimangular　　　　　　　　　　　　//选择"标注 > 角度"菜单命令
选择圆弧、圆、直线或 <指定顶点>：　　　//单击确定圆及角度第一个端点的位置
指定角的第二个端点：　　　　　　　　　　//单击确定角度的第二个端点
指定标注弧线位置或 [多行文字(M)/文字(T)/角度(A)/象限点(Q)]：
　　　　　　　　　　　　　　　　　　　//移动十字光标，单击确定尺寸线的位置
标注文字 = 93

选择"标注 > 角度"菜单命令，启用"角度"命令，选择圆弧对象后，系统会自动生成角度标

注，用户只需移动十字光标确定尺寸线的位置，效果如图 7-12 所示。

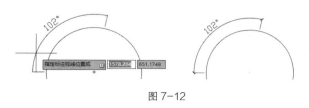

图 7-12

2. 两条非平行线之间的角度标注

选择"标注 > 角度"菜单命令，启用"角度"命令。测量两条非平行线的夹角时，AutoCAD 2020 中文版会将两条线段作为角的边，将线段之间的交点作为角顶点来确定角。

如果尺寸线不与被标注的线段相交，AutoCAD 2020 中文版将根据需要延长一条或两条线段来添加尺寸界线。该尺寸线的张角始终小于 180°，角度标注的位置由十字光标的位置确定，如图 7-13 所示。

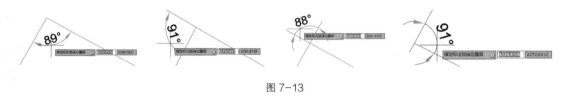

图 7-13

3. 3 点之间的角度标注

选择"标注 > 角度"菜单命令，启用"角度"命令。测量由自定义顶点及两个端点组成的角度时，角顶点可以同时作为角端点。如果需要尺寸界线，那么角端点可用作尺寸界线的起点，尺寸界线会从角端点绘制到尺寸线交点，在尺寸界线之间绘制的圆弧为尺寸线，如图 7-14 所示。命令提示窗口中的操作步骤如下。

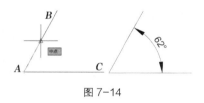

图 7-14

命令：_dimangular   //选择"标注 > 角度"菜单命令

选择圆弧、圆、直线或 <指定顶点>：   //按 Enter 键

指定角的顶点：   //单击 A 点确定顶点

指定角的第一个端点：   //单击 B 点确定第一个端点

指定角的第二个端点：   //单击 C 点确定第二个端点

指定标注弧线位置或 [多行文字(M)/文字(T)/角度(A)/象限点(Q)]：

                                         //移动十字光标，单击确定尺寸线的位置

标注文字 = 62

7.4 创建径向尺寸标注

径向尺寸标注包括直径标注和半径标注。"直径"命令和"半径"命令是 AutoCAD 2020 中文版提供的用于测量圆和圆弧直径或半径的工具。

7.4.1　课堂案例——标注高脚椅尺寸

案例学习目标

熟练运用"半径"命令标注高脚椅。

案例知识要点

利用"半径"命令标注高脚椅，效果如图 7-15 所示。

效果文件所在位置

云盘/Ch07/DWG/高脚椅。

（1）打开图形文件。选择"文件 > 打开"菜单命令，打开云盘文件中的"Ch07 > 素材 > 高脚椅"文件，如图 7-16 所示。

（2）设置图层。选择"格式 > 图层"菜单命令，弹出"图层特性管理器"选项板。单击"新建图层"按钮，建立一个"DIM"图层，设置图层颜色为绿色，单击"置为当前"按钮，设置"DIM"图层为当前图层，单击"关闭"按钮，完成图层的设置。

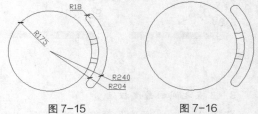

图 7-15　　　　　　图 7-16

（3）设置标注样式。单击"样式"工具栏中的"标注样式"按钮，弹出"标注样式管理器"对话框，如图 7-17 所示。单击"新建"按钮，弹出"创建新标注样式"对话框，在"新样式名"文本框中输入新样式的名称"dim"，如图 7-18 所示。单击"继续"按钮，弹出"新建标注样式：dim"对话框，在其中设置标注样式的相关参数，如图 7-19 所示。单击"符号和箭头"选项卡，具体设置如图 7-20 所示。单击"确定"按钮。返回"标注样式管理器"对话框，在"样式"列表框中选择"dim"选项，单击"置为当前"按钮，将其置为当前标注样式。单击"关闭"按钮，返回绘图窗口。

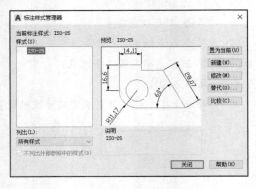

图 7-17

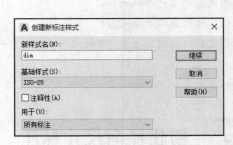

图 7-18

图 7-19

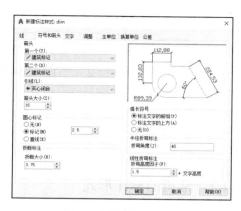

图 7-20

（4）打开"标注"工具栏。在任意工具栏上单击鼠标右键，弹出快捷菜单，选择"标注"命令，如图 7-21 所示。弹出"标注"工具栏，如图 7-22 所示。

图 7-21

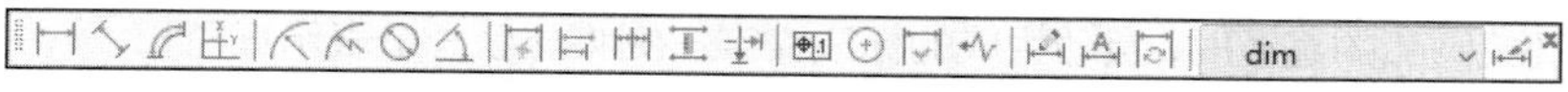

图 7-22

（5）标注半径。单击"标注"工具栏中的"半径"按钮 ，在高脚椅轮廓线的圆角处进行标注。命令提示窗口中的操作步骤如下。

命令：_dimradius	//单击"半径"按钮
选择圆弧或圆：	//选择外轮廓处的圆角，如图 7-23 所示
标注文字 = 175	
指定尺寸线位置或 [多行文字(M)/文字(T)/角度(A)]:	//移动十字光标，单击指定尺寸线的位 //置，如图 7-24 所示
命令：_dimradius	//按 Enter 键
选择圆弧或圆：	//选择椅靠上部的轮廓线
标注文字 =18	
指定尺寸线位置或 [多行文字(M)/文字(T)/角度(A)]:	//移动十字光标，单击指定尺寸线的位置
命令：_dimradius	//按 Enter 键
选择圆弧或圆：	//选择椅靠下部的外轮廓线
标注文字 = 240	
指定尺寸线位置或 [多行文字(M)/文字(T)/角度(A)]:	//移动十字光标，单击指定尺寸线的位置
命令：_dimradius	//按 Enter 键
选择圆弧或圆：	//选择椅靠下部的内轮廓线
标注文字 = 204	
指定尺寸线位置或 [多行文字(M)/文字(T)/角度(A)]:	//移动十字光标，单击指定尺寸线的 //位置，完成后的效果如图 7-25 所示

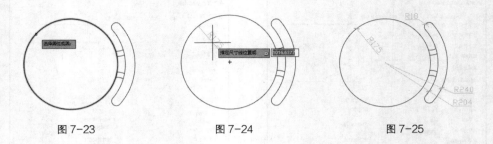

图 7-23 　　　　　图 7-24 　　　　　图 7-25

7.4.2　常用的标注形式

在建筑工程图中，直径和半径的标注形式通常有两种，如图 7-26 所示。在 AutoCAD 2020 中文版中可以通过修改标注样式来设置直径和半径的标注形式。

7.4.3　创建直径标注

直径标注包含一条具有指向圆或圆弧的箭头的直径尺寸线，测量圆或圆弧的直径时，自动生成的标注文字左侧将显示一个表示直径长度的符号"Ø"。

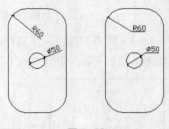

图 7-26

启用命令的方法如下。

- 工具栏：单击"标注"工具栏中的"直径"按钮 ⊘ 。
- 菜单命令：在菜单栏中选择"标注 > 直径"命令。
- 命令行：在命令提示窗口中输入 DIMDIAMETER（快捷命令为 DDI）。

选择"标注 > 直径"菜单命令，启用"直径"命令，进行标注时，单击圆上一点，系统将通过圆心和指定的点，在圆中绘制一条代表直径的线段，移动十字光标可以控制半径标注中标注文字的位置，效果如图 7-27 所示。命令提示窗口中的操作步骤如下。

命令：_dimdiameter 　　　　　　　　　　　　　//选择"标注 > 直径"菜单命令

选择圆弧或圆： 　　　　　　　　　　　　　　　//单击圆上一点

标注文字 ＝ 100

指定尺寸线位置或 [多行文字(M)/文字(T)/角度(A)]：　　//在圆外部单击，确定尺寸线的位置

当命令提示窗口中提示指定尺寸线位置时，在圆内部单击，尺寸线就会被放置在圆的内部，效果如图 7-28 所示。

选择"格式 > 标注样式"菜单命令，弹出"标注样式管理器"对话框。单击"修改"按钮，弹出"修改标注样式：ISO-25"对话框，单击"文字"选项卡，选择"文字对齐"选项组中的"ISO 标准"单选按钮，如图 7-29 所示。单击"确定"按钮，返回"标注样式管理器"对话框，单击"关闭"按钮，修改标注的样式，效果如图 7-30 所示。

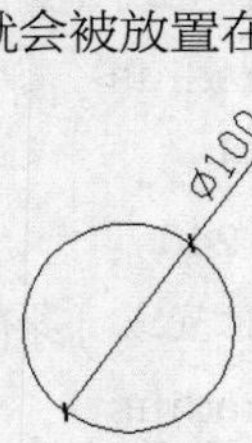

图 7-27  　　　 图 7-28

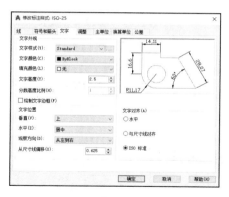

图 7-29

图 7-30

7.4.4　创建半径标注

半径标注包含一条具有指向圆或圆弧的箭头的半径尺寸线，测量圆或圆弧的半径时，自动生成的标注文字左侧将显示表示半径的字母"R"。

启用命令的方法如下。

- 工具栏：单击"标注"工具栏中的"半径"按钮 。
- 菜单命令：在菜单栏中选择"标注 > 半径"命令。
- 命令行：在命令提示窗口中输入 DIMRADIUS（快捷命令为 DRA）。

选择"标注 > 半径"菜单命令，启用"半径"命令，进行标注时，单击圆上的某一点，系统将根据圆心与指定的点生成一条表示半径的线段，移动十字光标可以控制半径标注中标注文字的位置，如图 7-31 所示。命令提示窗口中的操作步骤如下。

图 7-31

命令：_dimradius　　　　　　　　　　　　//选择"标注 > 半径"菜单命令
选择圆弧或圆：　　　　　　　　　　　　　//单击圆上一点
标注文字 = 50
指定尺寸线位置或 [多行文字(M)/文字(T)/角度(A)]：　//在圆外部单击，确定尺寸线的位置
用户也可以修改半径的标注形式，其修改方法与直径标注相同。

7.5　创建弧长标注

弧长标注用于测量圆弧或多段线弧线上的距离。

启用命令的方法如下。

- 工具栏：单击"标注"工具栏中的"弧长"按钮 。
- 菜单命令：在菜单栏中选择"标注 > 弧长"命令。
- 命令行：在命令提示窗口中输入 DIMARC。

选择"标注 > 弧长"菜单命令，启用"弧长"命令，鼠标指针变为拾取框。选择圆弧对象后，系统会自动生成弧长标注，用户只需移动十字光标确定尺寸线的位置即可，如图 7-32 所示。命令提示窗口中的操作步骤如下。

图 7-32

命令：_dimarc   //选择"标注 > 弧长"菜单命令
选择弧线段或多段线圆弧段：   //选择圆弧
指定弧长标注位置或 [多行文字(M)/文字(T)/角度(A)/部分(P)]：

                                         //移动十字光标，单击确定尺寸线的位置

标注文字 = 40.49

7.6 创建连续尺寸标注和基线尺寸标注

连续尺寸标注与基线尺寸标注的创建方法类似。用户需要先建立一个尺寸标注，再进行连续尺寸标注或基线尺寸标注的操作。

标注连续尺寸或基线尺寸一般可使用以下两种方法。

- 直接拾取标注对象上的点，根据已有的尺寸标注来创建基线尺寸标注或连续尺寸标注。
- 按 Enter 键，鼠标指针变为拾取框，选择某条尺寸界线作为创建新尺寸标注的基线。

7.6.1　课堂案例——标注清洗池平面图

案例学习目标

掌握连续标注命令。

案例知识要点

运用"线性"命令和"连续"命令标注清洗池平面图，效果如图 7-33 所示。

效果文件所在位置

云盘/Ch07/DWG/标注清洗池平面图。

（1）打开图形文件。选择"文件 > 打开"菜单命令，打开云盘文件中的"Ch07 > 素材 > 清洗池"文件，如图 7-34 所示。

（2）设置图层。选择"格式 > 图层"菜单命令，弹出"图层特性管理器"选项板，选择"DIM"图层，单击"置为当前"按钮 ，设置"DIM"图层为当前图层，单击"关闭"按钮。

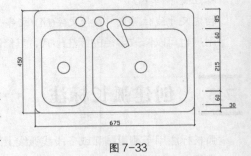

图 7-33

（3）设置标注样式。单击"样式"工具栏中的"标注样式"按钮 ，弹出"标注样式管理器"对话框。在"样式"列表框中选择"dim"选项，单击"置为当前"按钮，将其置为当前标注样式，如图 7-35 所示。单击"关闭"按钮，返回绘图窗口。

（4）标注线性尺寸。单击"标注"工具栏中的"线性"按钮 ，标注清洗池右侧的垂直尺寸，如图 7-36 所示。命令提示窗口中的操作步骤如下。

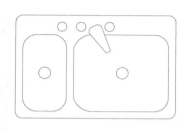

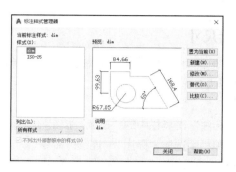

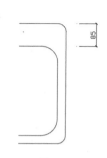

图 7-34   图 7-35   图 7-36

命令：_dimlinear   //单击"线性"按钮

指定第一个尺寸界线原点或 <选择对象>：   //单击右侧上方的节点

指定第二条尺寸界线原点：   //单击右侧第二个节点

指定尺寸线位置或   //移动十字光标，单击确定尺寸线的位置

[多行文字(M)/文字(T)/角度(A)/水平(H)/垂直(V)/旋转(R)]：

标注文字 =85

（5）标注连续尺寸。单击"标注"工具栏中的"连续"按钮，打开"正交模式"和"对象捕捉"开关，标注清洗池右侧的垂直连续尺寸，如图 7-37 所示。命令提示窗口中的操作步骤如下。

命令：_dimcontinue   //单击"连续"按钮

指定第二个尺寸界线原点或 [选择(S)/放弃(U)] <选择>： //选择第二个节点到第三个节点的正交线

标注文字 = 60

指定第二个尺寸界线原点或 [放弃(U)/选择(S)] <选择>： //选择第三个节点到第四个节点的正交线

标注文字 = 215

指定第二条尺寸界线原点或 [放弃(U)/选择(S)] <选择>： //选择第四个节点到第五个节点的正交线

标注文字 = 60

指定第二条尺寸界线原点或 [放弃(U)/选择(S)] <选择>： //选择第五个节点到第六个节点的正交线

标注文字 = 30

指定第二条尺寸界线原点或 [放弃(U)/选择(S)] <选择>： //按 Enter 键

选择连续标注：   //按 Enter 键

（6）标注其余尺寸。单击"标注"工具栏中的"线性"按钮，标注清洗池的其余尺寸，完成后的效果如图 7-38 所示。

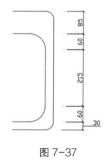

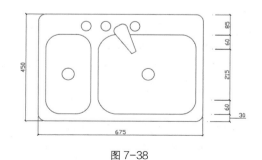

图 7-37   图 7-38

7.6.2　标注连续尺寸

连续尺寸标注是工程制图中比较常用的一种标注方式，其特点是自动排列尺寸线。其中，相邻的两个尺寸标注间的尺寸界线会作为公用尺寸界线。

启用命令的方法如下。

- 工具栏：单击"标注"工具栏中的"连续"按钮 。
- 菜单命令：在菜单栏中选择"标注 > 连续"命令。
- 命令行：在命令提示窗口中输入 DIMCONTINUE（快捷命令为 DCO）。

启用"线性"命令和"连续"命令，标注图形尺寸，操作步骤如下。

（1）选择"文件 > 打开"菜单命令，打开云盘文件中的"Ch07 > 素材 > 四人沙发"文件，如图 7-39 所示。

（2）在"图层"工具栏中单击"图层特性管理器"按钮，在弹出的"图层特性管理器"选项板中选择用于进行标注的图层，并将其置为当前图层。在"样式"工具栏的"标注样式控制"下拉列表中选择需要的标注样式，并将其置为当前标注样式。

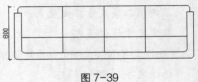

图 7-39

（3）单击"标注"工具栏中的"线性"按钮 ，捕捉图形的端点并标注其长度，如图 7-40 所示。

（4）单击"标注"工具栏中的"连续"按钮 ，系统会自动认定基准标注的右侧尺寸界线为连续标注的起点，继续为图形添加连续标注，完成后的效果如图 7-41 所示。

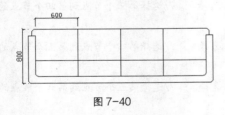

图 7-40

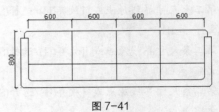

图 7-41

7.6.3　标注基线尺寸

基线尺寸标注是指所有的尺寸都从同一点开始标注，它们会将基线尺寸标注中起点处的尺寸界线作为公用尺寸界线。

启用命令的方法如下。

- 工具栏：单击"标注"工具栏中的"基线"按钮 。
- 菜单命令：在菜单栏中选择"标注 > 基线"命令。
- 命令行：在命令提示窗口中输入 DIMBASELINE（快捷命令为 DBA）。

选择"标注 > 基线"菜单命令，启用"基线"命令，继续为"四人沙发"文件添加标注，操作步骤如下。

（1）单击"标注"工具栏中的"基线"按钮 ，系统会自动认定基准标注为最后一个尺寸标注，并且以标注的左侧尺寸界线作为基线标注的起点，如图 7-42 所示。

（2）按 Enter 键，鼠标指针变为拾取框，选择沙发图形最左侧的水平尺寸标注，系统将认定所选择的标注为基线标注的起点。在沙发图形的最右侧水平尺寸标注的尺寸界线上单击，标注出沙发图形的总长度，如图 7-43 所示。命令提示窗口中的操作步骤如下。

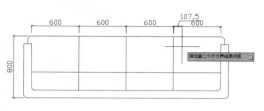

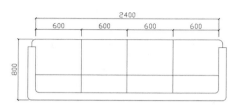

图 7-42　　　　　　　　　　　　　　图 7-43

命令：_dimbaseline　　　　　　　　　　　　　　//单击"基线"按钮
指定第二个尺寸界线原点或 [选择(S)/放弃(U)] <选择>：　　//按 Enter 键
选择基准标注：　　　　　　　　　　　　　　　//单击图形最左侧的尺寸界线
指定第二条尺寸界线原点或 [选择(S)/放弃(U)] <选择>：　　//单击图形最右侧的尺寸界线
标注文字 = 2400
指定第二条尺寸界线原点或 [选择(S)/放弃(U)] <选择>：　　//按 Enter 键
选择基准标注：　　　　　　　　　　　　　　　//按 Enter 键

7.7　创建特殊尺寸标注

引线标注一般用于标注材料名称和一些注释信息等，圆心标记用于标记圆及圆弧的圆心位置，公差标注一般用于机械设计工作中。

7.7.1　课堂案例——标注写字台大样图中的材料名称

案例学习目标

掌握一种标注注释类文字的快捷方法。

案例知识要点

使用引线标注命令"QLEADER"标注写字台大样图中的材料名称，效果如图 7-44 所示。

微课
标注写字台大样
图中的材料名称

效果文件所在位置

云盘/Ch07/DWG/标注写字台大样图。

（1）打开图形文件。选择"文件 > 打开"菜单命令，打开云盘文件中的"Ch07 > 素材 > 写字台大样图"文件，如图 7-45 所示。

（2）设置图层。选择"格式 > 图层"菜单命令，弹出"图层特性管理器"选项板，选择"DIM"图层，单击"置为当前"按钮 ，设置"DIM"图层为当前图层，单击"关闭"按钮。

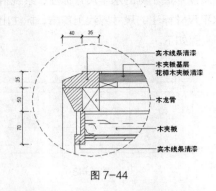

图 7-44

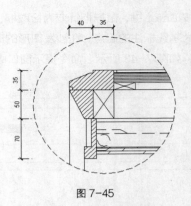

图 7-45

（3）设置标注样式。单击"样式"工具栏中的"标注样式"按钮 ，弹出"标注样式管理器"对话框，如图 7-46 所示。单击"替代"按钮，弹出"替代当前样式:DIM"对话框，设置标注样式的相关参数，如图 7-47 所示。单击"确定"按钮，返回"标注样式管理器"对话框，单击"关闭"按钮，返回绘图窗口。

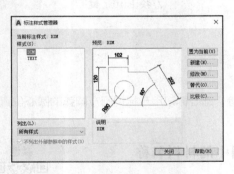

图 7-46

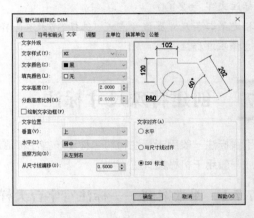

图 7-47

（4）标注材料名称。在命令提示窗口中输入 QLEADER，按 Enter 键，弹出"引线设置"对话框。单击"引线和箭头"选项卡，在"箭头"选项组的下拉列表中选择"直角"选项，如图 7-48 所示。单击"附着"选项卡，选择"第一行中间"两侧的单选按钮，如图 7-49 所示。单击"确定"按钮，返回绘图窗口，在绘图窗口中单击确定引线位置并输入材料名称，注释结果如图 7-50 所示。命令提示窗口中的操作步骤如下。

命令: _qleader
指定第一个引线点或 [设置(S)] <设置>:   //按 Enter 键
指定第一个引线点或 [设置(S)] <设置>:   //在"引线设置"对话框中单击"确定"
                                             //按钮
指定下一点: //在绘图窗口中单击确定引线的引出位置
指定下一点: //单击确定第二点
指定文字宽度 <0.0000>:   //按 Enter 键

输入注释文字的第一行 <多行文字(M)>: 实木线条清漆　　　//输入注释文字

输入注释文字的下一行:　　　　　　　　　　　　　//按 Enter 键

　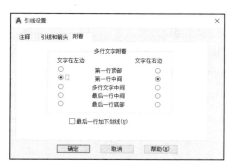

图 7-48　　　　　　　　　　　　　　　　　图 7-49

（5）标注其余材料的名称。参考上述方法，在绘图窗口中单击确定引线位置并输入材料名称，注释完成后的效果如图 7-51 所示。

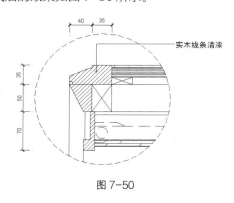

图 7-50　　　　　　　　　　　　　　　　　图 7-51

7.7.2　创建引线标注

引线标注用于注释对象。用户可以从指定的位置绘制一条引线来标注对象，并在引线的末端输入文本、公差和图形元素等。在创建引线标注的过程中，可以控制引线的形式、箭头的外观、标注文字的对齐方式等。下面详细介绍创建引线标注的方法。

引线可以是线段或平滑的样条曲线。通常引线标注是由箭头、线段和一些注释性文字组成的，如图 7-52 所示。

AutoCAD 2020 中文版提供的"引线"命令可用于创建引线标注。

启用命令的方法：在命令提示窗口中输入 QLEADER。

在命令提示窗口中输入 QLEADER 后，按 Enter 键，依次指定引线上的点，然后输入文字，可在图形中添加引线标注，如图 7-53 所示。命令提示窗口中的操作步骤如下。

命令: _qleader

指定第一个引线点或 [设置(S)] <设置>:　　　　　　//单击 A 点

指定下一点:　　　　　　　　　　　　　　　　　　//单击 B 点

指定下一点:　　　　　　　　　　　　　　　　　　//单击 C 点

指定文字宽度 <0.0000>:　　　　　　　　　　　　　　//按 Enter 键

输入注释文字的第一行 <多行文字(M)>：筒灯　　　　　//输入注释文字"筒灯"

输入注释文字的下一行:　　　　　　　　　　　　　　//按 Enter 键

提示选项说明如下。

● 设置（S）：输入字母"S"，按 Enter 键，会弹出"引线设置"对话框，如图 7-54 所示。在该对话框中可以设置引线和引线注释的特性。

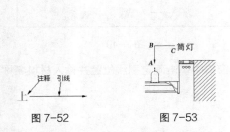

图 7-52　　　　　　　图 7-53

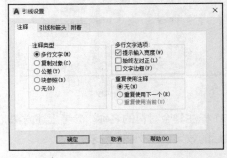

图 7-54

对话框中的选项说明如下。

"引线设置"对话框包含 3 个选项卡："注释""引线和箭头""附着"。

"注释"选项卡用于设置引线注释类型，指定多行文字选项，并设置是否需要重复使用注释，如图 7-54 所示。

在"注释类型"选项组中，可以设置引线注释类型，并改变引线注释提示。

● "多行文字"单选按钮：用于创建多行文字注释。

● "复制对象"单选按钮：用于复制多行文字、单行文字、公差或块参照对象。

● "公差"单选按钮：用于显示"公差"对话框，可以创建将要附着到引线上的特征控制框。

● "块参照"单选按钮：用于插入块参照。

● "无"单选按钮：用于创建无注释的引线标注。

在"多行文字选项"选项组中，可以设置多行文字选项。选定了"多行文字"注释类型时，该选项组才可用。

● "提示输入宽度"复选框：用于指定多行文字注释的宽度。

● "始终左对正"复选框：用于设置引线无论在何处，多行文字注释都将靠左对齐。

● "文字边框"复选框：用于在多行文字注释周围放置边框。

在"重复使用注释"选项组中，可以设置重复使用引线注释的选项。

● "无"单选按钮：用于设置不重复使用引线注释。

● "重复使用下一个"单选按钮：用于设置重复使用为后续引线创建的下一个注释。

● "重复使用当前"单选按钮：用于设置重复使用当前注释。选择"重复使用下一个"单选按钮之后重复使用注释时，AutoCAD 2020 中文版将自动选择此单选按钮。

"引线和箭头"选项卡用于设置引线和箭头的格式等，如图 7-55 所示。

在"引线"选项组中，可以设置引线格式。

● "直线"单选按钮：用于在指定点之间创建线段。

- "样条曲线"单选按钮：用于将指定的引线点作为控制点来创建样条曲线对象。

在"箭头"选项组中，可以在下拉列表中选择需要的箭头类型，这些箭头与尺寸线中的可用箭头一样。

在"点数"选项组中，可以设置确定引线形状的控制点的数量。

- "无限制"复选框：勾选此复选框，系统将一直提示指定引线点，直到用户按 Enter 键。
- "点数"数值框：设置为比要创建的引线段数目大 1 的数。

在"角度约束"选项组中，可以将第一段与第二段引线以固定的角度进行约束。

- "第一段"下拉列表框：用于设置第一段引线的角度。
- "第二段"下拉列表框：用于设置第二段引线的角度。

"附着"选项卡用于设置引线和多行文字注释的附着位置。只有在"注释"选项卡中选择"多行文字"单选按钮时，此选项卡才可用，如图 7-56 所示。

在"多行文字附着"选项组中，每个选项都有"文字在左边"和"文字在右边"两种方式，用于设置文字的附着位置，如图 7-57 所示。

图 7-55

图 7-56

图 7-57

- "第一行顶部"单选按钮：用于将引线附着到多行文字第一行的顶部。
- "第一行中间"单选按钮：用于将引线附着到多行文字第一行的中间。
- "多行文字中间"单选按钮：用于将引线附着到多行文字的中间。
- "最后一行中间"单选按钮：用于将引线附着到多行文字最后一行的中间。
- "最后一行底部"单选按钮：用于将引线附着到多行文字最后一行的底部。
- "最后一行加下划线"复选框：用于给多行文字的最后一行加下划线。

7.7.3　创建圆心标记

圆心标记用于标记圆或圆弧的圆心位置。该标记的大小可以在"标注样式管理器"对话框中进行修改。

启用命令的方法如下。

- 工具栏：单击"标注"工具栏中的"圆心标记"按钮 ⊕ 。
- 菜单命令：在菜单栏中选择"标注 > 圆心标记"命令。
- 命令行：在命令提示窗口中输入 DIMCENTER（快捷命令为 DCE）。

选择"标注 > 圆心标记"菜单命令，启用"圆心标记"命令，鼠标指针变为拾取框，单击需要添加圆心标记的图形即可，圆心标记效果如图 7-58 所示。命令提示窗口中的操作步骤如下。

图 7-58

命令：_dimcenter　　　　　　　　　　　　　//选择"标注圆心标记"菜单命令
选择圆弧或圆：　　　　　　　　　　　　　　//选择圆

7.7.4　创建公差标注

公差标注包括尺寸公差标注和形位公差标注。

1. 标注尺寸公差

在使用公差标注图形时，可以使用替代标注样式的方法。打开"标注样式管理器"对话框，选择当前使用的标注样式，单击"替代"按钮，在弹出的"替代当前样式"对话框中设置公差标注样式，如图 7-59 所示。单击"确定"按钮，返回到"标注样式管理器"对话框，单击"关闭"按钮，关闭对话框。此时进行标注，标注的尺寸将变为所设置的公差样式，效果如图 7-60 所示。

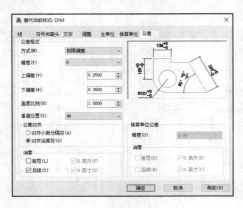

图 7-59

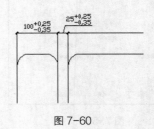

图 7-60

2. 标注形位公差

使用"公差"命令可以标注形位公差，形位公差包括形状公差和位置公差。形位公差表示零件的形状、轮廓、方向、位置和跳动的允许偏差。在 AutoCAD 2020 中文版中，利用"公差"命令可以创建各种形位公差。

启用命令的方法如下。

- 工具栏：单击"标注"工具栏中的"公差"按钮⊞。
- 菜单命令：在菜单栏中选择"标注 > 公差"命令。
- 命令行：在命令提示窗口中输入 TOLERANCE（快捷命令为 TOL）。

单击"标注"工具栏中"公差"按钮⊞，启用"公差"命令，创建形位公差，操作步骤如下。

（1）单击"标注"工具栏中的"公差"按钮⊞，弹出"形位公差"对话框，如图 7-61 所示。

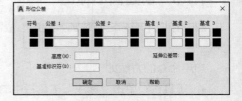

图 7-61

对话框中的选项说明如下。

"符号"选项组用于设置形位公差的几何特征符号。

"公差 1"选项组用于在特征控制框中创建第一个公差值。该公差值指明了几何特征相对于精确形状的允许偏差量。另外用户可在公差值左侧插入直径符号，在其右侧插入包容条件符号。

"公差 2"选项组用于在特征控制框中创建第二个公差值。

"基准 1"选项组用于在特征控制框中创建第一级基准参照。基准参照由值和修饰符号组成。

"基准 2"选项组用于在特征控制框中创建第二级基准参照。

"基准 3"选项组用于在特征控制框中创建第三级基准参照。

- "高度"数值框：用于设置在特征控制框中创建投影公差带的值。投影公差带会控制固定垂直部分延伸区的高度变化，并以位置公差控制公差精度。

- "延伸公差带"选项：用于在延伸公差带值的右侧插入延伸公差带符号"Ⓟ"。

- "基准标识符"文本框：用于创建由参照字母组成的基准标识符号。基准是理论上精确的几何参照，用于创建其他特征的位置和公差带。点、线段、平面、圆柱或者其他几何图形都能作为基准。

（2）单击"符号"选项组中的黑色图标，弹出"特征符号"面板，如图 7-62 所示。各特征符号及其含义见表 7-1。

图 7-62

表 7-1

符号	含义	符号	含义	符号	含义
⊕	位置度	∠	倾斜度	⌒	面轮廓度
◎	同轴度	⌀	圆柱度	⌒	线轮廓度
⟌	对称度	▱	平面度	↗	圆跳动
∥	平行度	○	圆度	↗↗	全跳动
⊥	垂直度	—	直线度	—	—

（3）单击"特征符号"面板中相应的符号图标，关闭"特征符号"面板，系统会自动将用户选择的符号图标显示在"形位公差"对话框的"符号"选项组中。

（4）单击"公差 1"选项组左侧的黑色图标可以添加直径符号，再次单击添加的直径符号图标则可以将其删除。

（5）在"公差 1"选项组的数值框中可以输入公差 1 的数值。若单击其右侧的黑色图标，则会弹出"附加符号"面板，如图 7-63 所示。各附加符号及其含义见表 7-2。

图 7-63

表 7-2

符号	含义
Ⓜ	材料的一般中等状况
Ⓛ	材料的最大状况
Ⓢ	材料的最小状况

（6）利用同样的方法，设置"公差 2"选项组中的各个选项。

（7）"基准 1"选项组用于设置形位公差的第一级基准参照。在该选项组的文本框中输入形位公差的基准代号，单击其右侧的黑色图标会弹出"附加符号"面板，从中可选取相应的符号图标。

（8）利用同样的方法，设置形位公差的第二、第三级基准参照。

（9）在"高度"数值框中设置高度值。

（10）单击"延伸公差带"右侧的黑色图标，插入延伸公差带符号"Ⓟ"。

（11）在"基准标识符"文本框中添加基准值。

（12）设置完成后，单击"形位公差"对话框中的"确定"按钮，返回绘图窗口。系统将提示"输入公差位置:"，在适当的位置单击，即可确定公差的标注位置。创建的形位公差如图 7-64 所示。

利用"公差"命令创建的形位公差不带引线，如图 7-64 所示。因此通常要利用"引线"命令来创建带引线的形位公差，操作步骤如下。

（1）在命令提示窗口中输入 QLEADER 后，按 Enter 键，弹出"引线设置"对话框。在"注释类型"选项组中选择"公差"单选按钮，如图 7-65 所示。

（2）单击"确定"按钮，关闭对话框，对图形进行标注。

（3）在确定引线后，会弹出"形位公差"对话框。此时用户可设置形位公差的数值。设置完成后单击"确定"按钮，系统将在引线后自动生成形位公差标注，如图 7-66 所示。

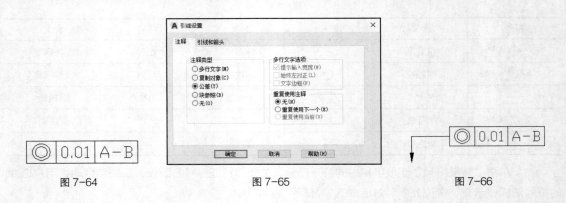

图 7-64　　　　　　　　　　　　　　　　　图 7-65　　　　　　　　　　　　　　　　　图 7-66

7.8　快速标注

利用"快速标注"命令可以快速创建或编辑基线尺寸标注和连续尺寸标注，或者为圆或圆弧创建标注。用户可以一次性选择多个对象，AutoCAD 2020 中文版将自动完成对所选对象的标注。

启用命令的方法如下。

- 工具栏：单击"标注"工具栏中的"快速标注"按钮 。

- 菜单命令：在菜单栏中选择"标注 ＞ 快速标注"命令。

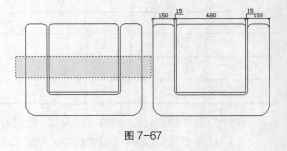

图 7-67

- 命令行：在命令提示窗口中输入 QDIM。

选择"标注 ＞ 快速标注"菜单命令，启用"快速标注"命令，一次性标注多个对象，如图 7-67 所示。命令提示窗口中的操作步骤如下。

命令: _qdim   //选择"标注 > 快速标注"菜单命令

关联标注优先级 = 端点

选择要标注的几何图形: 指定对角点: 找到 6 个   //用交叉矩形框选择要标注的图形

选择要标注的几何图形: //按 Enter 键

指定尺寸线位置或   //移动十字光标,单击确定尺寸线的位置

[连续(C)/并列(S)/基线(B)/坐标(O)/半径(R)/直径(D)/基准点(P)/编辑(E)/设置(T)] <连续>:

                                     //按 Enter 键,生成连续尺寸标注

提示选项说明如下。

- 连续(C):用于创建连续尺寸标注。
- 并列(S):用于创建一系列并列标注。
- 基线(B):用于创建基线尺寸标注。
- 坐标(O):用于创建一系列坐标标注。
- 半径(R):用于创建一系列半径标注。
- 直径(D):用于创建一系列直径标注。
- 基准点(P):用于为基线尺寸标注和坐标标注设置新的基准点。
- 编辑(E):用于显示所有的标注节点,可以在现有标注中添加或删除点。
- 设置(T):用于为指定尺寸界线的原点设置默认对象捕捉方式。

7.9　编辑尺寸标注

用户可以单独修改图形中现有标注对象的各个部分,也可以利用标注样式修改图形中现有标注对象的所有部分。下面详细介绍如何单独修改图形中现有的标注对象。

7.9.1　拉伸尺寸标注

移动选择标注对象后显示的夹点,可以调整标注文字、尺寸线的位置,或改变尺寸界线的长度。移动不同位置的夹点时,尺寸标注会有不同的变化。

拖曳标注文字上的节点或尺寸线与尺寸界线的交点时,尺寸线与标注文字的位置会发生变化,尺寸界线的长度也会发生变化,如图 7-68 所示。

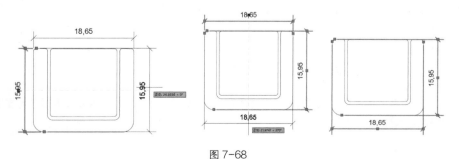

图 7-68

拖曳尺寸界线的端点时，尺寸界线的长度会发生变化，尺寸线及标注文字不会发生变化，如图 7-69 所示。

若想单独使标注文字的位置发生变化，可在选择尺寸标注后单击鼠标右键，在弹出的快捷菜单中选择"仅移动文字"命令，如图 7-70 所示。文字将随着十字光标进行移动，单击确定标注文字的位置，效果如图 7-71 所示。

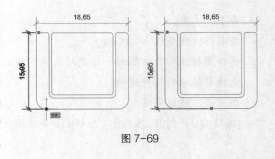

图 7-69

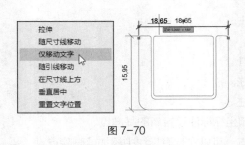

图 7-70

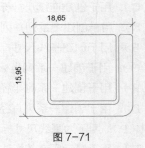

图 7-71

> 🔓 **小提示**　可以使用"分解"命令将标注的组成部分分解，从而对它们单独进行修改，此时每个部分都属于单独的图形或文字对象。

7.9.2　倾斜尺寸标注

在默认的情况下，尺寸界线与尺寸线垂直，标准文字水平放置在尺寸线上。在图形中进行标注时，如果尺寸界线与图形中的其他对象发生冲突，则可以使用"倾斜"命令将尺寸界线倾斜放置。

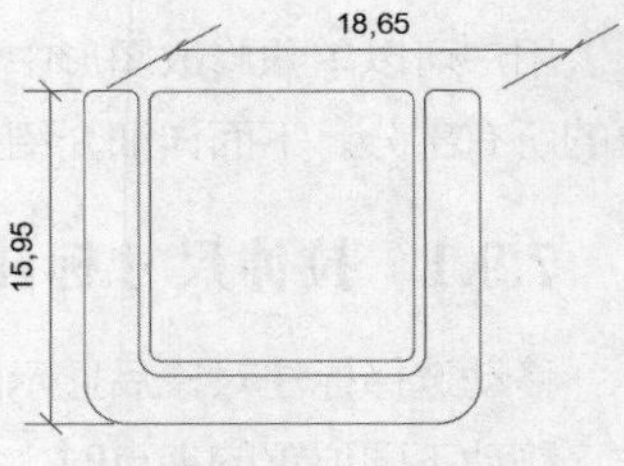

选择"标注 > 倾斜"菜单命令，启用"倾斜"命令，鼠标指针变为拾取框，选择需要倾斜的标注，在命令提示窗口中输入要倾斜的角度，按 Enter 键确认，效果如图 7-72 所示。

命令提示窗口中的操作步骤如下。

命令: _dimedit	//选择"标注 > 倾斜"菜单命令
输入标注编辑类型 [默认(H)/新建(N)/旋转(R)/倾斜(O)] <默认>: O	
选择对象: 找到 1 个	//选择需要倾斜的标注
选择对象:	//按 Enter 键
输入倾斜角度 (按 ENTER 表示无): 30	//输入倾斜的角度值

图 7-72

> 🔓 **小提示**　可以在"标注"工具栏中单击"编辑标注"按钮，并在命令提示窗口中指定需要的命令进行倾斜设置。

提示选项说明如下。

● 默认（H）：用于将选择的标注文字移回到由标注样式指定的默认位置。

- 新建（N）：用于打开多行文字编辑器编辑标注文字。
- 旋转（R）：用于旋转标注文字。
- 倾斜（O）：用于调整线性尺寸标注的尺寸界线的倾斜角度。

7.9.3 编辑标注文字

进行尺寸标注之后，标注的文字是系统测量值，有时候需要对其进行编辑以符合标准。

对标注文字进行编辑，可以使用以下两种方法。

- 使用多行文字编辑器进行编辑

选择"修改 > 对象 > 文字 > 编辑"菜单命令，启用"编辑"命令，选择需要修改文字的尺寸标注，打开"文字编辑器"选项卡，如图 7-73 所示。修改好之后，单击"文字编辑器"选项卡"关闭"面板中的"关闭文字编辑器"按钮，效果如图 7-74 所示。

图 7-73

图 7-74

- 使用"特性"选项板进行编辑

选择"工具 > 选项板 > 特性"菜单命令，打开"特性"选项板，选择需要修改的标注，并拖曳选项板中的滑块到文字特性控制区域，单击激活"文字替代"文本框，输入替代文字，如图 7-75 所示。按 Enter 键确认，按 Esc 键退出标注的选择状态，标注的修改效果如图 7-76 所示。

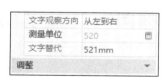

图 7-75

图 7-76

小提示　　若想将标注文字的样式还原为实际测量值，可直接在"文字替代"文本框中将输入的文字删除。

7.9.4 编辑标注特性

使用"特性"选项板还可以编辑尺寸标注各部分的属性。

选择需要修改的标注，"特性"选项板中会显示出所选标注的属性信息，如图 7-77 所示。可以拖曳滑块到需要编辑的选项区域，激活相应的选项并进行修改操作，修改后按 Enter 键确认。

图 7-77

7.10　课堂练习——标注天花板大样图中的材料名称

🔒 练习知识要点

选择“文件 ＞ 打开”菜单命令，打开云盘文件中的“Ch07 ＞ 素材 ＞ 天花板大样图”文件，标注天花板大样图中的材料名称，效果如图 7-78 所示。

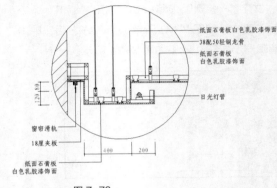

图 7-78

微课

标注天花板大样
图中的材料名称

◎ 效果文件所在位置

云盘/Ch07/DWG/标注天花板大样图中的材料名称。

7.11　课后习题——标注洗漱台平面图

微课

标注洗漱台
平面图

🔒 习题知识要点

选择“文件 ＞ 打开”菜单命令，打开云盘文件中的“Ch07 ＞ 素材 ＞ 洗漱台”文件，利用“线性”命令和“半径”命令进行尺寸标注，效果如图 7-79 所示。

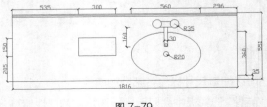

图 7-79

◎ 效果文件所在位置

云盘/Ch07/DWG/标注洗漱台平面图。

08

第 8 章
图块与外部参照

本章介绍

　　本章主要介绍创建图块、插入图块、创建动态块及使用外部参照的方法。绘制建筑工程图时利用图块可以重复调用相同或相似的图形，动态块提供了图块的在位调整功能，利用外部参照可以共享设计数据。通过本章的学习，读者可以熟练掌握动态块和外部参照的使用方法，有利于与团队成员进行并行设计，从而大大提高绘图速度和设计能力。

学习目标

- ✔ 掌握利用"块"命令和"写块"命令创建图块的方法。
- ✔ 掌握图块属性的创建、应用与编辑方法。
- ✔ 掌握图块的插入、重命名和分解方法。
- ✔ 掌握动态块的创建方法。
- ✔ 掌握外部参照的插入、编辑和管理方法。

技能目标

- ✔ 掌握电脑桌布置图的绘制方法。
- ✔ 掌握门动态块的创建方法。

素养目标

- ✔ 培养学生的团队合作精神。

8.1 图块

在建筑工程图中，图块的应用是很广泛的。建筑工程图中存在很多相似甚至一样的图形，如门、桌椅、床等，利用绘制及编辑命令重复地绘制这些图形是一件很麻烦的事。在 AutoCAD 2020 中文版中，利用"块"命令可以将这些相似的图形定义成图块，定义完成后可以根据需要在图形文件中插入这些图块。

8.1.1 课堂案例——绘制电脑桌布置图

案例学习目标

掌握"块"命令。

案例知识要点

利用"块"命令绘制电脑桌布置图，效果如图 8-1 所示。

效果文件所在位置

云盘/Ch08/DWG/电脑桌布置图。

（1）创建图形文件。选择"文件 > 新建"菜单命令，弹出"选择样板"对话框，单击"打开"按钮，创建一个新的图形文件。

（2）插入图块。选择"插入 > 块"菜单命令，弹出"插入"对话框。单击"浏览"按钮，弹出"选择图形文件"对话框。选择云盘文件中的"Ch08 > 素材 > 电脑桌"文件，单击"打开"按钮，返回到"插入"对话框，单击"确定"按钮，返回绘图窗口。在绘图窗口中单击，选择"视图 > 缩放 > 范围"菜单命令，使图形显示为合适大小，效果如图 8-2 所示。

（3）插入并编辑图块。插入"办公椅"块，单击"修改"工具栏中的"移动"按钮✛，打开"对象捕捉"开关和"对象捕捉追踪"开关，移动办公椅图形，效果如图 8-3 所示。命令提示窗口中的操作步骤如下。

微课

绘制电脑桌
布置图

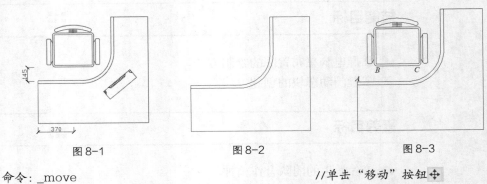

图 8-1　　　　　　　　图 8-2　　　　　　　　图 8-3

命令：_move

选择对象：找到 1 个

//单击"移动"按钮✛

//选择"办公椅"块

选择对象：	//按 Enter 键
指定基点或 [位移(D)] <位移>：	//单击办公椅椅面的 BC 边的中点
指定第二个点或 <使用第一个点作为位移>：_form 基点：<偏移>：@370,145	
	//单击"捕捉自"按钮，单击 A 点，
	//输入偏移值

（4）插入并编辑图块。插入"电脑"块，使用"缩放"命令、"旋转"命令和"移动"命令选择并移动电脑图形，效果如图 8-4 所示。命令提示窗口中的操作步骤如下。电脑桌布置图形制作完成。

图 8-4

命令：_scale	//单击"缩放"按钮
选择对象：找到 1 个	//选择"电脑"块
选择对象：	//按 Enter 键
指定基点：	//单击"电脑"块上的一点
指定比例因子或 [复制(C)/参照(R)]：0.9 //输入比例因子	
命令：_rotate	//单击"旋转"按钮
UCS 当前的正角方向：ANGDIR=逆时针 ANGBASE=0	
选择对象：找到 1 个	//选择"电脑"块
选择对象：	//按 Enter 键
指定基点：	//单击"电脑"块的角点 B
指定旋转角度，或 [复制(C)/参照(R)] <0>：−140	//输入旋转角度值
命令：_move	//单击"移动"按钮
选择对象：找到 1 个	//选择"电脑"块
选择对象：	//按 Enter 键
指定基点或 [位移(D)] <位移>：	//单击线段 BC 的中点
指定第二个点或 <使用第一个点作为位移>：_from 基点：<偏移>：@−260,372	
	//单击"捕捉自"按钮，单击 A 点，
	//输入偏移值

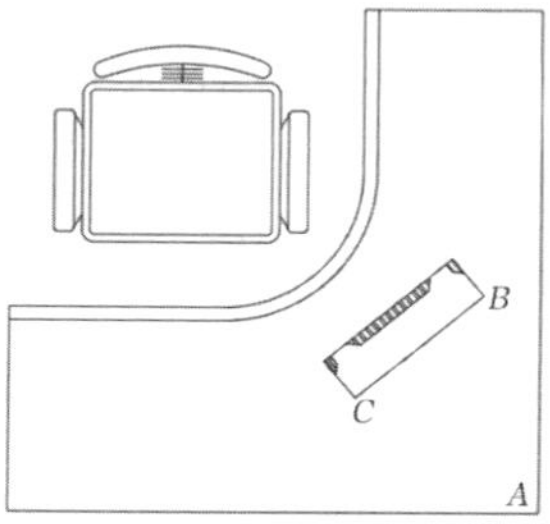

8.1.2　创建图块

在 AutoCAD 2020 中文版中，用户可以通过以下两种方法创建图块。

- 利用"块"命令创建图块。

利用"块"命令创建的图块将保存于当前的图形文件中，且图块只能应用在当前图形文件中，而不能应用于其他的图形文件，有一定的局限性。

- 利用"写块"命令创建图块。

利用"写块"命令创建的图块将以图形文件格式（扩展名为".dwg"）保存到用户的计算机硬盘中，此时图块可以应用到任意图形文件中。在应用图块时，用户需要指定相应图块的图形文件名称。

1．利用"块"命令创建图块

启用命令的方法如下。

- 工具栏：单击"绘图"工具栏中的"创建块"按钮。

- 菜单命令：在菜单栏中选择"绘图 > 块 > 创建"命令。
- 命令行：在命令提示窗口中输入 BLOCK（快捷命令为 B）。

选择"绘图 > 块 > 创建"菜单命令，启用"块"命令，弹出"块定义"对话框，如图 8-5 所示。在该对话框中进行图块的定义，然后单击"确定"按钮，创建图块。

对话框中的选项说明如下。

- "名称"下拉列表框：用于设置图块的名称。
"基点"选项组用于确定图块插入基点的位置。

- "在屏幕上指定"复选框：用于在屏幕上指定
用于块的基点。

- "X""Y""Z"数值框：用于设置插入基点
的 *x*、*y*、*z* 坐标。

- "拾取点"按钮：在绘图窗口中选取插入
基点的位置。

"对象"选项组用于选择构成图块的图形对象。

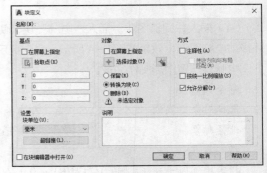

图 8-5

- "选择对象"按钮：单击该按钮，即可在绘图窗口中选择构成图块的图形对象。
- "快速选择"按钮：单击该按钮，打开"快速选择"对话框，可通过该对话框进行快速过滤以选择满足条件的图形对象。
- "保留"单选按钮：选择该单选按钮，在创建图块后，所选图形对象仍保留并且属性不变。
- "转换为块"单选按钮：选择该单选按钮，在创建图块后，所选图形对象将转换为图块。
- "删除"单选按钮：选择该单选按钮，在创建图块后，所选图形对象将被删除。

"方式"选项组用于定义图块的使用方式。

- "注释性"复选框：用于使图块具有注释特性，勾选该复选框后，"使块方向与布局匹配"复选框将处于可勾选状态。
- "按统一比例缩放"复选框：用于设置图块是否按统一比例进行缩放。
- "允许分解"复选框：用于设置图块是否可以进行分解。

"设置"选项组用于设置图块的属性。

- "块单位"下拉列表框：用于设置图块的单位。
- "超链接"按钮：用于设置图块的超链接，单击"超链接"按钮，会弹出"插入超链接"对话框，在其中可以将超链接与图块关联。
- "说明"文本框：用于输入图块的说明文字。
- "在块编辑器中打开"复选框：用于在图块编辑器中打开已创建的块。

2. 利用"写块"命令创建图块

利用"块"命令创建的图块，只能在其对应的图形文件内使用而不能应用于其他图形文件，因此有一定的局限性。若想在其他图形文件中使用已创建的图块，则需利用"写块"命令创建图块，并将其保存到用户计算机的硬盘中。

启用命令的方法如下。

- 功能选项卡：单击"插入"选项卡"块定义"面板中的"写块"按钮。
- 命令行：在命令提示窗口中输入 WBLOCK（快捷命令为 W）。

启用"写块"命令创建图块的操作步骤如下。

（1）在命令提示窗口中输入"WBLOCK"，按 Enter 键，弹出"写块"对话框，如图 8-6 所示。

对话框中的选项说明如下。

"源"选项组用于选择图块和图形对象，将其保存为文件并为其指定插入点。

图 8-6

- "块"单选按钮：用于从右侧的列表中选择要保存为图形文件的现有图块。

- "整个图形"单选按钮：将当前图形作为一个图块，并将其保存为图形文件。

- "对象"单选按钮：用于从绘图窗口中选择构成图块的图形对象。

"基点"选项组用于确定图块插入基点的位置。

- "X""Y""Z"数值框：用于设置插入基点的 x、y、z 坐标。

- "拾取点"按钮 ：单击该按钮后，可在绘图窗口中拾取插入基点的位置。

"对象"选项组用于选择构成图块的图形对象。

- "选择对象"按钮 ：单击该按钮，在绘图窗口中选择构成图块的图形对象。

- "快速选择"按钮 ：单击该按钮，打开"快速选择"对话框，可通过该对话框进行快速过滤以选择满足条件的图形对象。

- "保留"单选按钮：选择该单选按钮，在创建图块后，所选图形对象仍保留并且属性不变。

- "转换为块"单选按钮：选择该单选按钮，在创建图块后，所选图形对象将转换为图块。

- "从图形中删除"单选按钮：选择该单选按钮，在创建图块后，所选图形对象将被删除。

"目标"选项组用于指定图块文件的名称、保存位置和插入图块时使用的测量单位。

- "文件名和路径"下拉列表框：用于设置图块文件的名称和保存位置。单击其右侧的 按钮，弹出"浏览图形文件"对话框，在该对话框中指定图块的保存位置与图块的名称。

- "插入单位"下拉列表框：用于设置插入图块时使用的测量单位。

（2）在"写块"对话框中对图块进行定义。

（3）单击"确定"按钮，将图块存储到指定的位置，绘图过程中需要时可随时调用。

小提示

利用"写块"命令创建的图块是一个 DWG 格式的文件，属于外部文件，它不会保留源图形对象中未用的图层和线型等属性。

8.1.3 图块属性

图块属性是附加在图块上的文字信息。在 AutoCAD 2020 中文版中，经常会利用图块属性来预定义文字的位置、内容或默认值等。例如，标高和索引符号就是利用图块属性设置的。在插入图块时，输入不同的文字信息，可以使相同的图块表达不同的信息。

1. 创建和应用图块属性

定义带有属性的图块时，需要将作为图块的图形和标记图块属性的信息定义为图块。

启用命令的方法如下。

● 功能选项卡：单击"插入"选项卡"块定义"面板中的"定义属性"按钮 。

● 菜单命令：在菜单栏中选择"绘图 ＞ 块 ＞ 定义属性"
命令。

● 命令行：在命令提示窗口中输入 ATTDEF。

选择"绘图 ＞ 块 ＞ 定义属性"菜单命令，启用"定义属性"命令，弹出"属性定义"对话框，如图 8-7 所示。在该对话框中可定义模式、属性标记、属性提示、属性值、插入点和属性的文字设置等。

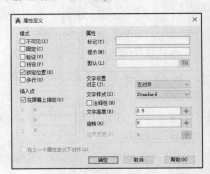

图 8-7

"模式"选项组用于设置在图形中插入图块时与图块关联的属性。

● "不可见"复选框：指定插入图块时不显示或打印属性值。

● "固定"复选框：在插入图块时赋予属性固定值。

● "验证"复选框：在插入图块时提示验证属性值是否正确。

● "预设"复选框：插入包含预设属性值的图块时，将属性设置为默认值。

● "锁定位置"复选框：锁定块参照中属性的位置。解锁后，属性可以相对于使用夹点进行编辑的图块的其他部分移动，并且可以调整多行属性的大小。

● "多行"复选框：指定属性值可以包含多行文字。勾选该复选框后，可指定属性的边界宽度。

"属性"选项组用于设置属性数据。

● "标记"文本框：标记图形中每次出现的属性。

● "提示"文本框：指定在插入包含该属性定义的图块时显示的提示。

● "默认"文本框：指定默认属性值。

"插入点"选项组用于指定属性位置。用户可以输入坐标值，或者勾选"在屏幕上指定"复选框，然后使用鼠标根据与属性关联的对象指定属性的位置。

"文字设置"选项组用于设置属性文字的对正方式、样式、高度和旋转角度等。

● "对正"下拉列表框：用于指定属性文字的对正方式。

● "文字样式"下拉列表框：用于指定属性文字的预定义样式。

● "注释性"复选框：如果图块是注释性的，则属性将与图块的方向相匹配。

● "文字高度"数值框：用于指定属性文字的高度。

● "旋转"数值框：用于指定属性文字的旋转角度。

● "边界宽度"数值框：用于指定多线属性中文字行的最大长度。

在图形中创建带有属性的图块的操作步骤如下。

（1）单击"绘图"工具栏中的"直线"按钮 ，绘制作为图块的图形，如图 8-8 所示。

（2）选择"绘图 ＞ 块 ＞ 定义属性"菜单命令，弹出"属性定义"对话框，在其中设置图块属性，如图 8-9 所示。

（3）单击"确定"按钮，返回绘图窗口，在步骤（1）绘制好的图形上的适当位置单击，确定图块属性文字的位置，如图 8-10 所示。完成后的效果如图 8-11 所示。

（4）单击"绘图"工具栏中的"创建块"按钮 ，弹出"块定义"对话框，单击"选择对象"按钮 ，在绘图窗口中选择图形和图块属性的定义文字。按 Enter 键，返回对话框，定义其他参数，如

图 8-12 所示。完成后单击"确定"按钮，弹出"编辑属性"对话框，如图 8-13 所示，单击"确定"按钮。

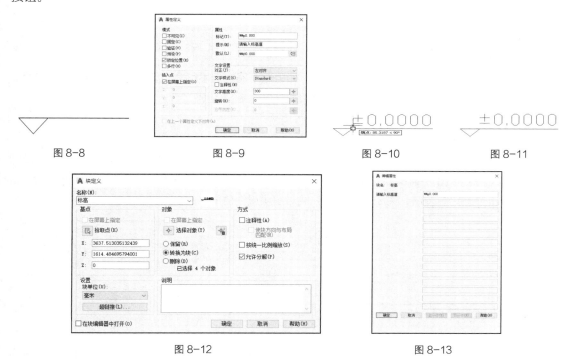

图 8-8 　　　　　图 8-9 　　　　　图 8-10 　　　　　图 8-11

图 8-12 　　　　　　　　　图 8-13

2. 编辑图块属性

创建带有属性的图块之后，可以对其属性进行编辑，如编辑属性标记和提示等。

启用命令的方法如下。

- 工具栏：单击"修改Ⅱ"工具栏中的"编辑属性"按钮 。
- 菜单命令：在菜单栏中选择"修改 > 对象 > 属性 > 单个"命令。

编辑图块属性的操作步骤如下。

（1）选择"修改 > 对象 > 属性 > 单个"菜单命令，启用"编辑属性"命令。单击带有属性的图块，弹出"增强属性编辑器"对话框，如图 8-14 所示。

（2）"属性"选项卡中显示了图块的属性，如标记、提示和默认值，此时用户可以在"值"数值框中修改图块属性的默认值。

（3）单击"文字选项"选项卡，如图 8-15 所示。在该选项卡中可以设置属性文字在图形中的显示效果，如文字样式、对正方式、文字高度和旋转角度等。

图 8-14 　　　　　　　　　图 8-15

（4）单击"特性"选项卡，如图 8-16 所示。在该选项卡中可以定义图块属性所在的图层、线型、颜色和线宽等。

（5）设置完成后单击"应用"按钮，修改图块属性。若单击"确定"按钮，可修改图块属性，并关闭对话框。

3．修改图块的属性值

创建带有属性的图块时要指定一个属性值。如果这个属性值不符合需要，可以在图块中对属性值进行修改。修改图块的属性值时，要使用"编辑属性"命令。

启用命令的方法如下。

- 命令行：在命令提示窗口中输入 ATTEDIT。

在命令提示窗口中输入"ATTEDIT"，启用"编辑属性"命令，鼠标指针变为拾取框。单击要修改属性值的图块，弹出"编辑属性"对话框，如图 8-17 所示。在"请输入标高值"数值框中输入新的数值。单击"确定"按钮，关闭对话框，完成对图块属性值的修改。

图 8-16

图 8-17

4．块属性管理器

当图形中存在多种图块时，可以通过"块属性管理器"对话框来管理图形中所有图块的属性。

启用命令的方法如下。

- 工具栏：单击"修改Ⅱ"工具栏中的"块属性管理器"按钮 🖭。
- 菜单命令：在菜单栏中选择"修改 > 对象 > 属性 > 块属性管理器"命令。
- 命令行：在命令提示窗口中输入 BATTMAN。

选择"修改 > 对象 > 属性 > 块属性管理器"菜单命令，启用"块属性管理器"命令，弹出"块属性管理器"对话框，如图 8-18 所示。在该对话框中，可以对选择的图块进行属性编辑。

对话框中的选项说明如下。

- "选择块"按钮 ⊕：单击此按钮后，对话框将暂时隐藏，在图形中选中要编辑的图块后，即可返回到"块属性管理器"对话框中进行编辑。
- "块"下拉列表框：可以指定要编辑的图块，其下拉列表中将显示图块的属性定义。
- "设置"按钮：单击此按钮会弹出"块属性设置"对话框，可以在该对话框中设置"块属性管理器"对话框中属性信息的展示方式，如图 8-19 所示。设置完成后，单击"确定"按钮。

图 8-18

图 8-19

- "同步"按钮：当修改图块的某一属性定义后，单击"同步"按钮，会更新所有具有当前定义属性特性的选定图块的全部实例。
- "上移"按钮：在提示序列中，向上一行移动选定的属性标签。
- "下移"按钮：在提示序列中，向下一行移动选定的属性标签。选定固定属性时，"上移"或"下移"按钮处于不可用状态。
- "编辑"按钮：单击该按钮，会弹出"编辑属性"对话框，在"属性""文字选项""特性"选项卡中，可以对图块的各项属性进行修改，如图 8-20 所示。

- "删除"按钮：用于删除选定的块定义属性。
- "应用"按钮：将设置应用到图块中。
- "确定"按钮：保存设置并关闭对话框。

图 8-20

8.1.4　插入图块

在绘图过程中，若需要应用图块，可以利用"块"命令将已创建的图块插入当前图形中。在插入图块时，用户需要指定图块的名称、插入点、比例和旋转角度等。

启用命令的方法如下。

- 工具栏：单击"绘图"工具栏中的"插入块"按钮 。
- 菜单命令：在菜单栏中选择"插入 > 块"命令。
- 命令行：在命令提示窗口中输入 INSERT（快捷命令为 I）。

选择"插入 > 块选项板"菜单命令，弹出"块"选项板，如图 8-21 所示。在该选项板中可以选择需要插入的图块的名称与保存位置。

选项板中的选项说明如下。

"当前图形"选项卡用于显示刚定义的图块的名称。

"最近使用"选项卡用于显示最近使用的图块。

"其他图形"选项卡用于加载其他块图形。

图 8-21

- "浏览"按钮 ：用于选择需要插入的图块文件。单击"浏览"按钮，会弹出"选择图形文件"对话框，在其中选择需要的图块文件，然后单击"确定"按钮，可以将该图块文件中的图形对象作为图块插入当前图形。
- 插入点复选框：用于设置图块的插入点位置。可以利用鼠标在绘图窗口中指定插入点的位置，也可以在"X""Y""Z"数值框中输入插入点的 x、y、z 坐标。

- "比例"复选框：用于设置图块的缩放比例。可以直接在"X""Y""Z"数值框中输入图块 x、y、z 方向的比例因子，也可以利用鼠标在绘图窗口中指定图块的缩放比例。
- "旋转"复选框：用于设置图块的旋转角度。在插入图块时，可以按照"角度"数值框内设置的角度值旋转图块。
- "重复放置"复选框：用于设置图块是否重复放置。
- "分解"复选框：用于设置插入的图块是否可以被分解。

8.1.5　重命名图块

创建图块后，可以根据实际需要对图块进行重命名。

启用命令的方法如下。

- 命令行：在命令提示窗口中输入 RENAME（快捷命令为 REN）。

重命名图块的操作步骤如下。

（1）在命令提示窗口中输入"REN"，按 Enter 键，弹出"重命名"对话框。

（2）在"命名对象"列表框中选择"块"选项，"项数"列表框中将列出图形中所有内部图块的名称。选择需要重命名的图块，"旧名称"文本框中会显示所选图块的名称，如图 8-22 所示。

（3）在下面的文本框中输入新名称，单击"重命名为"按钮，"项数"列表框中将显示新名称，如图 8-23 所示。

图 8-22

图 8-23

（4）单击"确定"按钮，完成对内部图块名称的修改。

8.1.6　分解图块

当在图形中使用图块时，AutoCAD 2020 中文版会将图块作为单个对象进行处理，用户只能对整个图块进行编辑。如果用户需要编辑组成图块的某个对象，则需要将图块分解。

分解图块有以下 3 种方法。

- 插入图块时，在"块"选项板中勾选"分解"复选框，插入的图形仍保持原来的样式不变，但用户可以对其中某个对象进行修改。
- 插入图块对象后，利用"分解"命令将图块分解为多个对象。分解后的对象将还原为原始的图层属性设置状态。分解带有属性的图块时，相应属性值将会丢失，并重新显示其属性定义。
- 在命令提示窗口中输入命令 XPLODE，分解图块时可以指定所在图层、颜色和线型等选项。命令提示窗口中的操作步骤如下。

命令：_xplode　　　　　　　　　　　　　　　//输入分解命令
请选择要分解的对象。

选择对象：找到 1 个   //选择块

选择对象：   //按 Enter 键

找到 1 个对象

输入选项

[全部(A)/颜色(C)/图层(LA)/线型(LT)/线宽(LW)/从父块继承(I)/分解(E)] <分解>: E

                                        //选择"分解"选项

对象已分解。

8.2　创建动态块

AutoCAD 2020 中文版提供了创建动态块的功能。用户可以通过自定义夹点或自定义特性来操作动态块参照中的几何图形。

8.2.1　课堂案例——绘制门动态块

 案例学习目标

掌握动态块的创建与调用方法。

 案例知识要点

创建门动态块，效果如图 8-24 所示。

 效果文件所在位置

云盘/Ch08/DWG/门动态块。

（1）打开图形文件。选择"文件 > 打开"菜单命令，打开云盘文件中的"Ch08 > 素材 > 门"文件，如图 8-25 所示。

（2）单击"插入"选项卡"块定义"面板中的"块编辑器"按钮，弹出"编辑块定义"对话框，如图 8-26 所示。选择当前图形作为要创建或编辑的图块，单击"确定"按钮，进入块编辑器界面，如图 8-27 所示。

图 8-24　　　　　　图 8-25

图 8-26

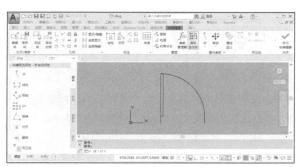

图 8-27

（3）对门板进行阵列。单击"修改"工具栏中的"环形阵列"按钮 ，设置项目数目为"7"、填充角度为 90°，效果如图 8-28 所示。

（4）删除多余门板。单击"修改"工具栏中的"删除"按钮 ，删除多余的门板，保留在 0°、30°、45°、60°、90°位置的门板，效果如图 8-29 所示。

（5）绘制圆弧。单击"绘图"工具栏中的"圆弧"按钮 ，绘制门板在 30°、45°、60°位置时的圆弧，效果如图 8-30 所示。

（6）定义动态块的可见性参数。在"块编写选项板-所有选项板"的"参数"选项卡中单击"可见性"按钮 ，在编辑区域中的合适位置单击，如图 8-31 所示。

图 8-28

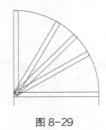
图 8-29

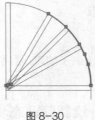
图 8-30

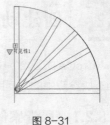
图 8-31

（7）创建可见性状态。在"块编辑器"选项卡"可见性"面板中单击"可见性状态"按钮 ，弹出"可见性状态"对话框，如图 8-32 所示。单击"新建"按钮，弹出"新建可见性状态"对话框，在"可见性状态名称"文本框中输入"打开 90 度"，在"新状态的可见性选项"选项组中选择"在新状态中隐藏所有现有对象"单选按钮，如图 8-33 所示，然后单击"确定"按钮。依次新建可见性状态"打开 60 度""打开 45 度""打开 30 度"。

（8）重命名可见性状态。在"可见性状态"列表框中选择"可见性状态 0"选项，单击对话框右侧的"重命名"按钮，将可见性状态的名称更改为"打开 0 度"，如图 8-34 所示。选择"打开 90 度"选项，单击"置为当前"按钮，将其设置为当前状态，如图 8-35 所示。单击"确定"按钮，返回块编辑器界面。

图 8-32

图 8-33

图 8-34

图 8-35

（9）定义可见性状态的动作。在绘图窗口中选择所有的图形，单击"块编辑器"选项卡"可见性"面板中的"使不可见"按钮 ，使绘图窗口中的图形不可见。单击"块编辑器"选项卡"可见性"面板中的"使可见"按钮 ，在绘图窗口中选择需要可见的图形，如图 8-36 所示。命令提示窗口中的操作步骤如下。

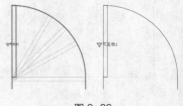
图 8-36

选择要使之可见的对象：　　　　　　　　　　　//单击"使可见"按钮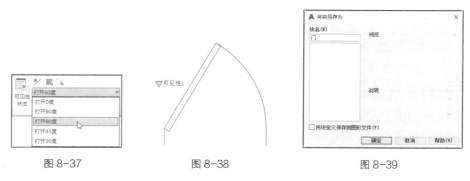

选择对象：找到 1 个　　　　　　　　　　　　//依次单击需要可见的图形

选择对象：找到 1 个，总计 2 个

选择对象：找到 1 个，总计 3 个

选择对象：找到 1 个，总计 4 个

选择对象：

_BVSHOW

在当前状态或所有可见性状态中显示 [当前(C)/全部(A)] <当前>: C 　　　//按 Enter 键

（10）定义其余可见性状态下的动作。在"块编辑器"选项卡"可见性"面板的"可见性状态"下拉列表中选择"打开 60 度"选项，如图 8-37 所示。单击"块编辑器"选项卡"可见性"面板中的"使可见"按钮 ，在块编辑器界面的绘图窗口中选择需要可见的图形，按 Enter 键，效果如图 8-38 所示。根据步骤（9）定义"打开 0 度""打开 30 度""打开 45 度"可见性状态的动作。

（11）保存动态块。单击"块编辑器"选项卡"打开/保存"面板下方的 ▼ 按钮，在弹出的下拉列表中选择"将块另存为"选项，弹出"将块另存为"对话框，在"块名"文本框中输入"门"，如图 8-39 所示。单击"确定"按钮，保存已经定义好的动态块。单击"关闭块编辑器"按钮 ，退出块编辑器界面。

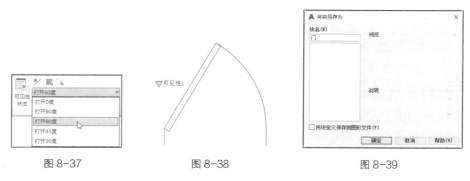

| 图 8-37 | 图 8-38 | 图 8-39 |

（12）插入动态块。单击"绘图"工具栏中的"插入块"按钮 ，在弹出的下拉列表中选择"门"动态块，在绘图窗口中合适的位置单击，插入"门"动态块，如图 8-40 所示。

（13）选择"门"动态块，然后单击"可见性状态"按钮 ▼，弹出下拉列表，从中可以选择门开启的角度。选择"打开 45 度"选项，如图 8-41 所示。完成后的效果如图 8-42 所示。

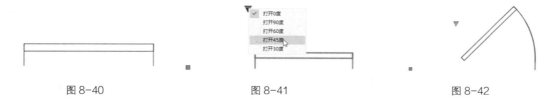

| 图 8-40 | 图 8-41 | 图 8-42 |

8.2.2　块编辑器

"块编辑器"命令专门用于创建块定义并添加动态行为。利用"块编辑器"命令可以创建动态块。块编辑器是一个专门的编辑区域，用于添加能够使块成为动态块的元素。用户可以新建图块或者向现有的块定义中添加动态行为，也可以和在绘图窗口中一样创建几何图形。

启用命令的方法如下。

- 功能选项卡：单击"插入"选项卡"块定义"面板中的"块编辑器"按钮💼 。
- 菜单命令：在菜单栏中选择"工具 > 块编辑器"命令。
- 命令行：在命令提示窗口中输入 BEDIT（快捷命令为 BE）。

选择"工具 > 块编辑器"菜单命令，启用"块编辑器"命令，弹出"编辑块定义"对话框，如图 8-43 所示。在该对话框中可以对要创建或编辑的块图进行定义。在"要创建或编辑的块"文本框中输入要创建的图块的名称，或者在下面的列表框中选择创建好的图块，然后单击"确定"按钮，转换到块编辑器，如图 8-44 所示。

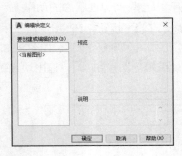

图 8-43　　　　　　　　　　　　　　　　图 8-44

块编辑器界面包括块编写选项板、绘图窗口、"块编辑器"选项卡 3 个部分。

块编写选项板用于快速访问块编写工具。

- "参数"选项卡：用于定义图块的特性。
- "动作"选项卡：用于定义在图形中操作动态块参照的自定义特性时，块参照的几何图形将如何移动或修改。
- "参数集"选项卡：用于在块编辑器中向动态块定义中添加参数和动作。
- "约束"选项卡：用于在块编辑器中添加几何约束并将约束应用于所选对象。

"块编辑器"选项卡显示了当前正在编辑的块定义的名称，并提供执行操作所需的命令。

绘图窗口用于绘制块图形，用户可以根据需要在绘图窗口中绘制和编辑几何图形。

8.3　外部参照

AutoCAD 2020 中文版将外部参照作为一种块定义类型，但外部参照与图块有一些重要区别。将图形作为块参照插入时，它存储在图形中，但并不随原始图形的改变而更新。将图形作为外部参照附着时，会将参照图形链接到当前图形。打开外部参照时，对参照图形所做的任何修改都会显示在当前图形中。

8.3.1 插入外部参照

外部参照将数据存储于一个外部图形中,当前图形数据库中仅存放外部文件的一个引用。使用"外部参照"命令可以附加、覆盖、连接或更新外部参照图形。

启用命令的方法如下。

- 工具栏:单击"参照"工具栏中的"附着外部参照"按钮 。
- 菜单命令:在菜单栏中选择"插入 > 外部参照"命令。
- 命令行:在命令提示窗口中输入 XATTACH。

选择"插入 > 外部参照"菜单命令,弹出"外部参照"选项板,单击"附着 DWG"按钮 ,弹出"选择参照文件"对话框,如图 8-45 所示。选择需要使用的外部参照文件,单击"打开"按钮,弹出"附着外部参照"对话框,如图 8-46 所示。

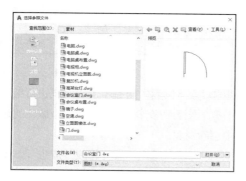

图 8-45

图 8-46

对话框中的选项说明如下。

- "名称"下拉列表框:指定外部参照文件的名称,可直接在下拉列表中选择,也可单击"浏览"按钮,在弹出的"选择参照文件"对话框中指定。

"参照类型"选项组用于选择外部参照图形的插入方式。

- "附着型"单选按钮:用于表示可以附着包含其他外部参照的外部参照。
- "覆盖型"单选按钮:当图形作为外部参照附着或覆盖到另一个图形中时,通过覆盖外部参照,而不是附着外部参照来修改图形,可以查看图形与其他编组中的图形的相关方式。
- "路径类型"下拉列表框:指定外部参照的保存路径是完整路径、相对路径,还是无路径。

"插入点"选项组用于指定所选外部参照的插入点。可以直接输入 x、y、x 坐标,或者勾选"在屏幕上指定"复选框,在插入图形的时候指定外部参照的位置。

"比例"选项组用于指定所选外部参照的比例因子。可以直接输入 x、y、z 这 3 个方向的比例因子,或者勾选"在屏幕上指定"复选框,在插入图形的时候指定外部参照的比例。

"旋转"选项组用于指定插入外部参照时图形的旋转角度。

"块单位"选项组中显示的是有关块单位的信息。

- "单位"文本框:显示为插入图块指定的图形单位。
- "比例"数值框:显示单位比例因子,它是根据图块和图形单位计算出来的。

设置完成后,单击"确定"按钮,关闭对话框,返回到绘图窗口,在图形中需要的位置单击即可。

8.3.2　编辑外部参照

由于外部引用文件不属于当前文件，所以在外部引用的内容比较烦琐时，只能进行少量的编辑工作，如果想要对外部引用文件进行大量修改，建议用户打开原始图形进行修改。

启用命令的方法如下。

- 菜单命令：在菜单栏中选择"工具 > 外部参照和块在位编辑 > 在位编辑参照"命令。
- 命令行：在命令提示窗口中输入 REFEDIT。

对外部参照进行在位编辑的操作步骤如下。

（1）选择"工具 > 外部参照和块在位编辑 > 在位编辑参照"菜单命令，启用"在位编辑参照"命令，鼠标指针变为拾取框，选择要在位编辑的外部参照图形，弹出"参照编辑"对话框，该对话框中会列出所选外部参照文件的名称及预览图，如图 8-47 所示。

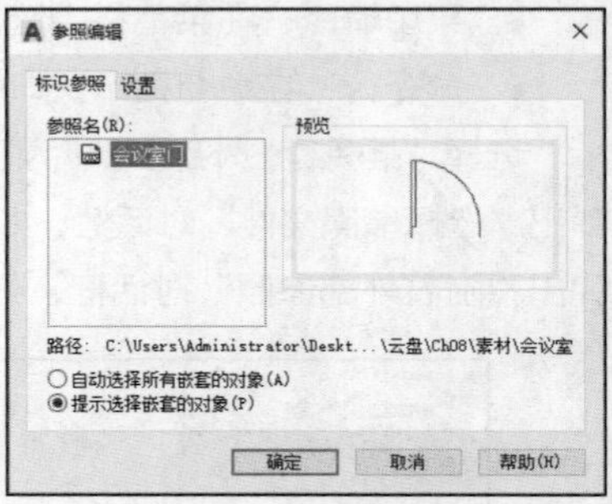

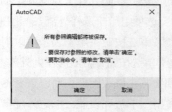

图 8-47

（2）单击"确定"按钮，关闭对话框，返回绘图窗口，进入对外部参照文件的在位编辑状态。

（3）在此状态下，在参照图形中可以选择需要编辑的对象，然后使用编辑工具对其进行编辑。用户可以单击"参照"工具栏中的"添加到工作集"按钮，选择图形，将其添加到在位编辑的选择集中，也可以单击"从工作集删除"按钮，从选择集中删除对象。

（4）在编辑过程中，如果用户想放弃对外部参照的修改，可以单击"放弃修改"按钮，系统会弹出提示对话框，提示用户确认是否放弃对参照的编辑，如图 8-48 所示。

（5）完成外部参照的在位编辑操作后，若想将编辑效果应用在当前图形中，可以单击"保存参照编辑"按钮，系统会弹出提示对话框，提示用户确认是否保存并应用对参照的编辑，如图 8-49 所示。此编辑结果也将存入外部引用对象的源文件中。

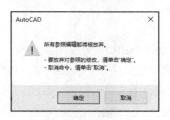

图 8-48

图 8-49

（6）只有在放弃或保存对参照的修改后，才能退出对外部参照的编辑状态，返回正常绘图状态。

8.3.3　管理外部参照

当在图形中引用了外部参照文件时，在更改外部参照后，AutoCAD 2020 中文版并不会自动将当前图形中的外部参照更新，用户需要重新加载以更新它。使用"外部参照"命令可以方便地解决这些问题。

启用命令的方法如下。

- 工具栏：单击"参照"工具栏中的"外部参照"按钮。

- 菜单命令：在菜单栏中选择"插入 > 外部参照"命令。
- 命令行：在命令提示窗口中输入 EXTERNALREFERENCES 或 XREF。

选择"插入 > 外部参照"菜单命令，启用"外部参照"命令，弹出"外部参照"选项板，设置图中所使用的外部参照图形，如图 8-50 所示。

（a）　　　　　　　　（b）　　　　　　　　（c）

图 8-50

选项板中的部分选项说明如下。

- "列表图"按钮 ≣：单击此按钮将在列表框中以无层次列表的形式显示附着的外部参照和它们的相关数据。可以按名称、状态、类型、文件日期、文件大小、保存路径和文件名对列表框中的参照进行排序。
- "树状图"按钮 ⅏：单击此按钮将显示一个外部参照的层次结构图，其中会显示外部参照定义之间的嵌套关系、外部参照的类型，以及它们的状态的关系。
- 🏠 按钮右侧的 ▾ 按钮：单击此按钮将弹出下拉列表，有"附着 DWG""附着图像""附着 DWF""附着 DGN""附着 PDF""附着点云""附着协调模型"7 个选项可以选择，如图 8-50（a）所示，以确定加载的参照文件类型。
- ♻ 按钮右侧的 ▾ 按钮：单击此按钮将弹出下拉列表，有"刷新""重载所有参照"两个选项可以选择，如图 8-50（b）所示，以确定对参照的相关操作。

在文件参照区域选择已加载的图形参照，单击鼠标右键，在弹出的快捷菜单中选择相应的命令，也可以对图形文件进行操作。

8.4　课堂练习——绘制客房立面布置图

🔒 练习知识要点

利用图块绘制客房立面布置图，效果如图 8-51 所示。

📍 效果文件所在位置

云盘/Ch08/DWG/客房立面布置图。

微课

绘制客房立面
布置图

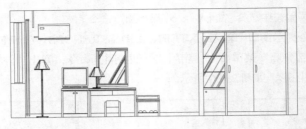

图 8-51

8.5　课后习题——绘制办公室平面布置图

🔒 习题知识要点

利用图块绘制办公室平面布置图，效果如图 8-52 所示。

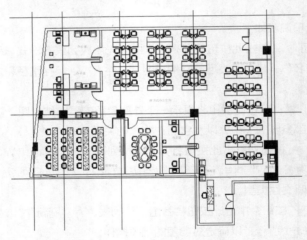

图 8-52

◎ 效果文件所在位置

云盘/Ch08/DWG/办公室平面布置图。

微课

绘制办公室平面
布置图 1

微课

绘制办公室平面
布置图 2

微课

绘制办公室平面
布置图 3

09

第 9 章
创建和编辑三维模型

本章介绍

　　本章主要介绍三维模型的基础知识和简单操作,如观察三维图形、操作三维视图、绘制三维实体,以及如何对实体模型进行布尔运算等知识。通过本章的学习,读者可以初步认识和了解 AutoCAD 2020 中文版的三维建模功能。

学习目标

- ✔ 掌握直角坐标、圆柱坐标和球坐标的概念。
- ✔ 掌握 UCS 的概念和新建 UCS 的方法。
- ✔ 掌握使用"视点预设"命令和"视点"命令设置视点的方法。
- ✔ 掌握使用动态观察器和多视口观察模型的方法。
- ✔ 掌握绘制三维实体的方法。
- ✔ 掌握利用布尔运算绘制组合体的方法。
- ✔ 掌握三维实体的阵列、镜像、旋转和对齐等操作方法。
- ✔ 掌握倒棱角、倒圆角、压印、抽壳、清除与分割等操作方法。

技能目标

- ✔ 掌握对客房进行视图操作的方法。
- ✔ 掌握花瓶实体模型的绘制方法。
- ✔ 掌握铅笔图形的绘制方法。

素养目标

- ✔ 培养学生的空间想象能力。

9.1 三维坐标系

在三维空间中，图形的位置和大小均是用三维坐标来表示的。三维坐标就是我们平时所说的 xyz 空间。在 AutoCAD 2020 中文版中，三维坐标系定义为 WCS 和 UCS。

9.1.1 WCS 概述

在 AutoCAD 2020 中文版中，WCS 的图标如图 9-1 所示。WCS 的 x 轴正向向右，y 轴正向向上，z 轴正向由屏幕指向用户，坐标原点位于屏幕左下角。当用户在三维空间中观察 WCS 时，其图标如图 9-2 所示。

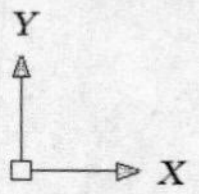

在三维 WCS 中，根据表示方法可将其分为直角坐标、圆柱坐标和球坐标 3 种形式。下面分别对这 3 种坐标形式的定义及坐标值的输入形式进行介绍。

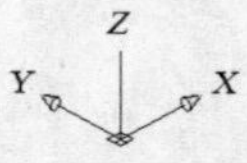

图 9-1　　图 9-2

1. 直角坐标

直角坐标又称为笛卡儿坐标，它是通过右手定则来确定各坐标轴方向的。

- 右手定则

右手定则指以人的右手作为判断工具，大拇指指向 x 轴正方向，食指指向 y 轴正方向，然后弯曲其余 3 指，这 3 根手指的弯曲方向即坐标系的 z 轴正方向。

采用右手定则还可以确定坐标轴的旋转正方向，方法是：将大拇指指向坐标轴的正方向，然后将其余 4 指弯曲，此时这 4 根手指的弯曲方向即该坐标轴的旋转正方向。

- 坐标值输入形式

采用直角坐标确定空间中某一点的位置时，需要指定该点的 x、y、z 坐标。

绝对坐标的输入形式是：x, y, z。

相对坐标的输入形式是：$@x, y, z$。

2. 圆柱坐标

采用圆柱坐标确定空间中某一点的位置时，需要指定该点在 xy 平面内的投影点与坐标系原点的距离、投影点和坐标系原点的连线与 x 轴的夹角，以及该点的 z 坐标值。

绝对坐标的输入形式是：$r < \theta, z$。

其中，r 表示输入点在 xy 平面内的投影点与坐标系原点的距离，θ 表示投影点和坐标系原点的连线与 x 轴的夹角，z 表示输入点的 z 坐标值。

相对坐标的输入形式是：$@r < \theta, z$。

例如，"1000<30,800" 表示输入点在 xy 平面内的投影点到坐标系原点有 1000 个单位的距离，该投影点和坐标系原点的连线与 x 轴的夹角为 30°，且沿 z 轴方向有 800 个单位的距离。

3. 球坐标

采用球坐标确定空间中某一点的位置时，需要指定该点与坐标系原点的距离、该点和坐标系原点的连线在 xy 平面上的投影与 x 轴的夹角，以及该点和坐标系原点的连线与 xy 平面的夹角。

绝对坐标的输入形式是：$r < \theta < \phi$。

其中，r 表示输入点与坐标系原点的距离，θ 表示输入点和坐标系原点的连线在 xy 平面上的投影与 x 轴的夹角，ϕ 表示输入点和坐标系原点的连线与 xy 平面的夹角。

相对坐标的输入形式是：@ $r<\theta<\phi$。

例如，"1000<120<60"表示输入点与坐标系原点的距离为 1000 个单位，输入点和坐标系原点的连线在 xy 平面上的投影与 x 轴的夹角为 120°，该连线与 xy 平面的夹角为 60°。

9.1.2　UCS 概述

在 AutoCAD2020 中文版中绘制二维图形时，绝大多数命令仅在 xy 平面内或在与 xy 平面平行的平面内有效。另外，在三维模型中，截面的绘制也采用二维绘图命令，这样当用户需要在某截面上绘图时，该操作就不能直接进行。

例如，当前坐标系为 WCS，用户需要在模型的斜面上绘制一个新的圆柱，如图 9-3 所示。由于 WCS 的 xy 平面与模型斜面存在一定夹角，因此不能直接绘制。此时用户必须先将模型的斜面定义为坐标系的 xy 平面。用户定义的坐标系就称为 UCS。

UCS 主要有两种用途：一种是可以灵活定位 xy 平面，以便用二维绘图命令绘制立体截面；另一种是便于将模型尺寸转化为坐标值。

启用命令的方法如下。

● 工具栏：单击"UCS"工具栏中的"UCS"按钮，如图 9-4 所示。

● 菜单命令：在菜单栏中选择"工具"菜单中有关 UCS 的命令，如图 9-5 所示。

● 命令行：在命令提示窗口中输入 UCS。

图 9-3　　　　　　　　　　　　图 9-4　　　　　　　　　　　　图 9-5

启用"UCS"命令，命令提示窗口中的操作步骤如下。

命令: _ucs　　　　　　　　　　　　　　//单击"UCS"按钮

当前 UCS 名称: *世界*　　　　　　　　　//提示当前的坐标系形式

指定 UCS 的原点或 [面(F)/命名(NA)/对象(OB)/上一个(P)/视图(V)/世界(W)/X/Y/Z/Z 轴(ZA)] <世界>:

提示选项说明如下。

● 面（F）：在命令提示窗口中输入字母"F"，按 Enter 键，将 UCS 与三维实体的选定面对齐。要选择一个面，可在此面的边界内或边上单击，被选择的面将高亮显示。UCS 的 x 轴将与找到的第一个面上最近的边对齐。选择该选项，AutoCAD 提示如下。

指定 UCS 的原点或 [面(F)/命名(NA)/对象(OB)/上一个(P)/视图(V)/世界(W)/X/Y/Z/Z 轴(ZA)] <世界>:

　F　　　　　　　　　　　　　　//输入字母"F"并按 Enter 键，选择"新建"选项

选择实体对象的面：   //选择实体表面

输入选项 [下一个(N)/X 轴反向(X)/Y 轴反向(Y)] <接受>：

"下一个"选项用于将 UCS 定位于邻接的面或选定边的后向面；"X 轴反向"选项用于将 UCS 绕 x 轴旋转 180°；"Y 轴反向"选项用于将 UCS 绕 y 轴旋转 180°；如果按 Enter 键，则接受该位置，否则将重复出现提示，直到用户接受位置为止。

- 命名（NA）：在命令提示窗口中输入字母"NA"，按 Enter 键，可按名称保存并恢复通常使用的 UCS 方向，AutoCAD2020 中文版中的提示如下。

输入选项 [恢复(R)/保存(S)/删除(D)/?]：

"恢复"选项用于恢复已保存的 UCS，使它成为当前 UCS；"保存"选项用于把当前 UCS 按指定名称保存；"删除"选项用于从已保存的 UCS 列表中删除指定的 UCS；"?"选项用于列出 UCS 的名称，并列出每个保存的 UCS 相对于当前 UCS 的原点，以及 x、y 和 z 轴信息。如果当前 UCS 尚未命名，它将被命名为 WORLD 或 UNNAMED，这取决于它是否与 WCS 相同。

- 对象（OB）：在命令提示窗口中输入字母"OB"，按 Enter 键，命令提示窗口中的提示如下。

选择对齐 UCS 的对象：

根据选定三维对象定义新的坐标系。新建 UCS 的拉伸方向（z 轴正方向）与选定对象的拉伸方向相同。

- 上一个（P）：在命令提示窗口中输入字母"P"，按 Enter 键，AutoCAD 2020 中文版将恢复到最近一次使用的 UCS。AutoCAD 2020 中文版最多保存最近使用的 10 个 UCS。如果当前使用的 UCS 是由上一个坐标系移动得来的，那么使用"上一个"选项不能恢复到移动前的坐标系。

- 视图（V）：在命令提示窗口中输入字母"V"，按 Enter 键，以垂直于观察方向（平行于屏幕）的平面为 xy 平面建立新的坐标系。UCS 原点保持不变。

- 世界（W）：在命令提示窗口中输入字母"W"，按 Enter 键，将当前 UCS 设置为 WCS。WCS 是所有 UCS 的基准，不能被重新定义。

- X/Y/Z：在命令提示窗口中输入字母"X"、"Y"或"Z"，按 Enter 键，绕指定轴旋转当前 UCS。

- Z 轴（ZA）：在命令提示窗口中输入"ZA"，按 Enter 键，命令提示窗口中的提示如下。

指定新原点或 [对象(O)] <0,0,0>：

用指定的 z 轴正半轴定义 UCS。

9.1.3　新建 UCS

通过指定新坐标系的原点可以创建一个新的 UCS。用户输入新坐标系原点的坐标值后，系统会将当前坐标系的原点变为新坐标值所确定的点，但 x 轴、y 轴和 z 轴的方向不变。

启用命令的方法如下。

- 工具栏：单击"UCS"工具栏中的"原点"按钮 。

- 菜单命令：在菜单栏中选择"工具 > 新建 UCS > 原点"命令。

启用"原点"命令创建新的 UCS，命令提示窗口中的操作步骤如下。

命令：_ucs

当前 UCS 名称：*世界*

指定 UCS 的原点或 [面(F)/命名(NA)/对象(OB)/上一个(P)/视图(V)/世界(W)/X/Y/Z/Z 轴(ZA)]

<世界>: _o　　　　　　　　　　　　　　//单击"原点"按钮

指定新原点 <0，0，0>:　　　　　　　　//确定新坐标系的原点

通过指定新坐标系的原点与 z 轴来创建一个新的 UCS，在创建过程中系统会根据右手定则判定各坐标轴的方向。

启用命令的方法如下。

- 工具栏：单击"UCS"工具栏中的"Z 轴矢量"按钮。

- 菜单命令：在菜单栏中选择"工具 > 新建 UCS > Z 轴矢量"命令。

启用"Z 轴矢量"命令创建新的 UCS，命令提示窗口中的操作步骤如下。

命令：_ucs

当前 UCS 名称：*世界*

指定 UCS 的原点或 [面(F)/命名(NA)/对象(OB)/上一个(P)/视图(V)/世界(W)/X/Y/Z/Z 轴(ZA)]

<世界>: _zaxis　　　　　　　　　　//单击"Z 轴矢量"按钮

指定新原点 <0，0，0>:　　　　　　　//确定新坐标系的原点

在正 Z 轴范围上指定点 <0.0000,0.0000,1.0000 >:　//确定新坐标系 z 轴的正方向

通过指定新坐标系的原点、x 轴方向，以及 y 轴方向来创建一个新的 UCS。

启用命令的方法如下。

- 工具栏：单击"UCS"工具栏中的"三点"按钮。

- 菜单命令：在菜单栏中选择"工具 > 新建 UCS > 三点"命令。

启用"三点"命令创建新的 UCS，命令提示窗口中的操作步骤如下。

命令：_ucs

当前 UCS 名称：*世界*

指定 UCS 的原点或 [面(F)/命名(NA)/对象(OB)/上一个(P)/视图(V)/世界(W)/X/Y/Z/Z 轴(ZA)]

<世界>: _3　　　　　　　　　　　　//单击"三点"按钮

指定新原点 <0，0，0>:　　　　　　　//确定新坐标系的原点

在正 X 轴范围上指定点 <1.0000,0.0000,0.0000>:　//确定新坐标系 x 轴的正方向

在 UCS XY 平面的正 Y 轴范围上指定点 <0.0000,1.0000,0.0000>:

　　　　　　　　　　　　　　　　//确定新坐标系 y 轴的正方向

通过指定一个已有对象来创建新的 UCS，创建的坐标系与所选对象具有相同的 z 轴方向，它的原点及 x 轴的正方向按表 9-1 中的规则确定。

表 9-1

可选对象	创建的 UCS 的说明
线段	以离拾取点最近的端点为原点，x 轴方向与直线方向一致
圆	以圆心为原点，x 轴通过拾取点
圆弧	以圆弧圆心为原点，x 轴通过离拾取点最近的一点
标注	以标注文字中心为原点，x 轴平行于绘制标注时有效 UCS 的 x 轴
点	以选取点为原点，x 轴方向可以任意确定

可选对象	创建的 UCS 的说明
二维多段线	以多段线的起点为原点，x 轴沿从起点到下一顶点的线段延伸
二维填充	以二维填充的第一点为原点，x 轴为两起点之间的直线
三维面	第一点取为新 UCS 的原点，x 轴为两起点之间的直线，y 轴的正方向取自第一点和第四点的连线方向，z 轴的正方向由右手定则确定
文字、块引用、属性定义	以对象的插入点为原点，x 轴由对象绕其拉伸方向旋转定义，用于建立新 UCS 的对象在新 UCS 中的旋转角为 0°

启用命令的方法如下。

- 工具栏：单击 "UCS" 工具栏中的 "对象" 按钮 。
- 菜单命令：在菜单栏中选择 "工具 > 新建 UCS > 对象" 命令。

通过选择三维实体的面来创建新 UCS。被选中的面以虚线形式显示，新坐标系的 xy 平面在该实体的面上，同时其 x 轴与所选择面的最近边对齐。

启用命令的方法如下。

- 工具栏：单击 "UCS" 工具栏中的 "面 UCS" 按钮 。
- 菜单命令：在菜单栏中选择 "工具 > 新建 UCS > 面" 命令。

启用 "面 UCS" 命令创建新的 UCS，命令提示窗口中的操作步骤如下。

命令：_ucs

当前 UCS 名称：*世界*

指定 UCS 的原点或 [面(F)/命名(NA)/对象(OB)/上一个(P)/视图(V)/世界(W)/X/Y/Z/Z 轴(ZA)]

<世界>：F　　　　　　　　　　　　　　　　　　//单击 "面 UCS" 按钮

选择实体面、曲面或网格：　　　　　　　　　　//选择实体的面

输入选项 [下一个(N)/X 轴反向(X)/Y 轴反向(Y)] <接受>：　　//按 Enter 键

提示选项说明如下。

- 下一个（N）：用于将 UCS 放到邻近的实体面上。
- X 轴反向（X）：用于将 UCS 绕 x 轴旋转 180°。
- Y 轴反向（Y）：用于将 UCS 绕 y 轴旋转 180°。

通过当前视图来创建新 UCS。新坐标系的原点保持在当前坐标系的原点位置，其 xy 平面在与当前视图平行的平面上。

启用命令的方法如下。

- 工具栏：单击 "UCS" 工具栏中的 "视图" 按钮 。
- 菜单命令：在菜单栏中选择 "工具 > 新建 UCS > 视图" 命令。

通过指定绕某一坐标轴旋转的角度来创建新 UCS。

启用命令的方法如下。

- 工具栏：单击 "UCS" 工具栏中的 "X" 按钮 、"Y" 按钮 或 "Z" 按钮 。
- 菜单命令：在菜单栏中选择 "工具 > 新建 UCS > X" 或 "工具 > 新建 UCS > Y" 或 "工具 > 新建 UCS > Z" 命令。

9.2　三维视图中的操作

在 AutoCAD 2020 中文版中，用户可以采用系统提供的观察方向对模型进行观察，也可以自定义观察方向对模型进行观察。另外，在 AutoCAD 2020 中文版中用户还可以进行多视口观察。

9.2.1　课堂案例——观察客房模型

微课

观察客房模型

 案例学习目标

掌握三维模型的观察方法。

 案例知识要点

从各个视角观察客房，客房模型如图 9-6 所示。

◎ **效果文件所在位置**

云盘/Ch09/DWG/客房。

观察客房模型的操作步骤如下。

（1）打开图形文件。选择"文件 > 打开"菜单命令，打开云盘文件中的"Ch09 > 素材 > 客房"文件，如图 9-6 所示。

（2）观察主视图。选择"视图 > 三维视图 > 前视"菜单命令，观察客房模型的前视图，如图 9-7 所示。

（3）观察俯视图。选择"视图 > 三维视图 > 俯视"菜单命令，观察客房模型的俯视图，如图 9-8 所示。

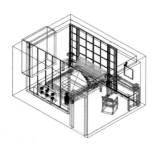

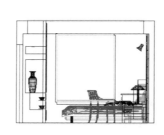

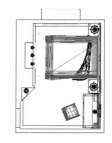

图 9-6　　　　　　　　　　　图 9-7　　　　　　　　　　　图 9-8

（4）观察东南等轴测视图。选择"视图 > 三维视图 > 东南等轴测"菜单命令，观察客房模型的东南等轴测视图，如图 9-9 所示。

（5）利用"视点预设"命令观察模型。选择"视图 > 三维视图 > 视点预设"菜单命令，弹出"视点预设"对话框。在"X 轴"数值框中输入"200.0"，在"XY 平面"数值框中输入"60.0"，如图 9-10 所示。单击"确定"按钮，客房模型的效果如图 9-11 所示。

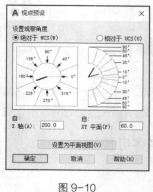

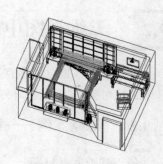

图 9-9　　　　　　　　　　图 9-10　　　　　　　　　　图 9-11

（6）利用"视点"命令观察模型。选择"视图 > 三维视图 > 视点"菜单命令，绘图窗口中会显示坐标球和三轴架，如图 9-12 所示。单击即可观察客房模型，效果如图 9-13 所示。

（7）利用动态观察器观察模型。选择"视图 > 动态观察 > 自由动态观察"命令，动态观察客房模型，效果如图 9-14 所示。

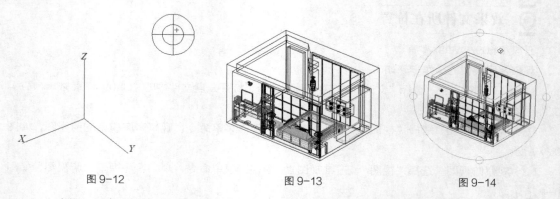

图 9-12　　　　　　　　　　图 9-13　　　　　　　　　　图 9-14

（8）多视口观察。选择"视图 > 视口 > 四个视口"命令，绘图窗口中会出现 4 个视口，如图 9-15 所示。单击左上角的视口，该视口将被激活，选择"前视图"命令，将左上角的视口设置为客房模型的主视图。利用上述方法，可将右上角和左下角的视口分别设置为左视图和俯视图，将右下角的视口设置为东南等轴测视图，如图 9-16 所示。

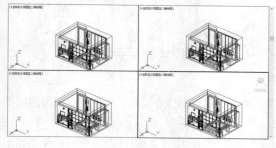

图 9-15　　　　　　　　　　図 9-16

（9）合并视口。选择"视图 > 视口 > 合并"命令，在绘图窗口中选择左上角和左下角的视口，将它们合并。再次启用"合并"命令，将右上角和右下角的视口合并。用户可以对合并后的两个视口分别进行视图操作，如图 9-17 所示。

（10）对三维模型进行消隐。将左侧视图激活，选择"视图 > 消隐"命令，对其进行消隐处理，如图 9-18 所示。

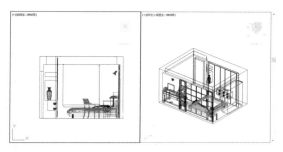
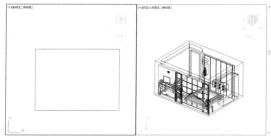

图 9-17   图 9-18

9.2.2 标准视点观察

AutoCAD 2020 中文版提供了 10 个标准视点，供用户观察模型，它们分别对应主视图、后视图、俯视图、仰视图、左视图、右视图 6 个正交投影视图和西南等轴测视图、东南等轴测视图、东北等轴测视图、西北等轴测视图 4 个等轴测视图。

启用命令的方法如下。

● 工具栏：单击"视图"工具栏中的按钮，如图 9-19 所示。
● 菜单命令：在菜单栏中选择"视图 > 三维视图"子菜单中的命令，如图 9-20 所示。

图 9-19   图 9-20

9.2.3 设置视点

用户也可以自定义视点，从任意位置查看模型。在模型空间中，可以通过启用"视点预设"或"视点"命令来设置视点。

启用命令的方法如下。

● 菜单命令：在菜单栏中选择"视图 > 三维视图 > 视点预设"或"视图 > 三维视图 > 视点"命令。

1．利用"视点预设"命令设置视点

（1）选择"视图 > 三维视图 > 视点预设"菜单命令，弹出"视点预设"对话框，如图 9-21 所示。

（2）设置视点位置。"视点预设"对话框中有两个刻度盘，左侧刻度盘用于设置视线在 xy 平面内的投影与 x 轴的夹角，用户可直接在"X 轴"数值框中输入相应值；右侧刻度盘用于设置视线与 xy 面的夹角，同理，用户也可以直接在"XY 平面"数值框中输入相应值。

（3）参数设置完成后，单击"确定"按钮即可对模型进行观察。

2. 利用"视点"命令设置视点

（1）选择"视图 > 三维视图 > 视点"菜单命令，模型空间中会自动显示坐标球和三轴架，如图 9-22 所示。

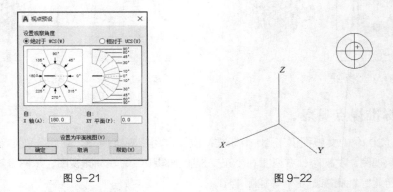

图 9-21   图 9-22

（2）移动鼠标指针，当鼠标指针位于坐标球的不同位置时，三轴架将以不同状态显示，此时的三轴架直接反映了三维坐标系的状态。

（3）当三轴架的状态达到用户想要的效果后，单击即可对模型进行观察。

9.2.4　动态观察器

利用动态观察器可以通过简单的鼠标操作对三维模型进行多角度观察，从而使操作更加灵活，观察角度更加全面。动态观察又分为受约束的动态观察、自由动态观察和连续动态观察 3 种。

（1）受约束的动态观察：沿 xy 平面或 z 轴约束三维动态观察。

启用命令的方法如下。

- 工具栏：单击"动态观察"工具栏中的"受约束的动态观察"按钮 。
- 菜单命令：在菜单栏中选择"视图 > 动态观察 > 受约束的动态观察"命令。
- 命令行：在命令提示窗口中输入 3DORBIT。

启用"受约束的动态观察"命令，鼠标指针显示为 形状，如图 9-23 所示。此时如果水平拖曳鼠标，模型将约束到 xy 平面移动；如果垂直拖曳鼠标，模型将沿 z 轴移动。

（2）自由动态观察：无参照平面，可在任意方向上进行动态观察。沿 xy 平面和 z 轴进行动态观察时，视点不受约束。

启用命令的方法如下。

- 工具栏：单击"动态观察"工具栏中的"自由动态观察"按钮 。
- 菜单命令：在菜单栏中选择"视图 > 动态观察 > 自由动态观察"命令。
- 命令行：在命令提示窗口中输入3DFORBIT。

启用"自由动态观察"命令，在当前视口中激活三维自由动态观察视图，如图 9-24 所示。如果

UCS 图标为开，则表示当前 UCS 的着色三维 UCS 图标显示在三维自由动态观察视图中。在启用命令之前可以查看整个图形，或者选择一个或多个对象。

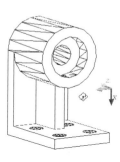

图 9-23

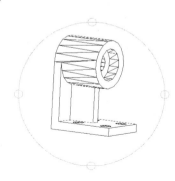

图 9-24

在拖曳鼠标旋转观察模型时，鼠标指针位于转盘的不同位置时会显示为不同的形状，拖曳鼠标也会产生不同的显示效果。

移动鼠标指针到大圆外时，鼠标指针显示为⊙形状，此时拖曳鼠标，视图将绕通过转盘中心并垂直于屏幕的轴旋转。

移动鼠标指针到大圆内时，鼠标指针显示为✥形状，此时可以在水平、垂直、对角方向上拖曳鼠标旋转视图。

移动鼠标指针到左边或右边的小圆上时，鼠标指针显示为⊕形状，此时拖曳鼠标，视图将绕通过转盘中心的竖直轴旋转。

移动鼠标指针到上边或下边的小圆上时，鼠标指针显示为⊖形状，此时拖曳鼠标，视图将绕通过转盘中心的水平轴旋转。

（3）连续动态观察：连续地进行动态观察。在要进行连续动态观察的方向上拖曳鼠标，然后释放鼠标，观察轨迹将沿指定方向继续移动。

启用命令的方法如下。

- 工具栏：单击"动态观察"工具栏中的"连续动态观察"按钮 。
- 菜单命令：在菜单栏中选择"视图 > 动态观察 > 连续动态观察"命令。
- 命令行：在命令提示窗口中输入3DCORBIT。

启用"连续动态观察"命令，鼠标指针显示为❉形状，此时在绘图窗口中沿任意方向拖曳定点设备，使对象沿正在拖曳的方向移动。释放定点设备上的按钮，对象将在指定的方向上继续沿轨迹运动，如图 9-25 所示。为鼠标指针移动设置的速度决定了对象的旋转速度。

图 9-25

9.2.5　多视口观察

在模型空间内，用户可以将绘图窗口拆分成多个视口，这样在创建复杂的模型时，可以在不同的视口中从多个方向观察模型，如图 9-26 所示。

启用命令的方法如下。

- 菜单命令：在菜单栏中选择"视图 > 视口"子菜单中的命令，如图 9-27 所示。
- 命令行：在命令提示窗口中输入 VPORTS。

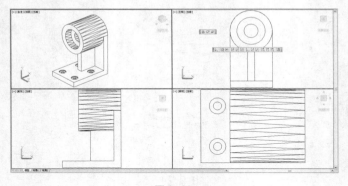

图 9-26　　　　　　　　　　　　　　　图 9-27

 小提示　　当用户在一个视口中对模型进行了修改，其他视口中的模型也会立即进行相应的更新。

9.3　绘制三维实体

9.3.1　拉伸二维图形

通过拉伸将二维图形绘制成三维实体时，相应二维图形必须是一个封闭的二维对象或由封闭曲线构成的面域，并且拉伸的路径必须是一条多段线。

可作为拉伸对象的二维图形有圆、椭圆、用"多边形"命令绘制的正多边形、用"矩形"命令绘制的矩形、封闭的样条曲线和封闭的多段线等。

而利用"直线""圆弧"等命令绘制的一般闭合图形则不能直接进行拉伸，若要拉伸，用户需要先将其定义为面域。

启用命令的方法如下。

- 工具栏：单击"建模"工具栏中的"拉伸"按钮 。
- 菜单命令：在菜单栏中选择"绘图 > 建模 > 拉伸"命令。
- 命令行：在命令提示窗口中输入 EXTRUDE。

选择"绘图 > 建模 > 拉伸"菜单命令，启用"拉伸面"命令，通过拉伸将二维图形绘制成三维实体。

命令提示窗口中的操作步骤如下。

命令：_extrude　　　　　　　　　　　　　　　//选择"绘图 > 建模 > 拉
　　　　　　　　　　　　　　　　　　　　　　//伸"菜单命令

当前线框密度：ISOLINES=4，闭合轮廓创建模式 = 实体　　//显示当前线框的密度
选择要拉伸的对象或[模式(MO)]：找到 1 个　　　　　　　//选择封闭的拉伸对象

选择要拉伸的对象或[模式(MO)]:   //按 Enter 键

指定拉伸的高度或 [方向(D)/路径(P)/倾斜角(T)/表达式(E)]: 300   //输入拉伸高度值

完成后的效果如图 9-28 所示。当用户输入了拉伸的倾斜角度后，效果如图 9-29 所示。

图 9-28   图 9-29

9.3.2　课堂案例——绘制花瓶实体模型

案例学习目标

熟练运用"旋转"命令创建三维实体。

案例知识要点

使用"旋转"命令绘制花瓶实体模型，效果如图 9-30 所示。

效果文件所在位置

云盘/Ch09/DWG/花瓶。

（1）打开图形文件。选择"文件 > 打开"菜单命令，打开云盘文件中的"Ch09 > 素材 > 花瓶"文件，如图 9-31 所示。

（2）旋转花瓶。选择"绘图 > 建模 > 旋转"菜单命令，将花瓶图形对象旋转成实体模型，如图 9-32 所示。命令提示窗口中的操作步骤如下。

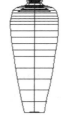

图 9-30   图 9-31   图 9-32

命令: _revolve   //选择"绘图 > 建模 > 旋转"
                                                        //菜单命令

当前线框密度: ISOLINES=4，闭合轮廓创建模式 = 实体 //显示当前线框的密度

选择要旋转的对象或 [模式(MO)]: 找到 1 个   //选择旋转截面

微课

绘制花瓶实体
模型

选择要旋转的对象或 [模式(MO)]: 　　　　　　　　　//按 Enter 键

指定轴起点或根据以下选项之一定义轴 [对象(O) X Y Z]: 　　//单击图 9-31 中的 *A* 点

指定轴端点: 　　　　　　　　　　　　　//单击 *B* 点

指定旋转角度或[起点角度(ST)/反转(R)/表达式(EX)] <360>: //按 Enter 键

（3）观察图形。选择"视图 > 三维视图 > 西南等轴测"菜单命令，观察花瓶实体模型，如图 9-33 所示。

（4）消隐图形。选择"视图 > 消隐"菜单命令，观察花瓶实体模型的消隐效果，如图 9-34 所示。

图 9-33　　　　　　　　　　　图 9-34

9.3.3　旋转二维图形

通过旋转操作将二维图形绘制成三维实体时，相应二维图形也必须是一个封闭的二维对象或由封闭曲线构成的面域。此外，用户可以通过定义两点来创建旋转轴，也可以选择已有对象或坐标系的 *x* 轴、*y* 轴作为旋转轴。

启用命令的方法如下。

* 工具栏：单击"建模"工具栏中的"旋转"按钮 。
* 菜单命令：在菜单栏中选择"绘图 > 建模 > 旋转"命令。
* 命令行：在命令提示窗口中输入 REVOLVE。

选择"绘图 > 建模 > 旋转"菜单命令，启用"旋转"命令，通过旋转操作将二维图形绘制成三维实体，如图 9-35 所示。命令提示窗口中的操作步骤如下。

图 9-35

命令: _revolve 　　　　　　　　　　　　//选择"绘图 > 建模 > 旋转"
　　　　　　　　　　　　　　　　　//菜单命令

当前线框密度: ISOLINES=10，闭合轮廓创建模式 = 实体//显示当前线框的密度

选择要旋转的对象或 [模式(MO)]: 找到 1 个 　　//选择旋转截面

选择要旋转的对象或 [模式(MO)]: 　　　　　//按 Enter 键

指定旋转轴的起点或

指定轴起点或根据以下选项之一定义轴 [对象(O) X Y Z]: X 　//选择"X"选项

指定旋转角度或 [起点角度(ST)/反转(R)/表达式(EX)] <360>: //按 Enter 键

提示选项说明如下。

* 指定旋转轴的起点：通过指定两点的方式定义旋转轴。

- 对象（O）：选择一条已有的线段作为旋转轴。
- X：选择 x 轴作为旋转轴。
- Y：选择 y 轴作为旋转轴。
- Z：选择 z 轴作为旋转轴。

9.3.4　长方体

启用绘制长方体命令的方法如下。

- 工具栏：单击"建模"工具栏中的"长方体"按钮 。
- 菜单命令：在菜单栏中选择"绘图 > 建模 > 长方体"命令。
- 命令行：在命令提示窗口中输入 BOX。

绘制长、宽、高分别为 100、60、80 的长方体，如图 9-36 所示。命令提示窗口中的操作步骤如下。

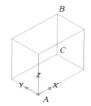

图 9-36

命令：_box　　　　　　　　　　　　　　　//选择"绘图 > 建模 > 长方体"菜单命令

指定第一个角点或 [中心 (C)]：　　　　　　//输入长方体角点 A 的三维坐标

指定其他角点或 [立方体(C)/长度(L)]: 100,60,80　//输入长方体另一个角点 B 的三维坐标

提示选项说明如下。

- 中心（C）：定义长方体的中心点，并根据该中心点和一个角点来绘制长方体。
- 立方体（C）：用于绘制立方体，选择该选项后即可根据提示输入立方体的边长。
- 长度（L）：选择该选项后，系统会依次提示用户输入长方体的长、宽、高来定义长方体。

　　另外，在绘制长方体的过程中，当命令提示窗口中提示指定长方体的第二个角点时，用户还可以通过输入长方体底面角点 C 的二维坐标，然后输入长方体的高度来完成长方体的绘制，也就是说上面的长方体也可以通过下面的操作步骤来绘制。

命令：_box

指定长方体的角点或 [中心(C)] <0,0,0>：　　　　//输入长方体角点 A 的三维坐标

指定其他角点或 [立方体(C)/长度(L)]: 80,100　　//输入长方体底面角点 C 的二维坐标

指定高度或 [两点(2P)]<300.0000>: 60　　　　//输入长方体的高度

9.3.5　球体

启用绘制球体命令的方法如下。

- 工具栏：单击"建模"工具栏中的"球体"按钮 。
- 菜单命令：在菜单栏中选择"绘图 > 建模 > 球体"命令。
- 命令行：在命令提示窗口中输入 SPHERE。

绘制半径为 100 的球体，如图 9-37 所示。命令提示窗口中的操作步骤如下。

命令：_sphere　　　　　　　　　　　//选择"绘图 > 建模 > 球
　　　　　　　　　　　　　　　　　　//体"菜单命令

指定中心点或 [三点(3P)/两点(2P)/切点、切点、半径(T)]: 0,0,0　//输入球心的坐标

指定半径或 [直径(D)]: 100　　　　　　　　//输入球体的半径值

绘制完球体后，可以选择"视图 > 消隐"菜单命令，对球体进行消隐处理，效果如图 9-38 所

示。与消隐后的图形相比，图 9-37 所示球体的外形线框的线条太少，不能反映整个球体的外观，此时用户可以修改系统变量 ISOLINES 的值来增加线条的数量。命令提示窗口中的操作步骤如下。

命令：ISOLINES　　　　　　　　　　　　　　　　//输入系统变量名称

输入 ISOLINES 的新值 <4>：20　　　　　　　　//输入系统变量的新值

设置完系统变量后，再次创建同样大小的球体模型，如图 9-39 所示。

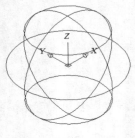

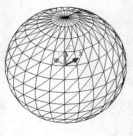
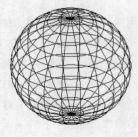

图 9-37　　　　　　　　图 9-38　　　　　　　　图 9-39

9.3.6　圆柱体

启用绘制圆柱体命令的方法如下。

- 工具栏：单击"建模"工具栏中的"圆柱体"按钮　。
- 菜单命令：在菜单栏中选择"绘图 > 建模 > 圆柱体"命令。
- 命令行：在命令提示窗口中输入 CYLINDER。

绘制直径为 20、高为 16 的圆柱体，如图 9-40 所示。命令提示窗口中的操作步骤如下。

命令：_cylinder　　　　　　　　　　　　　　　//选择"绘图 > 建模 > 圆柱体"
　　　　　　　　　　　　　　　　　　　　　　//菜单命令

指定底面的中心点或 [三点(3P)/两点(2P)/切点、切点、半径(T)/椭圆(E)]：0,0,0
　　　　　　　　　　　　　　　　　　　　　　//输入圆柱体底面中心点的坐标

指定底面半径或 [直径(D)]：10　　　　　　　　//输入圆柱体底面的半径值

指定高度或 [两点(2P)/轴端点(A)] <76.5610>：16　　//输入圆柱体高度值

提示选项说明如下。

- 三点（3P）：通过指定 3 个点来定义圆柱体的底面周长和底面。
- 切点、切点、半径（T）：定义具有指定半径，且与两个对象相切的圆柱体底面。
- 椭圆（E）：用来绘制椭圆柱，如图 9-41 所示。
- 两点（2P）：命令行中最后一行的"两点"选项，用于指定圆柱体的高度。
- 轴端点（A）：指定圆柱体轴的端点位置。轴端点是圆柱体顶面与底面的中心点。轴端点可以位于三维空间中的任何位置。

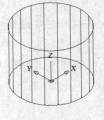

图 9-40　　　　　　　　图 9-41

9.3.7　圆锥体

启用绘制圆锥体命令的方法如下。

- 工具栏：单击"建模"工具栏中的"圆锥体"按钮 △。
- 菜单命令：在菜单栏中选择"绘图 > 建模 > 圆锥体"命令。
- 命令行：在命令提示窗口中输入 CONE。

绘制一个底面直径为 30、高为 40 的圆锥体，如图 9-42 所示。命令提示窗口中的操作步骤如下。

命令：_cone   //选择"绘图 > 建模 > 圆锥体"

//菜单命令

指定底面的中心点或 [三点(3P)/两点(2P)/切点、切点、半径(T)/椭圆(E)]：0,0,0

//输入圆锥体底面中心点的坐标

指定底面半径或 [直径(D)]：15   //输入圆锥体底面的半径值

指定高度或 [两点(2P)/轴端点(A)/顶面半径(T)] <16.0000>：40   //输入圆锥体高度值

绘制完圆锥体后，可以选择"视图 > 消隐"菜单命令，对其进行消隐处理。

部分提示选项说明如下。

- 椭圆（E）：将圆锥体底面设置为椭圆，用于绘制椭圆锥，如图 9-43 所示。
- 轴端点（A）：通过输入圆锥体顶点的坐标来绘制倾斜圆锥体，圆锥体的生成方向为底面圆心与顶点的连线方向。
- 顶面半径（T）：创建圆台时圆台的顶面半径。

图 9-42

图 9-43

9.3.8 楔体

启用绘制楔体命令的方法如下。

- 工具栏：单击"建模"工具栏中的"楔体"按钮 △。
- 菜单命令：在菜单栏中选择"绘图 > 建模 > 楔体"命令。
- 命令行：在命令提示窗口中输入 WEDGE。

绘制图 9-44 所示的楔体。命令提示窗口中的操作步骤如下。

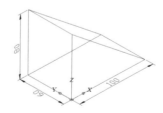

图 9-44

命令：_wedge   //选择"绘图 > 建模 > 楔体"菜单命令
指定第一个角点或 [中心 (C)]：0,0,0   //输入楔体第一个角点的坐标
指定其他角点或 [立方体(C)/长度(L)]：100,60,80   //输入楔体另一个角点的坐标

9.3.9 圆环体

启用绘制圆环体命令的方法如下。

- 工具栏：单击"建模"工具栏中的"圆环体"按钮 ◉。

- 菜单命令：在菜单栏中选择"绘图 > 建模 > 圆环体"命令。
- 命令行：在命令提示窗口中输入 TORUS。

绘制半径为 150、圆管半径为 15 的圆环体，如图 9-45 所示。命令提示窗口中的操作步骤如下。

命令：_torus //选择"绘图 > 建模 > 圆
//环体"菜单命令

指定中心点或 [三点(3P)/两点(2P)/切点、切点、半径(T)]: 0,0,0 //输入圆环体中心点的坐标

指定半径或 [直径(D)]: 150 //输入圆环体的半径值

指定圆管半径或 [两点(2P)/直径(D)]: 15 //输入圆管的半径值

绘制完圆环体后，可以选择"视图 > 消隐"菜单命令，对其进行消隐处理，如图 9-46 所示。

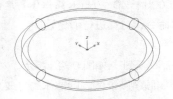

图 9-45

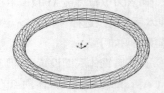

图 9-46

9.3.10 利用剖切法绘制组合体

剖切实体是指通过定义一个剖切平面将已有三维实体剖切为两个部分。在剖切过程中，用户可以选择剖切后保留实体的一部分或全部保留。

启用命令的方法如下。

- 菜单命令：在菜单栏中选择"修改 > 三维操作 > 剖切"命令。
- 命令行：在命令提示窗口中输入 SLICE。

选择"修改 > 三维操作 > 剖切"菜单命令，启用"剖切"命令，通过定义一个剖切平面将圆柱体剖切为两个部分，如图 9-47 所示。命令提示窗口中的操作步骤如下。

图 9-47

命令：_slice //选择"修改 > 三维操作 > 剖切"菜单命令

选择要剖切的对象：找到 1 个 //选择圆柱体

选择要剖切的对象： //按 Enter 键

指定切面的起点或 [平面对象(O)/曲线(S)/Z 轴(Z)/视图(V)/xy (XY)/yz (YZ)/zx (ZX)/三点(3)]

<三点>： <对象捕捉 开> //打开"对象捕捉"开关，选择象限点 A

指定平面上的第二个点： //选择象限点 B

指定平面上的第三个点：   //选择象限点 C

在所需的侧面上指定点或 [保留两个侧面(B)]<保留两个侧面>：

                            //单击要保留的一侧的点

9.3.11　课堂案例——绘制铅笔图形

微课

绘制铅笔图形

✎ 案例学习目标

熟练运用布尔运算创建三维实体。

🔒 案例知识要点

使用"拉伸"命令、"旋转"命令和"差集"命令绘制铅笔图形，效果如图 9-48 所示。

◎ 效果文件所在位置

云盘/Ch09/DWG/铅笔。

（1）创建图形文件。选择"文件 > 新建"菜单命令，弹出"选择样板"对话框，单击"打开"按钮，创建一个新的图形文件。

图 9-48

（2）绘制正六边形。单击"绘图"工具栏中的"多边形"按钮 ⬡，绘制正六边形，如图 9-49 所示。命令提示窗口中的操作步骤如下。

命令：_polygon 输入侧面数 <4>：6   //单击"多边形"按钮 ⬡，输入边的数目

指定正多边形的中心点或 [边(E)]：0,0   //输入正多边形中心点的坐标

输入选项 [内接于圆(I)/外切于圆(C)] <I>：I   //选择"内接于圆"选项

指定圆的半径：5   //指定圆的半径值

（3）拉伸正六边形。选择"绘图 > 建模 > 拉伸"菜单命令，拉伸正六边形，如图 9-50 所示。命令提示窗口中的操作步骤如下。

命令：_extrude   //选择"绘图 > 建模 > 拉伸"菜单命令

当前线框密度：ISOLINES=4，闭合轮廓创建模式 = 实体

选择要拉伸的对象或 [模式(MO)]：找到 1 个   //选择正六边形

选择要拉伸的对象或 [模式(MO)]：   //按 Enter 键

指定拉伸的高度或 [方向(D)/路径(P)/倾斜角(T)/表达式(E)] <320.4848>：200   //指定拉伸高度值

指定拉伸的高度或 [方向(D)/路径(P)/倾斜角(T)/表达式(E)] <320.4848>： //按 Enter 键

图 9-49   图 9-50

（4）新建坐标系。选择"工具 > 新建 UCS > Y"菜单命令，新建一个坐标系，如图 9-51 所示。命令提示窗口中的操作步骤如下。

命令：_ucs

当前 UCS 名称：*世界*

指点 UCS 的圆点或

[面(F)/命名(NA)/对象(OB)/上一个(P)/视图(V)/世界(W) X Y Z /Z 轴(ZA)]

<世界>：Y　　　　　　　　　　　　　//选择"Y"选项

指定绕 Y 轴的旋转角度 <90>：　　　　　//指定绕 y 轴的旋转角度值

（5）绘制三角形。单击"绘图"工具栏中的"直线"按钮 ⟋，绘制一个三角形，如图 9-52 所示。命令提示窗口中的操作步骤如下。

命令：_line

指定第一个点：　20,0　　　　　　　　//单击"直线"按钮 ⟋，输入第一点的绝对坐标

指定下一点或 [放弃(U)]：@0,5　　　　//输入下一点的相对坐标

指定下一点或 [退出(E)/放弃(U)]：@-20,0　//输入下一点的相对坐标

指定下一点或 [关闭(C)/退出(X)/放弃(U)]：C　//选择"关闭"选项

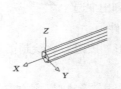

图 9-51

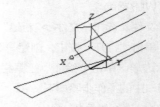

图 9-52

（6）创建面域。单击"绘图"工具栏中的"面域"按钮 ▣，将三角形创建成面域。命令提示窗口中的操作步骤如下。

命令：_region　　　　　　　　　　　//单击"面域"按钮 ▣

选择对象：指定对角点：找到 3 个　　　//用矩形框框选三角形的3条边

选择对象：　　　　　　　　　　　　//按 Enter 键

已创建 1 个面域。

（7）旋转三角形。选择"绘图 > 建模 > 旋转"菜单命令，将三角形旋转成剪切实体，如图 9-53 示。命令提示窗口中的操作步骤如下。

命令：_revolve　　　　　　　　　　　　　　　　//选择"绘图 > 建模 > 旋
　　　　　　　　　　　　　　　　　　　　　　//转"菜单命令

当前线框密度：　ISOLINES=4，闭合轮廓创建模式 = 实体

选择要旋转的对象或 [模式(MO)]：找到 1 个　　　//选择三角形面域

选择要旋转的对象或 [模式(MO)]：　　　　　　//按 Enter 键

指定轴起点或根据以下选项之一定义轴

[对象(O) X Y Z]：X　　　　　　　　　　　　//选择"X"选项

指定旋转角度或[起点角度(ST)/反转(R)/表达式(EX)] <360>：//按 Enter 键

（8）移动剪切实体。单击"修改"工具栏中的"移动"按钮 ✥，将剪切实体移动到正六边形实体内，如图 9-54 所示。

（9）进行差运算。选择"修改 > 实体编辑 > 差集"命令，对两个实体进行差运算，完成后的效果如图 9-55 所示。

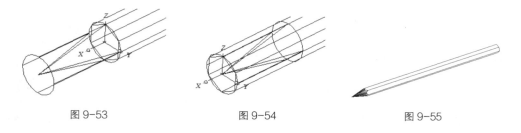

图 9-53　　　　　　　　　　　图 9-54　　　　　　　　　　　图 9-55

9.3.12　利用布尔运算绘制组合体

在 AutoCAD 2020 中文版中，可以对三维实体进行布尔运算，从而制作出各种形状的组合体。布尔运算分为并运算、差运算、交运算 3 种。

1．并运算

执行并运算可以合并两个或多个实体（或面域），以构成一个组合对象。

启用命令的方法如下。

- 工具栏：单击"实体编辑"工具栏中的"并集"按钮 。
- 菜单命令：在菜单栏中选择"修改 > 实体编辑 > 并集"命令。
- 命令行：在命令提示窗口中输入 UNION。

2．差运算

执行差运算可以删除两个实体的公共部分。

启用命令的方法如下。

- 工具栏：单击"实体编辑"工具栏中的"差集"按钮 。
- 菜单命令：在菜单栏中选择"修改 > 实体编辑 > 差集"命令。
- 命令行：在命令提示窗口中输入 SUBTRACT。

3．交运算

执行交运算可以将两个或多个重叠实体的公共部分创建为组合体。

启用命令的方法如下。

- 工具栏：单击"实体编辑"工具栏中的"交集"按钮 。
- 菜单命令：在菜单栏中选择"修改 > 实体编辑 > 交集"命令。
- 命令行：在命令提示窗口中输入 INTERSECT。

9.4　编辑三维实体

本节对三维实体的阵列、镜像、旋转及对齐命令进行讲解，一方面可使读者对三维模型的空间概念有更进一步的认识，另一方面也可以同相关的二维编辑命令进行比较，从而帮助读者进一步巩固在前面各章中学到的知识。

9.4.1 阵列三维实体

利用"三维阵列"命令可阵列三维实体。在操作过程中，用户需要输入阵列的列数、行数和层数。其中，列数、行数、层数分别是指实体在 x、y、z 方向上的数目。此外，根据实体的阵列特点，可对其进行矩形阵列与环形阵列，如图 9-56 所示。

启用命令的方法如下。

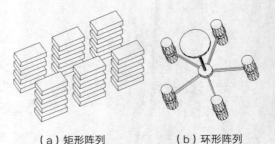

（a）矩形阵列 　　　（b）环形阵列

图 9-56

- 菜单命令：在菜单栏中选择"修改 > 三维操作 > 三维阵列"命令。

- 命令行：在命令提示窗口中输入 3DARRAY。

进行矩形阵列时，若输入的间距为正值，则向坐标轴的正方向阵列对象；若输入的间距为负值，则向坐标轴的负方向阵列对象。

进行环形阵列时，若输入的间距为正值，则按逆时针方向阵列对象；若输入的间距为负值，则按顺时针方向阵列对象。

选择"修改 > 三维操作 > 三维阵列"菜单命令，启用"三维阵列"命令。命令提示窗口中的操作步骤如下。

命令: _3darray	//选择"修改 > 三维操作 > 三维阵列"菜单 //命令
选择对象: 找到 1 个	//选择长方体实体模型
选择对象:	//按 Enter 键
输入阵列类型 [矩形(R)/环形(P)] <矩形>:	//按 Enter 键
输入行数 (−−−) <1>: 2	//输入行数值
输入列数 (|||) <1>: 3	//输入列数值
输入层数 (...) <1>: 4	//输入层数值
指定行间距 (−−−): 300	//输入行间距值
指定列间距 (|||): 300	//输入列间距值
指定层间距 (...): 100	//输入层间距值
命令: _3darray	//选择"修改 > 三维操作 > 三维阵列"菜单 //命令
选择对象: 找到 1 个	//选择灯实体模型
选择对象:	//按 Enter 键
输入阵列类型 [矩形(R)/环形(P)] <矩形>:P	//选择"环形"选项
输入阵列中的项目数目: 5	//输入阵列数目值
指定要填充的角度 (+=逆时针, −=顺时针) <360>:	//按 Enter 键
旋转阵列对象？ [是(Y)/否(N)] <Y>:	//按 Enter 键
指定阵列的中心点: _cen 于	//单击"对象捕捉"工具栏中的"捕捉到圆心" //按钮⊙，捕捉吊灯支架的圆心
指定旋转轴上的第二点: _cen 于	//捕捉圆心

9.4.2　镜像三维实体

"三维镜像"命令通常用于绘制具有对称结构的三维实体，如图 9-57 所示。

启用命令的方法如下。

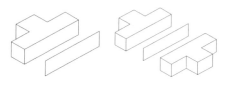

- 菜单命令：在菜单栏中选择"修改 > 三维操作 > 三维镜像"命令。

- 命令行：在命令提示窗口中输入 MIRROR3D。

图 9-57

选择"修改 > 三维操作 > 三维镜像"菜单命令，启用"三维镜像"命令。命令提示窗口中的操作步骤如下。

命令：_mirror3d	//选择"修改 > 三维操作 > 三维镜像"菜单命令
选择对象：找到 1 个	//选择镜像对象
选择对象：	//按 Enter 键

指定镜像平面 (三点) 的第一个点或
[对象(O)/最近的(L)/Z 轴(Z)/视图(V)/XY 平面(XY)/YZ 平面(YZ)/ZX 平面(ZX)/三点(3)] <三点>:

	//捕捉镜像平面的第一个点
在镜像平面上指定第二点：	//捕捉镜像平面的第二个点
在镜像平面上指定第三点：	//捕捉镜像平面的第三个点
是否删除源对象？ [是(Y)/否(N)] <否>:	//按 Enter 键

提示选项说明如下。

- 对象（O）：将所选对象（圆、圆弧或多段线等）所在的平面作为镜像平面。
- 最近的（L）：将上一次镜像操作中使用的镜像平面作为本次操作的镜像平面。
- Z 轴（Z）：依次选择两点，系统会自动将两点的连线作为镜像平面的法线，同时镜像平面通过所选的第一点。
- 视图（V）：选择一点，系统会自动将通过该点且与当前视图平面平行的平面作为镜像平面。
- XY 平面（XY）：选择一点，系统会自动将通过该点且与当前坐标系的 xy 平面平行的平面作为镜像平面。
- YZ 平面（YZ）：选择一点，系统会自动将通过该点且与当前坐标系的 yz 平面平行的平面作为镜像平面。
- ZX 平面（ZX）：选择一点，系统会自动将通过该点且与当前坐标系的 zx 平面平行的平面作为镜像平面。
- 三点（3）：通过指定 3 个点来确定镜像平面。

9.4.3　旋转三维实体

利用"三维旋转"命令可以灵活地定义旋转轴，并对三维实体进行任意旋转。

启用命令的方法如下。

- 菜单命令：在菜单栏中选择"修改 > 三维操作 > 三维旋转"命令。

● 命令行：在命令提示窗口中输入 ROTATE3D。

选择"修改 > 三维操作 > 三维旋转"菜单命令，启
用"三维旋转"命令，将图 9-58 所示的正六棱柱绕 x 轴
旋转 90°。完成后的效果如图 9-59 所示。命令提示窗口
中的操作步骤如下。

命令：_rotate3d　　//选择"修改 > 三维操作 >

//三维旋转"菜单命令

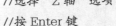

图 9-58　　　　　图 9-59

当前正向角度：　ANGDIR=逆时针 ANGBASE=0

选择对象：找到 1 个　　　　　　　　　　　//选择正六棱柱

选择对象：　　　　　　　　　　　　　　　//按 Enter 键

指定轴上的第一个点或定义轴依据

[对象(O)/最近的(L)/视图(V)/X 轴(X)/Y 轴(Y)/Z 轴(Z)/两点(2)]：Z

//选择"Z 轴"选项

指定 Z 轴上的点 <0,0,0>：　　　　　　　　//按 Enter 键

指定旋转角度或 [参照(R)]：90　　　　　　//输入旋转角度值

提示选项说明如下。

● 对象（O）：通过选择一个对象确定旋转轴。若选择线段，则该线段就是旋转轴；若选择圆或
圆弧，则旋转轴通过选择点，并与圆或圆弧所在的平面垂直。

● 最近的（L）：将上一次旋转操作中使用的旋转轴作为本次操作的旋转轴。

● 视图（V）：选择一点，系统会自动将通过该点且与当前视图平面垂直的直线作为旋转轴。

● X 轴（X）：选择一点，系统会自动将通过该点且与当前坐标系 x 轴平行的直线作为旋转轴。

● Y 轴（Y）：选择一点，系统会自动将通过该点且与当前坐标系 y 轴平行的直线作为旋转轴。

● Z 轴（Z）：选择一点，系统会自动将通过该点且与当前坐标系 z 轴平行的直线作为旋转轴。

● 两点（2）：通过指定两点来确定旋转轴。

9.4.4　对齐三维实体

三维对齐指通过移动、旋转一个实体使其与另一个实体对齐。在操作过程中，最关键的是选择合
适的源点与目标点。其中，源点是在被移动、旋转的对象上选择的，目标点是在相对不动、作为放置
参照的对象上选择的。

启用命令的方法如下。

● 菜单命令：在菜单栏中选择"修改 > 三维操作 > 对
齐"命令。

● 命令行：在命令提示窗口中输入 ALIGN。

选择"修改 > 三维操作 > 对齐"菜单命令，启用"三维
对齐"命令，将图 9-60 所示的正三棱柱和正六棱柱对齐。完
成后的效果如图 9-61 所示。命令提示窗口中的操作步骤如下。

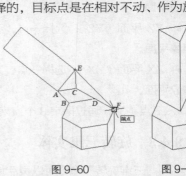

图 9-60　　　　　　　　　图 9-61

命令：3dalign　　　　　　　　//选择"修改 > 三维操作 > 对齐"菜单命令

选择对象：找到 1 个　　　　　　//选择正三棱柱

选择对象：	//按 Enter 键
指定源平面和方向…	
指定基点或 [复制(C)]：	//选择正三棱柱上的 A 点
指定第二个点或 [继续(C)] <C>：	//选择正三棱柱上的 C 点
指定第三个点或 [继续(C)] <C>：	//选择正三棱柱上的 E 点
指定第一个目标点：	//选择正六棱柱上的 B 点
指定第二个目标点或 [退出(X)] <X>：	//选择正六棱柱上的 D 点
指定第三个目标点或 [退出(X)] <X>：	//选择正六棱柱上的 F 点

9.4.5　倒棱角

利用"倒角"命令可以对三维模型进行倒棱角操作。

启用命令的方法如下。

- 工具栏：单击"修改"工具栏中的"倒角"按钮。
- 菜单命令：在菜单栏中选择"修改 > 倒角"命令。
- 命令行：在命令提示窗口中输入 CHAMFER。

选择"修改 > 倒角"菜单命令，启用"倒角"命令，在圆柱体的端面进行倒棱角操作，如图 9-62 所示。完成后的效果如图 9-63 所示。命令提示窗口中的操作步骤如下。

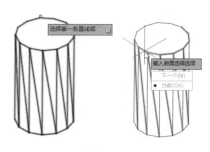

图 9-62

图 9-63

命令：_chamfer	//选择"修改 > 倒角"菜单命令
（"修剪"模式）当前倒角距离 1 = 0.0000，距离 2 = 0.0000	
选择第一条直线或 [放弃(U)/多段线(P)/距离(D)/角度(A)/修剪(T)/方式(E)/多个(M)]：	
	//选择棱边，确定倒角的基面
基面选择…	
输入曲面选择选项 [下一个(N)/当前(OK)] <当前(OK)>：	//此时若圆柱端面显示为蓝色（表示被
	//选择），则按 Enter 键；若相邻面
	//显示为蓝色，则选择"下一个"选项，
	//然后按 Enter 键
指定基面的倒角距离：2	//输入基面的倒角距离值
指定其他曲面倒角距离或 [表达式(E)] <2.0000>：	//输入相邻面的倒角距离值
选择边或 [环(L)]：	//选择要倒角的棱边，按 Enter 键

9.4.6　倒圆角

利用"圆角"命令可以对三维模型进行倒圆角操作。

启用命令的方法如下。

- 工具栏：单击"修改"工具栏中的"圆角"按钮 。
- 菜单命令：在菜单栏中选择"修改 > 圆角"命令。
- 命令行：在命令提示窗口中输入 FILLET。

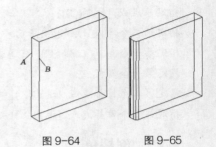

图 9-64　　　　　　图 9-65

选择"修改 > 圆角"菜单命令，启用"圆角"命令，在图 9-64 所示的长方体的棱边 *A* 和 *B* 处进行倒圆角操作。完成后的效果如图 9-65 所示。命令提示窗口中的操作步骤如下。

命令：_fillet　　　　　　　　　　　　　　　//选择"修改 > 圆角"菜单
　　　　　　　　　　　　　　　　　　　　　　//命令

当前设置：模式 = 不修剪，半径 = 0.0000

选择第一个对象或 [放弃(U)/多段线(P)/半径(R)/修剪(T)/多个(M)]:　//选择棱边 *A*

输入圆角半径或 [表达式(E)]：10　　　　　　　//输入圆角半径值

选择边或 [链(C)/半径(R)]:　　　　　　　　　//选择棱边 *B*

选择边或 [链(C)/半径(R)]:　　　　　　　　　//按 Enter 键

已选定 2 个边用于圆角。

9.5　压印

利用"压印"命令可以将所选的图形对象压印到另一个实体模型上。

启用命令的方法如下。

- 工具栏：单击"实体编辑"工具栏中的"压印"按钮 。
- 菜单命令：在菜单栏中选择"修改 > 实体编辑 > 压印边"命令。
- 命令行：在命令提示窗口中输入 SOLIDEDIT。

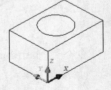

图 9-66

选择"修改 > 实体编辑 > 压印边"菜单命令，启用"压印"命令，将圆压印到立方体模型上，如图 9-66 所示。命令提示窗口中的操作步骤如下。

命令：_solidedit　　　　　　　　//选择"修改 > 实体编辑 > 压印边"菜单命令

实体编辑自动检查：SOLIDCHECK=1

输入实体编辑选项 [面(F)/边(E)/体(B)/放弃(U)/退出(X)] <退出>：B

输入体编辑选项

[压印(I)/分割实体(P)/抽壳(S)/清除(L)/检查(C)/放弃(U)/退出(X)] <退出>：I

选择三维实体：　　　　　　　　　　　　　　//选择立方体模型

选择要压印的对象：　　　　　　　　　　　　//选择圆

是否删除源对象 [是(Y)/否(N)] <N>：Y　　　　//选择"是"选项

选择要压印的对象：　　　　　　　　　　　　//按 Enter 键

输入体编辑选项

[压印(I)/分割实体(P)/抽壳(S)/清除(L)/检查(C)/放弃(U)/退出(X)] <退出>：　　//按 Enter 键

实体编辑自动检查：　SOLIDCHECK=1

输入实体编辑选项 [面(F)/边(E)/体(B)/放弃(U)/退出(X)] <退出>：　　　　//按 Enter 键

 可以用来压印的图形对象包括圆、圆弧、线段、二维和三维多段线、椭圆、样条曲线、面域及实心体等。压印的图形对象必须与实体模型的一个或几个面相交。

9.6　抽壳

利用"抽壳"命令可以绘制壁厚相等的壳体。

启用命令的方法如下。

- 工具栏：单击"实体编辑"工具栏中的"抽壳"按钮 。
- 菜单命令：在菜单栏中选择"修改 > 实体编辑 > 抽壳"命令。
- 命令行：在命令提示窗口中输入 SOLIDEDIT。

选择"修改 > 实体编辑 > 抽壳"菜单命令，启用"抽壳"命令，通过圆柱体模型绘制壁厚相等的壳体，如图 9-67 所示。完成后的效果如图 9-68 所示。

图 9-67　　　　图 9-68

命令提示窗口中的操作步骤如下。

命令：_solidedit　　　　　　　　　//选择"修改 > 实体编辑 > 抽壳"菜单命令

实体编辑自动检查：　SOLIDCHECK=1

输入实体编辑选项 [面(F)/边(E)/体(B)/放弃(U)/退出(X)] <退出>：B

输入体编辑选项

[压印(I)/分割实体(P)/抽壳(S)/清除(L)/检查(C)/放弃(U)/退出(X)] <退出>：S

选择三维实体：　　　　　　　　　　　　　　//选择圆柱体模型

删除面或 [放弃(U)/添加(A)/全部(ALL)]：找到一个面，已删除 1 个。　//选择圆柱体的端面

删除面或 [放弃(U)/添加(A)/全部(ALL)]：　　　　　　　　//按 Enter 键

输入抽壳偏移距离：1　　　　　　　　　　　　　　//输入壳的厚度

输入体编辑选项

[压印(I)/分割实体(P)/抽壳(S)/清除(L)/检查(C)/放弃(U)/退出(X)] <退出>：//按 Enter 键

实体编辑自动检查：　SOLIDCHECK=1

输入实体编辑选项 [面(F)/边(E)/体(B)/放弃(U)/退出(X)] <退出>：　　//按 Enter 键

 壳体厚度值可为正值或负值。当厚度值为正值时，实体表面向内偏移形成壳体；当厚度值为负值时，实体表面向外偏移形成壳体。

9.7 清除与分割

"清除"命令用于删除所有重合的边、顶点，以及压印形成的图形等。

"分割"命令用于将体积不连续的实体模型分割为几个独立的三维实体。通常，在对实体模型进行差运算后会产生一个体积不连续的三维实体，此时利用"分割"命令可将其分割为几个独立的三维实体。

启用命令的方法如下。

- 工具栏：单击"实体编辑"工具栏中的"清除"按钮 或"分割"按钮 。
- 菜单命令：在菜单栏中选择"修改 > 实体编辑 > 清除"或"修改 > 实体编辑 > 分割"命令。

9.8 课堂练习——观察双人床图形

练习知识要点

利用"二维线框"命令、"消隐"命令和"真实"命令对图 9-69 所示的双人床图形进行观察。

效果文件所在位置

云盘/Ch09/DWG/双人床。

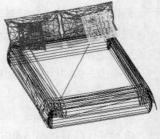

图 9-69

9.9 课后习题——绘制台灯图形

习题知识要点

利用"旋转"命令、"真实"命令绘制台灯图形，并对其进行观察，效果如图 9-70 所示。

图 9-70

微课

绘制台灯图形

效果文件所在位置

云盘/Ch09/DWG/台灯。

第 10 章
信息查询与图形的打印和输出

本章介绍

　　本章主要介绍信息查询方法，通过信息查询可以快速查询图形对象的各种信息，以便了解图形状态。本章还会介绍建筑图形的打印和输出方法。通过本章的学习，读者可以掌握合理地打印和输出建筑图形的方法。

学习目标

✔ 了解距离、面积、质量、系统状态和图形对象信息。
✔ 了解图形的格式。

技能目标

✔ 掌握信息查询的方法和技巧。
✔ 掌握打印图形的方法和技巧。
✔ 掌握将图形输出为其他格式的文件的方法和技巧。

素养目标

✔ 培养学生善始善终的工作习惯。

10.1　信息查询

在 AutoCAD 2020 中文版中，用户可以查询各种信息，如距离、周长、面积、质量、系统状态、图形对象的信息、绘图时间和点信息等。

10.1.1　查询距离

查询距离一般是指查询两点之间的距离，常与对象捕捉功能配合使用。此外，利用查询距离功能，还可以测量图形对象的长度、图形对象在 xy 平面内的夹角等。AutoCAD 2020 中文版提供了"距离"命令，用于查询图形对象的距离。

启用命令的方法如下。

- 工具栏：单击"查询"工具栏中的"距离"按钮 。
- 菜单命令：在菜单栏中选择"工具 > 查询 > 距离"命令。
- 命令行：在命令提示窗口中输入 DIST（快捷命令为 DI）。

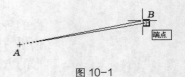

图 10-1

选择"工具 > 查询 > 距离"菜单命令，启用"距离"命令，查询线段 AB 的长度，如图 10-1 所示。命令提示窗口中的操作步骤如下。

```
命令:'_dist                              //选择"工具 > 查询 > 距离"菜单命令
指定第一点:<对象捕捉 开>                  //打开"对象捕捉"开关，捕捉交点 A
指定第二点:                              //捕捉交点 B
距离 = 515.5317，XY 平面中的倾角 = 10，与 XY 平面的夹角 = 0
X 增量 = 508.1439，Y 增量 = 86.9638，Z 增量 = 0.0000
                                         //查询出 A、B 点之间的距离
```

10.1.2　查询周长与面积

在 AutoCAD 2020 中文版中，用户可以查询矩形、圆、多边形、面域等对象及指定区域的周长与面积，另外还可以进行面积的加、减运算等。AutoCAD 2020 中文版提供了"面积"命令，用于查询图形对象的周长与面积。

启用命令的方法如下。

- 工具栏：单击"查询"工具栏中的"面积"按钮 。
- 菜单命令：在菜单栏中选择"工具 > 查询 > 面积"命令。
- 命令行：在命令提示窗口中输入插入 AREA。

选择"工具 > 查询 > 面积"菜单命令，启用"面积"命令，捕捉相应的图形对象，查询该图形对象的周长与面积，如图 10-2、图 10-3 和图 10-4 所示。命令提示窗口中的操作步骤如下。

```
命令:_area                              //选择"工具 > 查询 > 面积"菜单命令
指定第一个角点或 [对象(O)/增加面积(A)/减少面积(S)] <对象(O)>: O
                                         //选择"对象"选项
```

选择对象：   //选择圆

区域 = 86538.9568，周长 = 1042.8234   //查询出圆的面积与周长

命令：_area   //选择"工具 > 查询 > 面积"

                                                             //菜单命令

指定第一个角点或 [对象(O)/增加面积(A)/减少面积(S)] <对象(O)>：<对象捕捉 开>

                                                             //打开"对象捕捉"开关，捕捉交

                                                             //点 A

指定下一个点或[圆弧(A)/长度(L)/放弃(U)]：   //捕捉交点 B

指定下一个点或[圆弧(A)/长度(L)/放弃(U)]：   //捕捉交点 C

指定下一个点或[圆弧(A)/长度(L)/放弃(U)/总计(T)] <总计>：   //捕捉交点 D

指定下一个点或[圆弧(A)/长度(L)/放弃(U)/总计(T)] <总计>：   //按 Enter 键

区域 = 137938.4870，周长 = 1513.1269   //查询出矩形 ABCD 的面积与周长

命令：_area   //选择"工具 > 查询 > 面积"

                                                             //菜单命令

指定第一个角点或 [对象(O)/增加面积(A)/减少面积(S)] <对象(O)>：<对象捕捉 开>

                                                             //打开"对象捕捉"开关，捕捉交

                                                             //点 A

指定下一个点或[圆弧(A)/长度(L)/放弃(U)]：   //捕捉交点 B

指定下一个点或[圆弧(A)/长度(L)/放弃(U)/总计(T)] <总计>：   //捕捉交点 C

指定下一个点或[圆弧(A)/长度(L)/放弃(U)/总计(T)] <总计>：   //按 Enter 键

区域 = 68969.2435，周长 = 1301.0919   //查询出三角形 ABC 的面积与周长

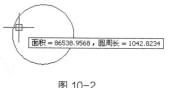

图 10-2

图 10-3

图 10-4

如果选择的图形不封闭，则 AutoCAD 2020 中文版在计算图形的面积时，将假设一条从最后一点到第一点的线段；在计算周长时，将加上这条假设线段的长度。例如，捕捉交点 C 之后，按 Enter 键，即可完成对图形 ABC 周长和面积的测量，如图 10-4 所示，其中周长包含线段 AC 的长度。

提示选项说明如下。

● 对象（O）：通过对象方式查询选定对象的面积和周长。利用该方式可以计算圆、椭圆、样条曲线、多段线、多边形、面域和实体的面积。

● 增加面积（A）：选择此选项，系统将计算各个定义区域和对象的面积、周长，并计算所有定义区域和对象的总面积，如计算图 10-5 所示图形的总面积。命令提示窗口中的操作步骤如下。

命令：_area //选择"工具 > 查询 > 面积"菜单命令
指定第一个角点或 [对象(O)/增加面积(A)/减少面积(S)] <对象(O)>：A
//选择"增加面积"选项
指定第一个角点或 [对象(O)/减少面积(S)]：O //选择"对象"选项
（"加"模式）选择对象： //选择矩形对象
总面积 = 163882.4719 //显示选择对象的总面积
（"加"模式）选择对象： //选择圆对象
总面积 = 322204.2807 //显示选择对象的总面积
（"加"模式）选择对象： //按 Enter 键
指定第一个角点或 [对象(O)/减少面积(S)]： //按 Enter 键

● 减少面积（S）：选择此选项，系统将从总面积中减去指定面积，如计算从图 10-6 所示的矩形面积中减去圆面积剩余的面积。命令提示窗口中的操作步骤如下。

图 10-5　　　　　　　　　　　图 10-6

命令：_area //选择"工具 > 查询 > 面积"菜单命令
指定第一个角点或 [对象(O)/增加面积(A)/减少面积(S)] <对象(O)>：A
//选择"增加面积"选项
指定第一个角点或 [对象(O)/减少面积(S)]：O //选择"对象"选项
（"加"模式）选择对象： //选择矩形对象
总面积 = 163882.4719 //显示选择对象的总面积
（"加"模式）选择对象： //按 Enter 键
指定第一个角点或 [对象(O)/减少面积(S)]：S //选择"减少面积"选项
指定第一个角点或 [对象(O)/增加面积(A)]：O //选择"对象"选项
（"减"模式）选择对象： //选择圆对象
总面积 = 5560.6632 //显示从矩形面积中减去圆面积后剩余的面积
（"减"模式）选择对象： //按 Enter 键
指定第一个角点或 [对象(O)/增加面积(A)]： //按 Enter 键

10.1.3　查询质量

AutoCAD 2020 中文版提供了"面域/质量特性"命令，用于查询面域或三维实体的质量特性。启用命令的方法如下。

● 工具栏："查询"工具栏中的"面域/质量特性"按钮 。
● 菜单命令："工具 > 查询 > 面域/质量特性"。
● 命令行：MASSPROP。

选择"工具 > 查询 > 面域/质量特性"菜单命令，启用"面域/质量特性"命令。选择相应的面

域或三维实体，查询该面域或三维实体的质量特性，如图 10-7 所示。命令提示窗
口中的操作步骤如下。

命令：_massprop   //选择"工具 > 查询 > 面域/质量特性"菜单命令
选择对象：找到 1 个 //选择凳子模型
选择对象：   //按 Enter 键
—————————————— 实体 ——————————————

图 10-7

质量：   127735298.7590
体积：   127735298.7590
边界框：   X：368.5106 —— 1768.5106
        Y：−1221.0254 —— −421.0254
        Z：−5.1554 —— 889.8446
质心：   X：1057.9014
        Y：−821.0183
        Z：732.2276
惯性矩：   X：1.6880E+14
        Y：2.4865E+14
        Z：2.6970E+14
惯性积：   XY：−1.1094E+14
        YZ：−7.6792E+13
        ZX：9.9850E+13
旋转半径：   X：1149.5486
        Y：1395.2132
        Z：1453.0591
主力矩与质心的 X−Y−Z 方向：
        I：6.7310E+11 沿 [0.8465 −0.5315 −0.0295]
        J：6.7310E+11 沿 [0.5323 0.8452 0.0470]
        K：9.2750E+11 沿 [0.0000 −0.0555 0.9985]：//按 Enter 键
是否将分析结果写入文件？ [是(Y)/否(N)] <否>：   //按 Enter 键

> 🔒 **小提示** 在 AutoCAD 2020 中文版中，所有物体的密度值均默认为 1.0，因此在查询到实体的体积后进行计算（计算公式为"质量＝体积×密度"），即可得到实体的质量。

提示选项说明如下。

● 是（Y）：用于保存分析结果，其保存文件的扩展名为".mpr"。以后在需要查看分析结果时，可以利用记事本软件将其打开，并查看分析结果。

● 否（N）：选择此选项，将不保存分析结果。

10.1.4 查询系统状态

AutoCAD 2020 中文版提供了"状态"命令，用于查询当前图形的系统状态。当前图形的系统

状态包括以下几个方面。

- 当前图形中对象的数目。
- 所有图形对象、非图形对象和块定义。
- 在 DIM 提示下使用时，将查询所有标注系统变量的值和说明。

启用命令的方法如下。

- 菜单命令：在菜单栏中选择"工具 > 查询 > 状态"命令。
- 命令行：在命令提示窗口中输入 STATUS。

选择"工具 > 查询 > 状态"菜单命令，启用"状态"命令后，命令提示窗口中会自动列出以下状态信息。

命令：'_status 63 个对象在 E:\CAD 素材\三维\方茶几.dwg 中

模型空间图形界限	X:	0.0000	Y:	0.0000	(关)
	X:	42000.0000	Y:	29700.0000	
模型空间使用	X:	811.7010	Y:	219.2133	
	X:	1261.7010	Y:	769.2133	
显示范围	X:	−1850.9519	Y:	−1763.8479	
	X:	2333.6109	Y:	2420.7149	
插入基点	X:	0.0000	Y:	0.0000	Z: 0.0000
捕捉分辨率	X:	10.0000	Y:	10.0000	
栅格间距	X:	10.0000	Y:	10.0000	

当前空间： 模型空间

当前布局： Model

当前图层： 0

当前颜色： BYLAYER −− 7 (白色)

当前线型： BYLAYER −− "Continuous"

当前材质： BYLAYER −− "Global"

当前线宽： BYLAYER

当前标高： 0.0000 厚度： 0.0000

填充 开 栅格 关 正交 关 快速文字 关 捕捉 关 数字化仪 关

对象捕捉模式： 圆心，端点，交点，中点，节点，垂足，象限点，切点

可用图形磁盘 (E:) 空间：1869.7 MB

可用临时磁盘 (C:) 空间：858.3 MB

可用物理内存：84.0 MB (物理内存总量 511.5 MB)。

可用交换文件空间：959.0 MB (共 1373.8 MB)。

10.1.5 查询图形对象的信息

AutoCAD 2020 中文版提供了"列表"命令，用于查询图形对象的信息，如图形对象的类型、所属图层，图形对象相对于当前坐标系的 x、y、z 坐标，以及对象是位于模型空间还是图纸空间等信息。

启用命令的方法如下。

- 工具栏：单击"查询"工具栏中的"列表"按钮⚏。
- 菜单命令：在菜单栏中选择"工具 > 查询 > 列表"命令。
- 命令行：在命令提示窗口中输入 LIST。

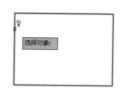

图 10-8

选择"工具 > 查询 > 列表"菜单命令，启用"列表"命令。选择想要查询的图形对象，可将其相关信息以列表的形式列出，如查询图 10-8 所示图形的信息。命令提示窗口中的操作步骤如下。

命令：_list   //选择"工具 > 查询 > 列表"菜单命令
选择对象：找到 1 个   //选择矩形
选择对象：   //按 Enter 键
       LWPOLYLINE　图层：0
       空间：模型空间
       句柄 = 281
       闭合
       固定宽度　　0.0000
       面积　90768.9125
        周长　1222.8461
        于端点　X= 659.8813　Y= 593.4693　Z=　0.0000
        于端点　X=1017.4640　Y= 593.4693　Z=　0.0000
        于端点　X=1017.4640　Y= 339.6290　Z=　0.0000
        于端点　X= 659.8813　Y= 339.6290　Z=　0.0000　　//显示与矩形相关的信息

10.2　打印图形

将图形绘制完成后，通常需要将其打印在图纸上。打印图形的过程为：首先启用"打印"命令，然后选择或设置相应的选项，最后打印图形。

启用命令的方法如下。

- 工具栏：单击单击"标准"工具栏中的"打印"按钮🖶。
- 菜单命令：在菜单栏中选择"文件 > 打印"命令。
- 命令行：在命令提示窗口中输入 PLOT。

选择"文件 > 打印"菜单命令，启用"打印"命令，弹出"打印-模型"对话框，如图 10-9 所示。用户需要在其中指定打印设备、图纸尺寸、打印区域和打印比例等。单击"打印-模型"对话框右下角的"更多选项"按钮⊙，可展开隐藏的内容，如图 10-10 所示。

对话框中的部分选项说明如下。

"打印机/绘图仪"选项组用于选择打印设备。

- "名称"下拉列表框：用于选择打印设备。当用户选定打印设备后，系统将显示对应设备的名称、连接方式、网络位置及与打印相关的注释信息，同时右侧的"特性"按钮将变为可用状态。

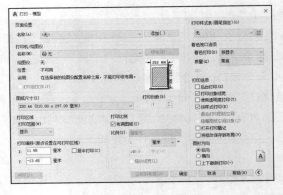

图 10-9　　　　　　　　　　　　　　　　　图 10-10

"图纸尺寸"选项组用于选择图纸的尺寸。

- "图纸尺寸"下拉列表框：用于选择相应的图纸尺寸，如图 10-11 所示。

若下拉列表中没有所需的图纸尺寸，可以自定义图纸尺寸。操作方法是单击"打印机/绘图仪"选项组中的"特性"按钮，弹出"绘图仪配置编辑器"对话框，然后选择"自定义图纸尺寸"选项，并在出现的"自定义图纸尺寸"选项组中单击"特性"按钮，随后根据系统的提示依次输入相应的图纸尺寸即可。

"打印区域"选项组用于设置图形的打印范围。

- "打印范围"下拉列表框：用于选择要打印图
形的范围，如图 10-12 所示。

在"打印范围"下拉列表中选择"窗口"选项后，
用户可以选择指定的打印区域。操作方法是在"打印
范围"下拉列表中选择"窗口"选项，在绘图窗口中
选择要打印的区域，选择完成后将返回"打印-模型"
对话框，同时，"窗口"选项的右侧会出现"窗口"
按钮。单击"窗口"按钮，系统将隐藏"打印-模型"
对话框，此时用户即可在绘图窗口内指定打印区域，
如图 10-13 所示。打印预览效果如图 10-14 所示。

图 10-11　　　　　　　　　图 10-12

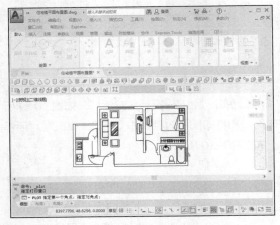

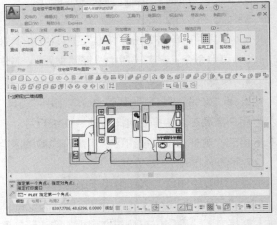

图 10-13　　　　　　　　　　　　　　　　图 10-14

"范围"选项用于通过设置的范围来选择打印区域。选择"范围"选项可以打印所有的图形对象。

"图形界限"选项用于通过设置的图形界限来选择打印区域。选择"图形界限"选项可以打印图形界限范围内的图形对象。

"显示"选项用于通过绘图窗口来选择打印区域。选择"显示"选项可以打印绘图窗口内显示的所有图形对象。

"打印比例"选项组用于设置图形的打印比例。

● "布满图纸"复选框：勾选此复选框后，系统将自动按照图纸的大小适当缩放图形，使打印的图形布满整张图纸，此时"打印比例"选项组中的其他选项变为不可用状态。

● "比例"下拉列表框：用于选择图形的打印比例，如图 10-15 所示。当用户选择比例选项后，系统将在下面的数值框中显示相应的比例数值，如图 10-16 所示。

"打印偏移"选项组用于设置打印图形的位置，如图 10-17 所示。在默认状态下，AutoCAD 2020 中文版将从图纸的左下角开始打印图形，其打印原点的坐标是（0,0）。

图 10-15

图 10-16

图 10-17

● "X""Y"数值框：设置打印图形的原点位置，此时图形将在图纸上沿 x 轴和 y 轴移动相应的距离。

● "居中打印"复选框：勾选此复选框后将在图纸的正中间打印图形。

"图形方向"选项组用于设置图形在图纸上的打印方向，如图 10-18 所示。

● "纵向"单选按钮：选择此单选按钮后，图形在图纸上的打印位置是纵向的，即图形长边的方向为垂直方向。

● "横向"单选按钮：选择此单选按钮后，图形在图纸上的打印位置是横向的，即图形长边的方向为水平方向。

● "上下颠倒打印"复选框：勾选此复选框后，可以使图形在图纸上倒置打印，此复选框可以与"纵向""横向"两个单选按钮结合使用。

"着色视口选项"选项组用于打印经过着色或渲染的三维图形，如图 10-19 所示。

● "着色打印"下拉列表中有"按显示"
"传统线框""传统隐藏""渲染"等多个选项，
常用选项说明如下。

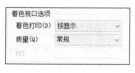

"按显示"选项：按图形对象在屏幕中的
显示情况进行打印。

图 10-18　　　　　图 10-19

"传统线框"选项：按线框模式打印图形对象，不考虑图形在屏幕中的显示情况。

"传统隐藏"选项：按消隐模式打印图形对象，即在打印图形时去除其隐藏线。

"渲染"选项：按渲染模式打印图形对象。

● "质量"下拉列表中有 6 个选项，分别为"草稿""预览""常规""演示""最高""自定义"，具体说明如下。

"草稿"选项：用于将渲染或着色的图形以线框的方式打印。

"预览"选项：用于将渲染或着色的图形的打印分辨率设置为当前设备分辨率的 1/4，DPI 最大值为 150。

"常规"选项：用于将渲染或着色的图形的打印分辨率设置为当前设备分辨率的 1/2，DPI 最大值为 300。

"演示"选项：用于将渲染或着色的图形的打印分辨率设置为当前设备的分辨率，DPI 最大值为 600。

"最高"选项：用于将渲染或着色的图形的打印分辨率设置为当前设备的分辨率。

"自定义"选项：用于将渲染或着色的图形的打印分辨率设置为"DPI"数值框中用户指定的分辨率。

单击"预览"按钮可查看打印预览效果，单击"打印"按钮🖨，即可打印图形；如果设置的打印效果不理想，可以单击"关闭预览窗口"按钮⊗，返回到"打印–模型"对话框中进行修改。

用户常常需要在一张图纸上打印多个图形，以节省图纸，操作步骤如下。

（1）选择"文件 > 新建"命令，弹出"选择样板"对话框，单击"打开"按钮，创建一个新的图形文件。

（2）选择"插入 > 块选项板"命令，弹出"块"选项板，单击 ... 按钮，弹出"选择图形文件"对话框，从中选择要插入的图形文件，单击"打开"按钮。此时"块"选项板中会显示刚选择的图形文件，如图 10–20 所示，将"块"选项板中的图形拖曳到图形窗口中。

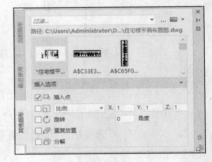

图 10–20

（3）利用相同的方法插入其他图形，单击"修改"工具栏中的"缩放"按钮🔲，将图形缩放，缩放比例与打印比例相同。

（4）选择"文件 > 打印"菜单命令，弹出"打印–模型"对话框，设置打印比例为 1∶1，并打印图形。

10.3   将图形输出为其他格式的文件

在 AutoCAD 2020 中，利用"输出"命令可以将绘制的图形输出为 BMP 和 3DS 等格式的文件，并在其他应用程序中使用它们。

启用命令的方法如下。

- 菜单命令：在菜单栏中选择"文件 > 输出"命令。
- 命令行：在命令提示窗口中输入 EXPORT（快捷命令为 EXP）。

选择"文件 > 输出"命令，启用"输出"命令，弹出"输出数据"对话框。指定文件的名称和保存位置，并在"文件类型"下拉列表中选择相应的输出格式，如图 10–21 所示。单击"保存"按钮，将图形输出为所选格式的文件。

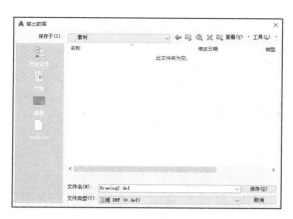

图 10-21

部分输出格式说明如下。

- 三维 DWF (*.dwf)：将图形对象输出为 Autodesk Web 图形格式的文件，扩展名"dwf"。

- 图元文件（*.wmf）：将图形对象输出为图元文件，扩展名为".wmf"。

- ACIS（*.sat）：将图形对象输出为实体对象文件，扩展名为"sat"。

- 平板印刷（*.stl）：将图形对象输出为实体对象立体画文件，扩展名为"stl"。

- 封装 PS（*.eps）：将图形对象输出为 PostScript 文件，扩展名为"eps"。

- DXX 提取（*.dxx）：将图形对象输出为属性抽取文件，扩展名为"dxx"。

- 位图（*.bmp）：将图形对象输出为与设备无关的位图文件，以便图像处理软件调用，扩展名为"bmp"。

- 块（*.dwg）：将图形对象输出为图块，扩展名为"dwg"。

- V8 DGN (*.dgn)：将图形对象输出为 MicroStation DGN 文件，扩展名为"dgn"。

第 11 章
综合设计实训

本章介绍

　　本章的综合设计实训案例旨在根据室内设计项目的真实工作情境帮助读者利用所学知识完成商业设计项目。通过本章的学习，读者可以掌握 AutoCAD 2020 中文版的功能和使用技巧，并应用所学技能制作出专业的室内设计作品。

学习目标

- ✔ 掌握"直线""圆""样条曲线""倒角""圆角"等绘图命令的使用技巧。
- ✔ 掌握"修剪""复制""粘贴""旋转""打断""镜像"等编辑命令的使用方法。
- ✔ 掌握平面布置图的制作方法和技巧。
- ✔ 掌握块的自定义、插入块的方法和技巧。
- ✔ 掌握填充图案的方法和自定义填充图案的方法。

技能目标

- ✔ 掌握吧台图形的绘制方法。
- ✔ 掌握花岗岩拼花图形的绘制方法。
- ✔ 掌握组合沙发图形的绘制方法。

素养目标

- ✔ 培养学生的商业设计思维。
- ✔ 培养学生举一反三的学习能力。

11.1 吧台设计——绘制吧台图形

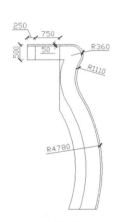

11.1.1 项目背景及要求

1. 客户名称

精品室内装饰有限公司。

2. 客户需求

设计与制作吧台图形，要求绘制图形时要注意细节，将图形细节最大程度地表现出来；吧台造型要时尚、优美，便于施工。

3. 设计要求

（1）造型时尚、美观。

（2）表现直观、准确。

（3）整体设计详细、精确。

（4）设计规格以相关行业标准为准。

11.1.2 项目创意及制作

1. 作品参考

设计作品参考效果文件所在位置：云盘/Ch11/DWG/吧台，效果如图 11-1 所示。

2. 制作要点

使用"直线""偏移""圆""延伸""修剪""删除"等命令绘制吧台图形。

图 11-1

11.2 图案设计——绘制花岗岩拼花图形

11.2.1 项目背景及要求

1. 客户名称

兴盛室内设计有限公司。

2. 客户需求

设计与制作花岗岩拼花图形，用于生产和加工，要求图形精细、美观，要将图形细节最大限度地表现出来，以提高制作效率。

3. 设计要求

（1）图形精细、美观。

（2）表现直观、准确。

（3）整体设计详尽、完整。

（4）设计规格以相关行业标准为准。

（5）以不同的观察视角清晰地显示图形效果。

11.2.2　项目创意及制作

1. 作品参考

设计作品参考效果文件所在位置：云盘/Ch11/DWG/花岗岩拼花，效果如图 11-2 所示。

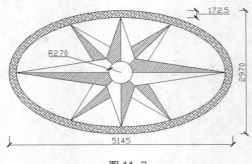

图 11-2

2. 制作要点

使用"椭圆""圆""直线""阵列""修剪""删除""图案填充"等命令绘制花岗岩拼花图形。

微课

绘制组合沙发图形

11.3　沙发设计——绘制组合沙发图形

11.3.1　项目背景及要求

1. 客户名称

旺泉室内装饰有限公司。

2. 客户需求

设计与制作组合沙发图形，由于要用于生产和加工，因此绘制的图形要精细、详尽，要将图形细节最大程度地表现出来，以提高制作效率。

3. 设计要求

（1）造型简单、美观。

（2）表现直观、准确。

（3）整体设计详细、精确。

（4）设计规格以相关行业标准为准。

11.3.2　项目创意及制作

1. 作品参考

设计作品参考效果文件所在位置：云盘/Ch11/ DWG/组合沙发，效果如图 11-3 所示。

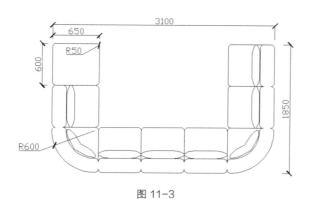

图 11-3

2. 制作要点

使用"矩形""圆角""分解""镜像""偏移""删除""修剪""多段线""复制""旋转""移动""直线"等命令绘制组合沙发图形。

11.4 课堂练习1——绘制餐厅包间平面布置图

11.4.1 项目背景及要求

1. 客户名称

单品室内装饰设计有限公司。

2. 客户需求

绘制餐厅包间平面布置图，由于要用于施工，因此绘制的图形要准确、清晰、完整，要将图形细节最大程度地表现出来，以提高施工效率。

3. 设计要求

（1）图形的衔接要严谨。

（2）表现直观、准确。

（3）文字的标示要清晰。

（4）整体图形的表现要详尽。

11.4.2 项目创意及制作

1. 素材资源

素材所在位置：云盘/Ch11/素材/餐厅包间墙体.dwg。

2. 作品参考

设计作品参考效果文件所在位置：云盘/Ch11/DWG/餐厅包间平面布置图，效果如图 11-4 所示。

微课

绘制餐厅包间
平面布置图 1

微课

绘制餐厅包间
平面布置图 2

微课

绘制餐厅包间
平面布置图 3

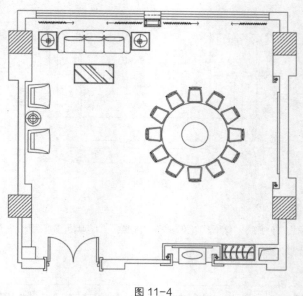

图 11-4

3．制作要点

使用"移动""旋转""镜像""多线""直线""圆"等命令制作餐厅包间平面布置图。

11.5 课堂练习 2——绘制咖啡厅平面布置图

11.5.1 项目背景及要求

1．客户名称

达林顿室内装饰设计有限公司。

2．客户需求

绘制咖啡厅平面布置图，由于要用于施工，因此绘制的图形要准确、清晰、完整，要将图形细节最大程度地表现出来，以提高施工效率。

3．设计要求

（1）图形的衔接要严谨。

（2）表现直观、准确。

（3）文字的标示要清晰。

（4）整体图形的表现要详尽。

11.5.2 项目创意及制作

1．素材资源

素材所在位置：云盘/Ch11/素材/咖啡厅墙体.dwg。

微课

绘制咖啡厅平面
布置图 1

微课

绘制咖啡厅平面
布置图 2

2．作品参考

设计作品参考效果文件所在位置：云盘/Ch11/DWG/咖啡厅平面布置图，效果如图 11-5 所示。

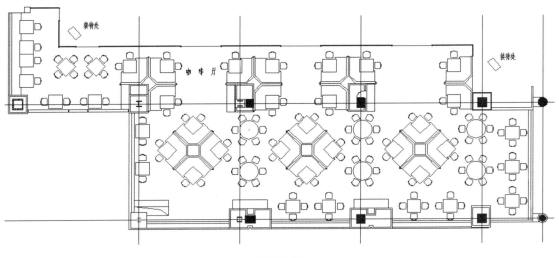

图 11-5

3．制作要点

使用"多线""移动""旋转""镜像""复制""矩形""直线""分解""删除""偏移""多行文字"等命令制作咖啡厅平面布置图。

11.6 课后习题1——绘制宴会厅墙体图形

11.6.1 项目背景及要求

1．客户名称

德吉室内装饰设计有限公司。

2．客户需求

绘制与标注宴会厅墙体图形，由于要用于施工，因此图形的绘制和标注要严谨、准确，要将图形的细节最大程度地表现出来，以提高施工效率。

3．设计要求

（1）标注的数值要精确、严谨。

（2）标注的位置要准确。

（3）图形的表示要详尽。

（4）符号要通俗易懂。

微课

绘制宴会厅墙体
图形 1

微课

绘制宴会厅墙体
图形 2

微课

绘制宴会厅墙体
图形 3

11.6.2 项目创意及制作

1. 作品参考

设计作品参考效果文件所在位置：云盘/Ch11/DWG/宴会厅墙体，效果如图 11-6 所示。

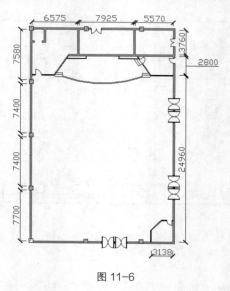

图 11-6

2. 制作要点

使用"多线""直线""矩形""复制""修剪""偏移""镜像""圆弧""延伸""块""图案填充"等命令绘制宴会厅墙体。

11.7　课后习题 2——标注行李柜立面图

微课

标注行李柜
立面图

11.7.1　项目背景及要求

1. 客户名称

恒隆室内装饰设计有限公司。

2. 客户需求

绘制与标注行李柜立面图，由于要用于施工，因此图形的绘制和标注要严谨、准确，要将图形的细节最大程度地表现出来，以提高施工效率。

3. 设计要求

（1）绘制的图形要符合施工标准。

（2）标注位置要准确，数值要精确、一目了然。

（3）图形的表示要详尽。

（4）使用的符号要符合相关行业标准且通俗易懂。

11.7.2 项目创意及制作

1. 作品参考

设计作品参考效果文件所在位置：云盘/Ch11/DWG/标注行李柜立面图，效果如图 11-7 所示。

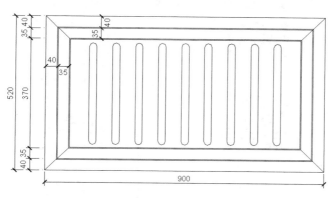

图 11-7

2. 制作要点

使用"线性""连续""基线"命令进行尺寸标注。

扩展知识扫码阅读

设计基础

✔认识形体	✔透视原理
✔认识设计	✔认识构成
✔形式美法则	✔点线面
✔基本型与骨骼	✔认识色彩
✔认识图案	✔图形创意
✔版式设计	✔字体设计

>>>

>>>

>>>

设计应用

✔创意绘画	✔图标设计
✔装饰设计	✔VI设计
✔UI设计	✔UI动效设计
✔标志设计	✔包装设计
✔广告设计	✔文创设计
✔网页设计	✔H5页面设计
✔电商设计	✔MG动画设计
✔网店美工设计	✔新媒体美工设计